引爆瘋潮

徹底掌握流行擴散與大眾心理的操作策略

Hit Makers

The science of popularity in an age of distraction

德瑞克・湯普森 *Derek Thompson*——著

威治、朱詩迪、李立心——譯

獻給我的父母：
幸福且甜蜜地長眠，
並與你們夢想中的天堂相會。

［目錄］

前言　征服世界的歌曲／7

第一部——流行與心智

第一章　曝光的力量／29
藝術、音樂與政治上的名聲與熟悉性

第二章　瑪雅法則／63
電視、科技與設計的「驚嘆」時刻

第三章　曲調的樂音／95
歌曲與演說中那重複的力量

間奏　涼意／125

第四章　神話創造之心一：故事的力量／133
千萬神話的總和

第五章　神話創造之心二：熱門商品的黑暗面／155
為何故事就是武器
第六章　時尚的誕生／173
「我喜歡它，因為流行。」（"I Like It Because It's Popular."）
「我討厭它，因為流行。」（"I Hate It Because It's Popular."）
間奏　青少年簡史／201
第二部——流行與市場
第七章　搖滾樂與隨機性／213
蟋蟀、混沌理論和搖滾樂史上最暢銷的熱門金曲
第八章　爆紅迷思／243
《格雷的五十道陰影》及某些熱賣商品掀起風潮的原因
第九章　我的受眾的受眾／271
集群、小團體和異教組織

間奏　帽子上的白羽毛／291
第十章　人們究竟渴望什麼／第一篇：商機預言／301
大錯特錯的生意盤算
第十一章　人們究竟渴望什麼／第二篇：像素與墨水的歷史／329
大家看新聞是為了什麼？（⋯⋯答案往往不是新聞）
間奏　百老匯大道八百二十八號／357
第十二章　熱門作品的未來——帝國與城邦／365
熟悉的驚喜、人脈與魔法星辰
致謝／397

前言

征服世界的歌曲

馬可波羅描述一座橋，一塊一塊石頭地仔細訴說。

「到底哪一塊才是支撐橋樑的石頭呢？」忽必烈可汗問道。

「這座橋不是由這塊或那塊石頭支撐的，」

馬可波羅回答，「而是由它們所形成的橋拱支撐。」

——伊塔羅．卡爾維諾，《看不見的城市》

地圖工會製作了一張與尺寸與現實帝國相等的地圖，每一個點都與實地相符。後世的人們並不喜歡其列祖列宗在地圖學上的研究，將這張極為龐大的地圖視為無用之物，冷酷無情地將它運至充滿酷曬與惡寒的險峻之地。直至今日，在西方的沙漠，仍能窺見地圖的殘片，動物與乞丐居住其上。

——波赫士，《科學的嚴謹》

我愛上的第一首歌，是我母親哼唱出來的。每個夜晚，她都坐在我的床左側，哼唱著同一首搖籃曲。她的聲音甜美清細，非常適合臥房的氣氛。去底特律的外祖母家時，我媽咪會用清細的聲音，以更低的音調用德文歌詞唱同一首歌。我不知道那些文字代表的意思，但我喜愛它們為這間老房子製造出來的古老奧祕感：「Guten Abend, gute Nacht。」

我曾認為這首歌是傳家之寶。不過當我一年級在家鄉維吉尼亞州第一次在別人家過夜時，朋友轉了轉他床邊的小音樂盒，數位鳴聲響起了熟悉的曲調。

這時我才知道我母親的旋律並非家族祕寶，那是再平常也不過的歌曲。這首歌你極有可能已經聽過數十次，或許是上千次，它是約翰尼斯．布拉姆斯（Johannes Brahms）的〈搖籃曲〉（Wiegenlied）——「在玫瑰妝點下，唱著搖籃曲說晚安⋯⋯」（Lullaby and good night, with roses bedight...）。

一個世紀多以來，全世界有超過上百萬個家庭，每天晚上都會唱布拉姆斯版的搖籃曲給他們的孩子聽，那是西半球最常聽到的旋律。考慮到搖籃曲在小孩的人生中，有好幾年的時間，一年到頭有好幾百個晚上都要唱一遍，布拉姆斯的搖籃曲不說全世界，在西半球可能是大家聽過最多次的歌曲之一。

不可否認〈搖籃曲〉既優美、簡潔，反覆性也高——所有製作來讓疲憊父母唱給幼兒聽的歌曲元素都到齊了。不過一個旋律能散播到這種程度也是件不可思議的事情，一首十九世紀的德國歌曲，是如何成為世界上最流行的歌曲之一呢？

約翰尼斯．布拉姆斯，一八三三年於漢堡出生，是當時最知名的作曲家之一。〈搖籃曲〉是他最快獲得廣大迴響的歌曲。這首歌是在一八六八年，他的名聲到達最高峰時發表的，而它原本只是寫給他一個老朋友，讓朋友唱給她剛出生的寶貝男孩聽的搖籃曲罷了，但很快它就成為一首風行整個歐洲大陸，進而擴散到全世界的熱門金曲。

布拉姆斯其中一個補充他旋律深度的技巧，就是混合音樂類型。他學習當地的音樂，並巧妙地借鏡合唱曲。到歐洲旅遊時，他時常會拜訪當地的圖書館看遍館內蒐藏的民謠歌曲，研究大量樂譜並把喜歡的部分抄寫下來。布拉姆斯就像個會取樣其他藝人的音樂，用在自己作品上的精明現代詞曲作家，或者是大量致敬其他產品的聰明設計師，會廣泛地將民謠曲調併入他的藝術歌曲之中。

在他寫出知名的搖籃曲前幾年，布拉姆斯與一名住在漢堡，叫做貝莎（Bertha）的青少年女高音陷入愛河。她唱了許多歌曲給他聽，像是亞歷山大．鮑曼（Alexander Baumann）的奧地利民謠〈與眾不同〉（S'is Anderscht）。幾年後，貝莎跟其他人結婚了，他們以這位作曲家的名字約翰尼斯作為他們小孩的名字。布拉姆斯想要表達他的感激之情——也或許，他仍對這段感情抱有眷戀。他根據貝莎曾經唱給他聽的奧地利民謠為基礎，寫了一首搖籃曲給這對佳偶。為了撰寫歌詞，布拉姆斯從知名德國詩集《少年魔法號角》（Des Knaben Wunderhorn）中，挑選了一段韻文：

傍晚好、晚安；
在玫瑰妝點下，
在康乃馨裝飾下，
讓時間在毛毯覆蓋下悄悄滑過。
到了早晨，若上帝允許，
你將再度甦醒。

（*Good evening, good night;*
with roses bedecked,
with clove pinks adorned,
slip under the blanket. In the morning, God willing,
you will waken again.）

一八六八年夏天，布拉姆斯將搖籃曲的樂譜寄給這家人，裡頭還夾了張便條紙。「貝莎會領悟到，我為她的小傢伙寫了這首搖籃曲。她會發現這首歌十分適切……當她唱著這首歌幫助漢斯入眠時，同時也存在一首唱給她聽的情歌。」這首歌曲於一年後，一八六九年十二月二十二日，在維也納舉行首次大型公演。這次表演在商業上獲得了莫大的成功。布拉姆斯的發行人匆匆忙忙地為這首歌安排了十四名演出者——這是目前為止布拉姆斯演出人員最多的一首歌，其中包括四部男子合唱、三部鋼琴、豎琴以及齊特琴（zither）。

「布拉姆斯的作品大多數旋律都相當優美，不過〈搖籃曲〉是唯一符合現代音樂聽眾對記憶點認知標準結構的歌曲。」曾經在美國布拉姆斯協會（American Brahms Society）任職的布拉姆斯學者丹尼爾・貝勒－麥肯納（Daniel Beller-McKenna）說道。「它擁有關鍵的反覆元素，接著是輕柔的驚喜，」他繼續說道，並在說明的過程中斷斷續續地哼著這首歌曲。〈搖籃曲〉是首原創歌曲。但它也有種結合了民謠歌曲的指涉以及漢堡記憶的氛圍，帶給聽眾驚人的熟悉感。一位音樂史學家說，這首歌曲與鮑曼的原創民謠歌曲十分相像，可說是「蒙上一層面紗，但可辨認出來的仿作。」

不過這段歷史仍然沒能解答這首搖籃曲最重要的問題：**它是如何散布至全世界的呢？**在二十世紀，大多數流行歌曲會受歡迎，是因為它們會在廣播或者大量的其他媒體上一次又一次不斷播放。歌曲透過汽車喇叭、電視節目與電影院，用它們的方式傳進聽眾的耳朵。要喜歡上一首歌，首先你得找到它；或者從另一個角度來看，這首歌得找到你。

不過十九世紀時，知名作曲家的歌曲會在各個表演廳不斷演出，但還沒有足夠的科技能快速將一首歌曲傳播至全世界。要領會布拉姆斯那個時候文化傳遞的緩慢步調，就想想貝多芬的第九號交響曲橫渡大西洋的從容旅程吧。這首樂曲一八二四年於維也納的康特納托爾歌劇院（Kaerntnertor Theater）首次演出，據報當時貝多芬耳聾的毛病已經讓他無法聽到台下如雷的掌聲。不過在美國的首次公演沒有花上二十二年，而是於一八四六年時在紐約市演出。而這首交響樂又花了九年，才首次於波士頓演出。

想像一下，假使今天每個藝術家的大師之作都要花上三十一年才能飄洋過海到另一個大陸，會是什麼光景？麥可．傑克森（Michael Jackson）的《顫慄》（Thriller）專輯於一九八二年發行，這意味著住在倫敦的人要到二〇一三年，也就是麥可過世四年後，才能聽到這首專輯同名單曲以及〈比利珍〉（Billie Jean）。披頭四（Beatles）首張專輯《請取悅我》（Please Please Me）是一九六三年三月於英國發行，因此美國一直要到柯林頓政府中期才會聽到披頭四的歌。要到二〇二一年，歐洲人才能盼到第一季的《歡樂單身派對》（Seinfeld）。

廣播訊號要到一八七〇年代晚期才開始盛行，但德國家庭則不用等到那時候才唱搖籃曲。布拉姆斯到達其創意顛峰時，中歐正陷入混沌無秩序、戰火與饑荒的窘境。〈搖籃曲〉於一八六九年在維也納首次公演後二十年，德國移民至美國的人數持續上升，於一八八〇年代達到歷史高峰。美國在一八七〇至九〇年間接受的德國移民人數，比整個二十世紀加起來還多。

這首搖籃曲的普及，是幸運的在偶然間輸出至整個歐洲，並進入了美國，特別是大多數德國人選擇定居的美國北部地區，從東北地區與賓夕法尼亞州（Pennsylvania），一直到俄亥俄州（Ohio）、密西根州（Michigan）與威斯康辛州（Wisconsin）一帶。

這群在歷史上具有重大意義的移居德語家庭，在一八七〇年完成了一項無論廣播或其他科技都無法辦到的豐功偉業。一場前所未有的橫渡大西洋移民行動，將這首搖籃曲散布至美國各處。

一八七九年，德國移民潮接近高峰時，有位住在東盧森堡（Luxembourg）小鎮埃希特納赫（Echternach），叫做喬瑟夫・卡恩（Joseph Kahn）的業餘拉比（rabbi）。喬瑟夫與他的妻子羅絲莉（Rosalie），帶著他們的五個孩子乘船到美國，追尋更好的生活。就像許多德文母語的猶太移民，最終他們遷徙至上中西部的密西根州。

喬瑟夫與羅絲莉的孫子威廉，是個英俊且很早就禿頭的年輕男子。大家都叫他比爾，他喜歡在自己位於底特律富蘭克林街一個種了許多樹的郊區住宅舉辦泳池派對。一九四八年某天下午，在他種滿常春藤的自家綠茵上，他注意到一名叫做艾倫（Ellen）的年輕女孩，她們家是為了逃避納粹的迫害而離開德國。之後八個月，他們墜入愛河並共結連理。隔年十月，比爾與艾倫生了一個寶貝女兒。她的人生會聽著數千次德文原版布拉姆斯的搖籃曲。我也認識那個女孩。她是我媽。

這本書的主題是探討，在流行文化與媒體達到卓越流行與商業成功的少數產品與想法，即熱門商品。本書論點為，儘管許多排行冠軍歌曲、電視節目、熱門電影、網路紅人，以及普遍存在的手機軟體看起來都是憑空出世，但這種文化混沌其實有其特定的規則：像是為何人們會喜歡他們喜愛之物的心理學、透過社群網路將想法傳佈出去，以及文化市場經濟學。這裡有個方法能夠為大眾策劃出熱門商品，此外，讓其他人知道流行會在何時被製造出來也是同等重要。

本書會就上述的核心思想提出兩個問題：

1. 在諸如音樂、電影、電視、書籍、遊戲、手機軟體等如此浩瀚的文化景象之中，製作出讓大眾喜歡的產品一事有何奧祕之處？
2. 為何市場上明明已經擁有吸引大眾的點子，並成為大量熱銷的熱門商品，但其他類似產品推出時仍在市場上遭到挫敗？

這兩個問題彼此相關，但並不相同，而第一個問題的答案與第二題相比，較不因時間流逝而有重大的改變。產品會不斷推陳出新，而流行則不斷興起與隕落。但人類心志的架構是源遠流長的，且人類最基本的需求——歸屬、逃避、渴望、了解與被了解，是恆久不變的。這就是從古到今有這麼多熱門商品故事的原因之一，而接下來我們也會看到，在過去的文化之中，創造者與群眾永遠不斷重演著對熱門商品的焦慮與喜樂。

我們可以在布拉姆斯〈搖籃曲〉的故事中找到上述兩個問題的解答。為何大眾立刻便醉心於他的搖籃曲呢？或許是因為有許多人都曾聽過曲中的旋律，或是類似的曲調。布拉姆斯借鏡了流行的奧地利民謠曲調，並以莊嚴宏偉的演唱廳妝點它。他的搖籃曲會那麼快成功，不是因為它是首無懈可擊的原創歌曲，而是它在原創的概念下提供了一種熟悉的旋律。

有些新產品與想法就是這樣悄悄滑進了人們陳腐平凡的期待之中。過去十六年間，有十五年美國票房最高的電影都是過去賣座電影的續集（例如：《星際大戰》〔Star Wars〕），不然就是改編自暢銷作品（例如：《鬼靈精》〔The Grinch〕）。這股精心隱藏的熟悉力，影響層面遠遠不只在電影。它是一種以嶄新與令人興奮的明確論點，闡明了讀者思考過但從未確實表達出來的政治論述。它是部介紹了一個外星世界，然而其中的角色辨識度高到觀賞者覺得那些演員就像穿著自己的外皮在演戲一般的電視節目。它是以一種新形式使人眩目驚嘆，然而卻提供了些許意義的藝術片段。在美學心理學中，它為介於面臨一些新事物的焦慮，以及了解它而心滿意足的接受，處於兩者之間的時刻訂立了一個名詞。這一刻稱之為美學驚嘆（aesthetic aha）。

這也是本書第一個論點。大部分的人都同時是對探索新事物充滿好奇心的**喜新者**，以及害怕所有太過新穎事物的深度**恐新者**。頂尖的熱門商品製造者，就是那些擅長靠著結合新與舊、焦慮與理解，從而創造出充滿意義的時刻的人。他們是熟悉驚喜的締造者。

〈搖籃曲〉對德國聽眾來說就是一個熟悉驚喜。但只有這點，還不足以讓它成為整個西半球最流行的歌曲之一。如果一八七〇到八〇年代中歐沒有發生那些紛擾的戰事，數百萬德國人就不會移民，也或許如今那數百萬心中熟知這首歌曲的兒童，會從來沒有聽過它的機會。布拉姆斯的音樂天才賦予了這首歌吸引人的魔力。但德國移民在這首歌的擴散上推了一把。對於許多不同民眾所組成的群體，以及這些群體的內部，想法傳遞的方式都是極端重要且廣泛地受到誤解的。大部分的人不會花太多時間想著那些他們未曾聽聞的歌曲、書籍以及產品。所以刊載於一本冷門期刊的傑出文章沒人會讀到；廣播不放，一首動人的歌曲就會默默被人遺忘而凋零，一部令人動容的紀錄片卻沒能簽下經銷合約，無論它有多麼才華洋溢，註定會被人遺忘。因此對於人們與新產品的第一個問題是：我要如何把自己的想法傳遞給我的受眾？

〈搖籃曲〉當時只為現場的數千名聽眾彈奏。然而今日有數百萬人熟知這首曲子。這首歌憑藉著全世界數不盡的家庭、朋友與各式各樣的社群網路散播出去，擴散程度遠比在維也納歌劇院演唱的速度要大得多。於是對於人們與新產品或想法，更深層的問題是：我要怎麼樣才能做出讓人們願意自發性地與受眾的受眾分享的東西呢？目前尚未有一個固定的公式。不過目前對於什麼東西能讓大家聚在一起談論，像是為何販售手機約會軟體與文青時尚商品線的策略恰好相反，以及為何人們會跟朋友分享壞消息，而臉書上卻只貼好消息，有些基本的真相可供說明。對熱門商品製作者來說，製作出美好的事物至關重要，但了解這些人際網路的運作也同等重要。

有些人非常蔑視經銷與行銷，視它們為無意義、無趣、俗氣的行為，甚或是以上皆是。不過它們是將美好事物推往地表的地下莖，讓受眾得以看到這些事物的推手。要了解熱門商品本質上吸引人之處，光研究產品本身還不夠，因為幾乎所有人都不會覺得最流行的東西正巧是最棒的。它們普及到到處都看得到，往往只是因為到處都看得到它們。內容或許為王，但經銷則是整個王國。

如果把舊時代的熱門商品，「搖籃曲」的故事，拿來跟新時代典型的熱門商品，照片分享手機軟體Instagram相比較，檢視兩者在熟悉度這個情境的共通點與社群的力量，會觀察到一些有趣的現象。

若說十九世紀的鋼琴音樂市場是百家爭鳴，過去幾年的照片分享應用程式商城則是陷入了一片混亂。根據柯達公司二〇〇〇年年度報告指出，一九九九年全世界一共產生了八百億張相片，並購入了七千萬台相機。今日，整個世界透過數十億手機、平板、電腦與相機，每個月在網路上分享超過八百億張相片。

Instagram和其他程式，都提供讓使用者拍照後套用復古效果濾鏡的功能。這項功能幾乎完美地體現出它的目的：簡單、漂亮，並且以十分直覺的操作方式來編輯並分享使用者生活中的影像。可是明明還有那麼多簡單又漂亮的應用程式，而且濾鏡的概念也不是Instagram發明的，這樣一來，Instagram究竟有何特殊之處呢？

這個程式的成功要歸功於藝術與傳播力。Instagram問世前，其創辦人曾把這個程式的早期版本拿給舊金山科技大亨，像是創業家凱文・羅斯（Kevin Rose）、專欄作家席格勒（M. G. Siegler）、技術傳道者羅伯特・史考伯（Robert Scoble），以及推特共同創辦人傑克・多西（Jack Dorsey）檢視。這些加起來有好幾百萬追蹤者的科技名人，在推特上貼了好幾張Instagram的照片。靠著打入現存的大眾網路，Instagram在還沒正式推出前就觸及到數千使用者。

二〇一〇年十月六日，Instagram推出當天，就有兩萬五千人下載這個軟體，登上了軟體商店下載第一名的位置。許多在他們推特訂閱內容中看到了多西Instagram照片的iPhone使用者，在Instagram開放下載後馬上搶著下載。矽谷的科技文章寫手們說他們從未看過一個新創程式在推出前就在科技類部落格有這麼多宣傳曝光，並受到如此熱烈的注目。Instagram的成功，在於它是個俐落、有趣且簡潔的產品。同時它在網路上下的功夫也起了作用。

無論在前面導航的是橫度大西洋的航行者，或是舊金山的推特帳號，產品故事的傳頌，與產品特色的敘述同等重要。若沒有擘畫出一個打中正確對象的計畫，就算設計出一個完美產品也尚嫌不足。

在布拉姆斯的時代，假使你想要民眾聆聽你的交響樂，你需要找到演奏者與一間音樂廳。當時商業性音樂十分稀少，且音樂產業把持在那些掌控音樂廳與印刷機的人手上。

但時至今日，事情變得比較有趣了，不患稀少，而患豐裕。網路就是音樂廳，樂器成本低廉，任何人都可以撰寫自己的交響樂。未來的熱門商品將會處於大眾參與、無比混亂且付出與收穫不相等的狀況。數百萬人爭奪鎂光燈的注目，少數得勢者會坐大，而少數中的少數會變得極為富有。

過去六年，我們可在電影與影片市場清楚看到這項媒體變革。一九五九年十一月十八日，史詩宗教暢銷電影《賓漢》（Ben-Hur）在紐約市的澤夫州立戲院（Loew’s State Theatre）超過一千八百位名人觀賞下進行首映，當時電影產業是全美國第三大零售事業，只遜於雜貨與汽車。這部電影以好萊塢史上最高預算打造而成，並投入有史以來最高昂的行銷活動預算，也成為當時史上第二賣座的電影，位居《亂世佳人》（Gone with the Wind）之後。

首映會上不斷閃爍的閃光燈，蒙蔽了電影背後那些老闆的雙眼，讓他們看不清美國影視產業大螢幕獨大時代已經到達盡頭的事實，電視已經證明了自己擁有無法抵擋的誘惑力。一九六五年時，有超過九〇%的家庭擁有電視，而這些家庭一天要花超過五個小時的時間坐在電視機前。客廳沙發取代了電影院的座位，於是一九五〇年到二〇一五年，每位成人購買電影票的次數從大約二十五張掉到了四張。

電視取代影視成為最受歡迎的影像敘事媒體，並伴隨著民眾注意力與金錢上的轉移，每個月購買電影票的支出成了第四台的帳單費，這些月繳費用撐起了大量的運動賽事直播、傑出與流於俗套的電視劇，以及永無止盡的實境秀。像是華特迪士尼公司（Walt Disney Company）與時代華納（Time Warner）這些世界上最有名的電影拍攝公司，這些年來從ESPN和TBS等有線電視頻道賺取的利潤，早已超過他們整個電影部門的收益了。到了二十一世紀早期，電影公司涉足電視產業已是公開的祕密。

不過時至今日，電視已僅僅是映照出一個閃閃發亮玻璃世界的大型螢幕罷了。二〇一二年時，美國人花在使用筆記型電

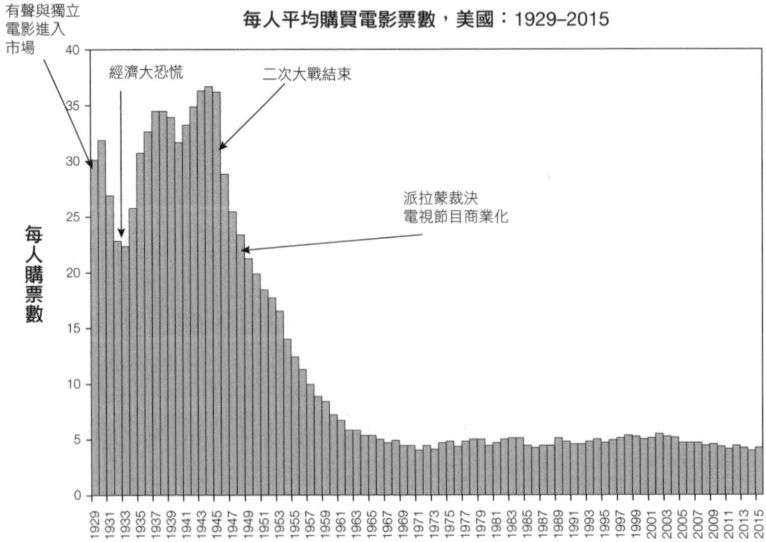

資料來源：巴拉克・奧巴赫（Barak Orbach）（2016）

腦與手機等數位裝置的時間首度超過電視。二○一三年，全世界一共生產了將近四十億平方英呎，或者說每個人約使用了八十平方英吋的LCD螢幕。在像是中國、印尼與亞撒哈拉地區（sub-Saharan Africa）等開發中區域，閱聽眾跳過了桌上型與筆記型電腦世代，直接從口袋型電腦的使用開始。

從大方向來看，全世界觀眾關注的內容，從低頻率、大型與廣播式（例如：有數百萬人每個星期會去看一場電影）轉為高頻率、小型與社群式（例如：有數十億人每幾分鐘就會用自己手上的玻璃製像素顯示裝置，查看社群媒體的摘要）。

直到二○○○年，媒體情勢還是由電影大螢幕、電視與汽車廣播等一對百萬的產品所支配。不過現在我們已經進入行動裝置世界，此

媒體別媒體廣告費用支出佔比（僅統計美國）

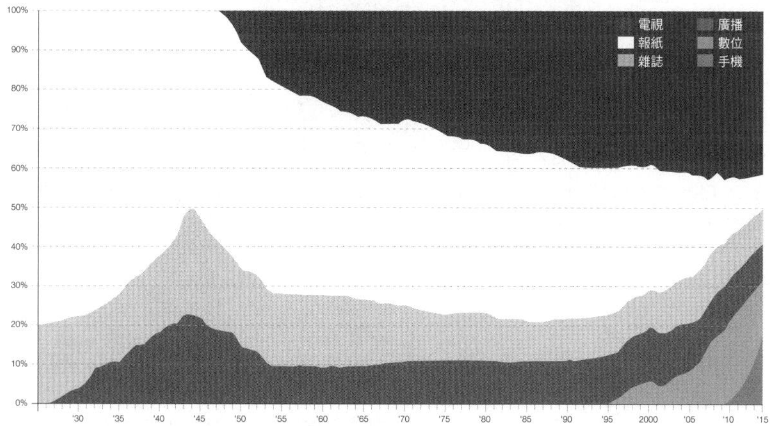

彭博e市調（Bloomberg eMarketer），作者分析（Author's analysis）——馬修・鮑爾（Matthew Ball）

時的熱門商品，像是憤怒鳥，以及像是臉書這樣的社群王國，在那小小的玻璃面板中不斷蓬勃發展。二〇一五年，科技分析師瑪麗．米克（Mary Meeker）發佈的報告指出，有四分之一美國人的媒體關注，都投注在十年前還不存在的行動裝置上。當大多數人可以透過他們隨身攜帶的裝置，在各式各樣不同的螢幕上觀賞十億支串流影片時，電視還沒落到完全被淘汰的地步。電視一度將「電影影像」從電影播放廳中解放；在接下來的歷史，行動科技則是讓影片脫離了客廳的束縛。

當媒體有了轉變，我們也得到了信息。傳統的廣播電視節目一週播放一次，實況播出，由廣告商支持製作。這個模式讓憑藉著每一集製造幾個緊張情結（並利用廣告來增加收視人數），並適時結束一集的戲劇與犯罪探案作品，成為完美的家庭影集。但串流電視通常沒有廣告，鼓勵觀眾一次觀賞好幾個小時。觀眾在網飛（Netflix）觀賞《紙牌屋》（House of Cards）或是在亞馬遜影片（Amazon Video）觀看《唐頓莊園》（Downton Abbey）時，不用看一集就停下來；他們想看多少集都可以。綜合了電影美學、傳統電視節目的級數本質，以及對小說或華格納風歌劇那種「放縱」潛能後，我們便能理解到，未來的電視不應被一個小時的桎梏給限制住。那會是更「具體完整的形式」，或者說，可以是任何的形式。

同時，較小型的內容也從根部開始侵蝕電視市場。二〇一三年四月，一名就讀佛羅里達大西洋大學（Florida Atlantic University）大四的學生羅比．艾亞拉（Robby Ayala），在Vine上放了幾段以大學校園充滿浣熊這個主題開玩笑的影片，這個軟體是個主打六秒循環短片，做得比電視還像電視的社群網路軟體，吸引了上百萬個年輕人使用，但它目前已經結束營運。當他在短短幾個月內累積超過一百萬名追蹤者後，就輟學專心當個推特旗下軟體Vine的網紅。他累積了三百四十萬個追蹤者，上傳的影片總瀏覽數為十億次，靠著替像是HP等贊助商發佈貼文來賺錢。過去演員會前往洛杉磯或紐約，因為這些城市住著擁有媒體分配經銷權的有力人士，但如今，任何一個手上有手機或電腦的人，都有可能在下個星期一夕爆紅。在這個門檻崩壞、全球資訊無比暢通的時刻，任何人都可能成為熱門商品製造者。

科技總是在形塑娛樂，以及我們對於何為「好的」內容的期待。十八世紀時，閱聽眾會付錢參與長達整晚的交響樂演出。二十世紀初，音樂產業則是將事業重心轉移至廣播與唱片上。第一張十吋唱片可以順暢的播放大約三分鐘的音樂，這也造就了大家對於現代流行樂單曲長度至多不超過兩百四十秒的期待。時至今日，Vine的一個短片則只有短短六秒鐘。

六秒鐘的娛樂短得太過荒謬了嗎？假使你生長在舒伯特、布拉姆斯與音樂廳的年代，確實如此。假使你生長在羅比．艾亞拉、臉書以及三．五吋智慧型手機的年代，那就說得通了。不管是好是壞，人們傾向於接受熟悉的事物，而科技則形塑出這份熟悉感。

那些裝置的螢幕越來越小，也越來越「有智慧」，我們也已習慣單單消費內容。現在那些內容也會消費我們，像是我們的習慣、固定儀式，以及我們的特徵。一九九〇年代以前，音樂產業不會費心每天收集大家在家裡聽什麼歌、聽哪個電台等相關資訊。現在，你只要在手機上播放歌曲，音樂產業就會一邊側聽，並利用你輸入的資訊來找出下一首熱門金曲。臉書、推特與數位出版商手上擁有的工具，不只會告訴他們你點擊了哪篇文章，還會記錄你看了多久，和你接下來會點擊什麼網頁等相關資訊。過去是我們播放熱門金曲；現在是熱門金曲讓我們播放它。

這些智慧裝置中引入了一些衡量如何製作熱門商品的科學技術，幫助許多公司破解消費者與閱聽眾的最終機密：我們把注意力放在什麼東西上，原因何在？

這本書成書的目的，是想為數十億人的喜好尋求解答，以及為數百萬產品設想成功或失敗的原因，同時歸納出可靠的理由，並整理出那些無法說明詳細原因的例外。我也試圖避免在沒有明顯證據支持的情況下做出籠統的陳述。不過把大部分心思放在避免錯誤不等同於總是正確。

在我開始撰寫這本書之前幾個月，我看到了兩句我自己很喜歡的格言。我把它們貼在我的電腦上，好讓我能隨時看到。就是我擺在這一章開頭的那兩段話。

第一段是來自伊塔羅．卡爾維諾的著作《看不見的城市》。那是段意義深遠的頌詩。忽必烈可汗問道，到底哪一塊才是支撐橋樑的石頭呢？馬可波羅回應道，一座橋不是某塊石頭單獨支撐，而是由它們所形成的橋拱支撐。

過去數十年來，講述人生，被視為銷售保證的非虛構寫作小部頭書籍，很容易受到大眾評論的影響。他們過度簡化人類心智的輪廓，就像是馬可波羅的橋，不能將石頭一塊一塊的詮釋，而是要藉由無可計數的支持要素之間的互動來觀其全局。本書也是如此，書中提出了一些龐大的問題：為何有些想法與產品會如此流行？是哪些要素將熱門商品與失敗作之間畫出一條界線？為了努力找到能夠解釋這些問題的滿意答案，自然需要一些概括性說法。不過我也透過這個程序，試圖回憶大眾不受單一看法或生物定律左右時的品味。反之，個體偏愛的樣貌，就如同一座由許多石頭所支撐的拱橋。

這樣看來，卡爾維諾的格言對於類似本書這種，探尋說明世界如何運作的重大理論的主題，會是個不錯的反對論點。但後面還有第二條格言。

波赫士描述了某個帝國的地圖工會，它擁有製作真實尺寸地圖的先進技術。然而人們摒棄這個確切的成就，而這份地圖的殘篇斷簡最終成了沙漠中乞丐的衣裝。樸素之中自有美德，一份與帝國同大的紙本地圖訴說的是「無用」，因為一份地圖只有在它小到足以讓某人能夠拿在手上閱讀才有其價值。這個世界無比複雜，而所有的意義皆來自睿智的簡潔。

本書主題之一即在說明，群眾皆渴求意義，而他們的偏好是由複雜與單純，以及新事物與極為安適的熟悉感，兩兩之間互相影響所引導。不同於一般尋找過度簡化文化產品為何成功原因的速食書籍，我的目標是用簡單的方式說明一個複雜的故事。本書的骨幹微小到無法支持馬可波羅的橋。充其量，我只希望能找到一顆優質的石頭，畫出一張恰當大小的地圖。

第一部

流行與心智

第一章

曝光的力量

藝術、音樂與政治上的名聲與熟悉性

秋天一個下雨的早晨，我在華盛頓特區國家藝廊的印象派作家展展場中四處瀏覽。站在一幅著名的畫作前時，我心中浮現一個，自認在場有許多民眾都會暗自在心中提出的疑問，而這個問題在一群陌生人面前大聲提出可是有點粗俗無禮的：為什麼這個東西如此有名？

這幅畫作是克勞德．莫內（Claude Monet）的《日本式步橋》（Japanese Footbridge），藍色的拱橋橫亙在翡翠綠的池塘上，池中則佈滿了黃、粉紅與綠色交雜的莫內招牌睡蓮。你不可能認不出來是誰的作品。我小時候最喜歡的其中一本繪本，裡頭就有許多莫內的睡蓮畫作。現場還有一件無法忽視的事情，就是有好幾個小朋友擠進圍觀的老人之中，好能夠近距離觀賞這幅畫。「太好了！」一個年輕小女孩一邊喊道，一邊把手機拿在面前拍照。「喔喔喔！」她身後一名較高、頂著一頭捲髮的男孩大喊。「這是那幅很有名的！」幾個更高年級的學生聽到尖叫聲，沒過幾秒就整群人跑過來擠在這幅莫內畫作前面圍觀。

而這次展覽，在距離這裡幾個房間的地方，也展出了另一名印象派畫家古斯塔夫・卡耶博特（Gustave Caillebotte）的作品。這裡的人比較安靜，觀賞的速度也比較慢。沒有學生、沒有高興大喊自己認出這幅畫的人，只有一些低聲贊許與莊嚴正經的點頭認同。卡耶博特並不是莫內、馬奈或塞尚那種舉世聞名的藝術家。國家藝廊中他的展區門口的招牌稱他為「或許是法國印象派畫家中最不為人知的一位」。

不過卡耶博特的畫作極為精緻細膩，他的風格說是印象派卻又帶著精確，就像是以更聚焦的相機鏡頭所捕捉的畫面。他通常從窗戶向外望去，將十九世紀巴黎的都市——菱形巷弄的黃色、蒼白色的人行道，以及絢麗灰色細雨滑過的林蔭大道，通通粉刷上鮮豔的色彩。他那個時代的人將他視為與莫內和雷諾瓦（Renoir）同等傑出的藝術家。偉大的法國作家埃米爾・左拉（Émile Zola）注意到印象主義者「致力於色彩的筆觸」的意圖，明確表示卡耶博特「是這群人中最膽大無畏的人之一」。不過，一百四十年過去了，莫內成了史上最有名的畫家之一，而卡耶博特卻相對默默無名。

神祕之處在於：兩位叛經離道的畫家，於一八七六年同一個印象派畫家展中掛上了自己的作品。大家一致認為兩人的天賦與前途不相上下，但一位畫家的睡蓮成了馳名全球的文化熱門商品，莊嚴地收錄於繪本之中、藝術歷史學家仔細研究、高中學生痴痴地凝視，在國家藝廊每次巡迴展覽中都列為觀賞重點；另一位畫家則在一般藝術愛好者中沒沒無聞，原因何在？

許多世紀以來，哲學家、藝術家與心理學家們深入研究現代藝術，得知美麗與流行背後的真相。基於可理解的原因，許多人都專注在畫作本身，不過研究莫內的筆觸以及卡耶博特的畫法，不會告訴你為何一人舉世聞名，另一人則默默無聞，你得更深入的探究內情。知名畫作、熱門金曲與暢銷作品這些似乎在文化意識上毫不費力便浮上檯面廣受歡迎之物，都擁有一個隱藏的源起；就算是睡蓮也有根在。

康乃爾大學（Cornell University）一支研究團隊在研究印象派畫作的故事時，他們發現了一些使得最有名的畫家與其他人與眾不同之處，並非是他們的社會連結或是他們在十九世紀時的名望，而是那些巧妙細微的故事。這全都要從卡耶博特說起。

古斯塔夫．卡耶博特於一八四八年生在一個富裕的巴黎家庭。年輕時，他放棄修習法律改讀電機，後來又於普法戰爭（Franco-Prussian War）時加入法軍。不過到了二十多歲時，他發覺自己對繪畫的熱情，且擁有深不見底的天賦。

一八七五年，他將畫作《刮地板的工人》（The Floor Scrapers）提交給巴黎藝術學院。在這幅畫作中，白色光芒從窗戶滲入，幾名跪在地上工作的男子，赤裸的背部讓光線照得白亮，他們在空蕩的房間刮著暗棕色的地板，木頭地板表層的木屑在他們腳邊蜷曲在一起。不過這幅畫遭到退件，有個評論家節錄了他輕蔑傲慢的回應，他說，「畫裸體，不過要畫美麗的裸體，不然就別畫吧。」

印象主義者——卡耶博特稱他們為不妥協者（les Intransigents）——並不同意這個說法。他們之中包括雷諾瓦的幾個人，喜歡他這種呈現刮地板工人日常的景象，並詢問卡耶博特與他們這群叛逆者共同展出的意願。他因此跟幾個當代最具爭議的幾個年輕藝術家，像是莫內與竇加變成了朋友，並在當時歐洲富人圈還沒注意到他們時購入了許多他們的畫作。

卡耶博特的自畫像呈現出他中年的樣貌，短髮，臉型如同箭簇，削瘦有角，有個尖銳的下巴，留了修剪整齊的灰色鬍鬚，嚴肅的面容同時也呈現了他的精神生活。深信自己將會英年早逝的卡耶博特立下遺囑，通知法國政府接收他的藝術收藏，並將他手上將近七十幅印象派畫作掛在國家博物館。

他的恐懼如同預言般準確。一八九四年，卡耶博特以四十五歲之齡死於中風。他的遺贈物包括了至少十六幅莫內、八幅雷諾瓦、八幅竇加、五幅塞尚，以及四幅馬奈的油畫，此外還有十八幅畢沙羅（Pissarro）與九幅希斯里（Sisley）的作品。他家牆壁上的畫作，在二十一世紀的佳士得拍賣會（Christie's sale），價值就算高達數十億美元也不難想像。

不過在那個時候，他這些收藏的價值還遠遠不到令人垂涎的程度。卡耶博特在遺囑中，明文規定所有畫作都要掛在巴黎的盧森堡博物館（Musée du Luxembourg）。但即便由雷諾瓦擔任遺囑執行人，法國政府一開始還是拒絕接收這些藝術作品。

包括保守派評論家，甚至還有許多傑出政治家等法國菁英人士，都認為這份遺贈如果不是個徹頭徹尾的玩笑，就是個完全自以為是的想法。他這個無賴還想著自己可以在死後強迫法國政府把十幾張殘暴的污斑掛在自家的牆上？數名藝術教授威脅說，假使國家接受這些印象派畫作，他們就從法國美術學院（École des Beaux-Arts）辭職。當時名氣最大的學院派藝術家尚—里奧．傑洛姆（Jean-Léon Gérôme），大肆抨擊這次的捐贈行為，說道，「政府接受這些汙穢畫像的行為，會是一次莫大的道德鬆綁。」

但假使沒有經歷一次又一次的大鬆綁，藝術史會是什麼樣子呢？在與法國政府和卡耶博特的家族就這份遺贈的授與奮戰多年後，雷諾瓦終於說服政府收下大約一半的收藏。根據資料，法國政府接收的畫作中，包含了八幅莫內、七幅竇加、七幅畢沙羅、六幅雷諾瓦、六幅希斯里、兩幅馬奈，以及兩幅塞尚的畫作。

一八九七年，這些畫作終於掛在盧森堡博物館新建的側廳時，代表著印象派畫家的作品在法國，或者可說是在整個歐陸，首次於國家展覽館展出。民眾大舉湧入博物館觀看這些他們過去猛烈抨擊或完全忽視的藝術作品。這場因卡耶博特的遺產而生的戰鬥（媒體稱之為卡耶博特事件〔l'affaire Caillebotte〕），收到了他所希望的影響：這個事件為他那些不妥協者朋友帶來了前所未有的注目，甚至還帶點尊重。

卡耶博特收藏展經過了一世紀後，康乃爾大學心理系教授詹姆斯·卡丁（James Cutting）統計了數百本大學圖書館中的藏書，發現其中出現了超過一萬五千幅印象派畫作。他的結論「斬釘截鐵」地指出，所有印象派畫家中，有七位（「也僅有七位」）核心畫家，他們的名字與作品出現的次數遠比其同儕要多得多。這七位核心畫家為莫內、雷諾瓦、竇加、塞尚、馬奈、畢沙羅以及希斯里。無疑的，這個名單確實是印象派公認的重要作家。

是什麼原因讓這七名畫家與其他人有明顯差別呢？他們各自的風格並不相同，當時的評論家也並未特別大肆吹捧他們，他們也並未遭受到同等的責難。沒有記錄顯示這群人排外地自成一個群體、只彼此收集對方的作品，或是排斥與其他人的作品共同展出。事實上，這些最知名的印象派畫家之間，似乎僅僅只有一個他們獨有的特質。

核心的七名印象派畫家，是古斯塔夫·卡耶博特的遺贈物清單中唯一出現的七名印象派成員。

一九九四年，卡耶博特過世正好一百年，詹姆斯·卡丁於巴黎奧賽博物館（Musée d'Orsay）中，站在其中一幅最知名的畫像前時，心生一個十分熟悉的想法：為何這個東西如此有名？

他質疑的畫作，是雷諾瓦的《煎餅磨坊的舞會》（Bal du Moulin de la Galette），尺寸為四呎高，六呎寬，畫中有許多盛裝打扮的巴黎人，於巴黎蒙馬特區（Montmartre district），沐浴在週日斑駁的陽光下，參雜交錯地在戶外舞池，跳著華爾茲、飲酒，圍在桌子旁嬉鬧。

卡丁很快就領略到這幅畫作想要表達的意圖。但他對於這幅畫作固有的特殊地位，與他實際意識到的深度並不相符。是的，這幅煎餅磨坊的舞會確實吸引人，他能擔保這件事，不過這幅藝術作品並沒有明顯優於附近展覽室那些不比他知名的同輩畫家的畫作。

「我確實為它感到驚嘆，」卡丁對我說。「我意識到卡耶博特擁有的畫作，除了煎餅磨坊的舞會外，這間博物館中還有許多他那時收藏的畫作都變得極為知名。」

他回到綺色佳（Ithaca），將他的發現整理得更完備。卡丁和一名研究助理聯手瀏覽了康乃爾大學圖書館中大約一千本書籍，列出一個畫作最常被翻印放入書中的作家清單。他歸納的結果為，被視為印象派代表性畫家的名單，集中在七名核心畫家：馬奈、莫內、塞尚、竇加、雷諾瓦、畢沙羅與希斯里，也就是卡耶博特七人組。

卡丁得出一個理論：古斯塔夫·卡耶博特的死，促成了印象派代表性畫家的確立。他贈送給法國政府的遺贈，型塑出當時與後世藝術愛好者看待印象主義的框架，藝術史學家對卡耶博特七人組的關注，授予他們的畫作一定的聲望，同時也將其他畫家排除在外。卡耶博特七人組的畫作總是掛在畫廊中較顯眼的位置，以較高的價格賣給私人收藏家，藝術鑑賞家給予較高的評價、收入於更多藝術選集中，並且有更多漸漸成長為下個世代的藝術達人，熱切地想要表達自己對卡耶博特七人組看法的藝術史學生們，也努力的研究他們。[1]

卡丁還有另一套理論：事實上，卡耶博特的遺贈形塑了印象派代表性畫家在媒體、娛樂與流行性上種種深刻與普遍的詮釋。人們偏好他們過去曾經看過的畫作，閱聽眾喜歡的，通常是從有些似曾相識的感覺中，找到些許意義的藝術作品。

卡丁回到康乃爾大學後開始測試上述的理論。他從他的心理學課的學生中挑了一百六十六個人，一次挑兩張印象派畫作給他們看。每一組畫作，其中一張都明顯較為「知名」，即比較有可能出現在康乃爾大學其中一本教科書之中的作品。十次之中有六次，學生會說自己比較喜愛更有名的那幅。

這可能意味著有名的畫作是較為優秀的作品，或者那可能意味著康乃爾大學的學生偏好權威性的藝術作品，原因在於他們較熟悉那些畫作。為了證明後者為真，卡丁精心策劃了一個環境，讓學生就跟從小就無意間持續接觸印象派代表性畫家作品的藝術閱聽眾一般，在無意間持續接觸較不有名的畫作。

接下來發生了什麼事我想大家都很清楚：卡丁在另一堂心理學課上，用十九世紀末較不出名的藝術作品轟炸學生，後面那堂課的學生每看到四次默默無名的印象派畫作，才會瞥到一次知名作品。卡丁試圖重建一個藝術史的平行宇宙，在這裡卡耶博特並未英年早逝，他那傳奇般的遺贈從未創造出一門印象主義畫家派系，卡耶博特七人組也從未因為一場偶然的歷史意外事件，從而提昇他們的曝光度與普及度。

這門課結束前，卡丁要求這一百五十一位學生從五十一組畫作中，每組各挑選一幅喜歡的畫作，熱門度競賽的結果出爐，代表性畫家的名次與剛剛完全相反。五十一組畫作中有四十一組，已看不到學生選擇最有名的印象派作品。莫內的花園中那充滿吸引力的翠綠、雷諾瓦令人心醉神迷的燦爛色彩，以及馬奈的天才之作，都被重複曝光的力量所影響，幾乎無人關注。

卡耶博特的遺贈能推動印象派代表作品的型塑，是一件極不尋常的事情，因為當時他其實是刻意買下他朋友們最不受歡迎的畫作。卡耶博特把買下「特別是那些他的朋友們覺得似乎特別不好賣的作品」當成他的購買原則，藝術史學家約翰．雷華德寫道。舉例來說，卡耶博特是撐到了最後一刻，才以賣家身分買下了雷諾瓦的《煎餅磨坊的舞會》。今日，這幅卡耶博特在它尚默默無名時搶救下來，並啟發了卡丁著名的藝術心理學研究的畫作，已被視為大師之作。當它於一九九〇年在拍賣會上以七千八百萬美元售出時，高居藝術作品史上第二高價。你可能

---

1 注：最後，在這份送給法國政府的禮物中，雷諾瓦加了兩幅卡耶博特的畫作。不過他們大量地被最具影響力的藝術史學家檢視，而這或許是由於他們最後被選入七人組的緣故。約翰．雷華德（John Rewald）於一九四六年出版的不朽鉅著《印象派史》（History of Impressionism），將卡耶博特的遺贈視為傑出的貢獻，不過其中只列出了大家熟悉的七名畫家，使他們成為印象派唯一地大師級人物，且鮮少提及卡耶博特藝術上的傑出才能。

會發現雷諾瓦的畫作自有其本質上的美，我也這樣認為，不過其權威性的名聲絕對與其身處卡耶博特的收藏從而博得好名聲一事脫不了關係。

華盛頓國家藝術博物館法國繪畫策展人瑪麗．莫頓（Mary Morton），策劃了此博物館二〇一五年的卡耶博特特展。她告訴我，還有另一個原因導致卡耶博特缺少曝光，於是至今仍默默無名的原因是：印象派最重要的收藏家不想將他的作品售出。

印象派歷史上最重要的幕後人物之一，法國收藏家與交易商保羅．杜朗—盧埃爾（Paul Durand-Ruel），在這些畫家享譽國際之前，他開了一間專賣印象主義畫作的一人交易所。他盡其所能的銷售莫內與其他創作者的作品，並在法國沙龍與歐洲上層社會視他們那種草率的繪畫風格，在法國浪漫主義前簡直視十惡不赦時，努力延續這個運動的生命。杜朗—盧埃爾發現，在美國收藏者之間，他們的畫作更受歡迎。「工業革命，收入大舉增加的情況下，新崛起的富有人士住進了巴黎與紐約市新建的大型公寓。」莫頓對我說。「這群人需要負擔得起、美麗且容易取得的裝飾品，而印象派畫作能夠滿足以上三個條件。」新財富為新的品味創造出空間，印象派則成功填補了這份空缺。

但卡耶博特在新富階級的眼中，並不符合前面所提到那讓印象派從此廣受歡迎故事的條件。他繼承了從事紡織業父母遺留下來的大筆財產，成為百萬富翁，於是他不需要從繪畫嗜好中賺取金錢。莫內共創作了超過兩千五百幅油畫、素描與蠟筆畫，而儘管雷諾瓦患有嚴重的關節炎，他還是產出了驚人的四千幅作品。卡耶博特產出了大約四百幅畫作，且幾乎沒有放心思在將它們散發到收藏家與博物館手上。二十世紀初期他的名字便遁入闇影之中無人知曉，同一時間，他同伴的作品高掛在展覽廳與私人蒐藏家的牆上，就像是卡耶博特的才能產生的力量，在歷史的洪流中造成了廣大迴響。

今日的高中學生在認識莫內的《睡蓮》時，是觀賞著它超過一世紀的曝光與名聲所帶來的價值。卡耶博特是法國印象派畫家中最沒沒無聞的一位。但這與他作品的價值無關。那是因為他將自己壓抑已久的才能，提供給他的朋友們，即曝光的才能。

幾個世紀以來，哲學家與科學家一直試圖龐大繁複、各式各樣的美統整為一個恰到好處的理論。

有些人爭論著這個理論的形式與公式。回首古代希臘，那時哲學家提出了美麗可以量化，且隱藏在這個可觀測的宇宙其結構之中，這樣的概念。另一派人傾向於提出一種神祕的解釋，且有個精確的數字——一點一六一八〇三三九八八七五……，這個數字也以「黃金比率」之名為眾人所熟知。此數字能夠解釋諸如希臘的花朵、羅馬神廟，以及蘋果電腦製造出來的現代裝置等物體在視覺上的完美。他們懷疑這個世界充滿了此類祕密與方程式。柏拉圖提出，目前這個實體世界是理想境界不完美的複製品。即使是最精巧、獨創的藝術作品，或最令人讚嘆不已的耀眼日落，都還僅是在朝向美麗本身那種無法企及的形態努力罷了。一九三〇年代，數學家喬治．戴維．伯克霍夫（George David Birkhoff）甚至為詩詞寫作提出了一個公式：$O = aa + 2r + 2m - 2ae - 2ce$。[2]（不太可能有人可以用這個公式寫出一首值得一讀的詩。）

真的會有一種解釋為何我們熱愛自己喜歡的東西的方程式演算法潛藏在這個世界嗎？大家都無法肯定的這樣說。大家總是抱持懷疑，且爭論美麗永遠是主觀、純屬個人，而非用數學公式能夠解釋的東西。哲學家大衛．休謨（David Hume）說，「尋求真正的美麗，或是真正的畸形，如同一個徒勞無功的方程式，如同假裝弄清楚真正的甜美或真正的苦澀。」哲學家伊曼努爾．康德（Immanuel Kant）贊同美麗是主觀的，但他也強調，人們擁有審美的「判斷力」。想像一下聆聽一首優美的歌曲，或是站在一幅精緻細膩的畫作前的模樣。迷失自我而覺得好奇，與不用大腦思考截然相反，愉悅也是某種思考方式。

公式獵人與懷疑者之間漫長的爭論，一直漏掉了一個重要的聲音：科學家之言。結構性數據直到一名幾乎失明的德國物理學家古斯塔夫．費希納（Gustav Theodor Fechner）於十九世紀中期現身，並進行藝術品味的研究，協力創造了現代心理學的架構後，才被納入討論。

一八六〇年代時，費希納決心要為自己找出美麗的法則。他的方法可說是獨一無二，畢竟幾乎沒人想過在對詢問民眾他們的偏好時，提出這個最簡單的問題：即直接問他們喜歡什麼。他最知名的實驗與形狀有關。他以各個不同年紀與背景的人為對象，請他們指出覺得哪種長方形最美麗。（這便是早期科學實驗的方式。）他注意到一個模式：大家喜歡呈黃金比例，長邊約為短邊一點六倍的長方形。

最後他開心的報告說，心理學史上首次進行的研究大獲全勝。可惜，科學是一個從錯誤出發的漫長旅程，而費希納的結論大錯特錯。後來的科學家不斷複製他的實驗，也不斷失敗。不是所有最初的發現都有值得崇敬的想法。

費希納的發現毫無價值，但他最初的直覺想法仍有可取之處：科學家應當詢問大眾生活上的事情與想法，來對他們進行研究。隨著時間的推移，這項法則帶來了各種各樣成果豐碩的結論。一九六〇年代，心理學家羅伯特・札瓊克（Robert Zajonc）主持了一系列實驗，實驗中他展示無意義、隨機形狀與類似中文的字體，並詢問受試對象他們偏愛那一個。經過不斷的研究後發現，人們會合理地選擇他們見過最多次的文字與有趣的造型。那並非在說某些長方形是完美的長方形，也並非在說某些類似中文的字體是完美的類中文字體，人們單純只是喜歡他們看過最多次的形狀與文字罷了。他們偏愛熟悉的事物。

---

[2] 注：在這個詩詞公式中，aa是為頭韻（alliteration）與諧音（assonance），r是押韻（rhyming），m是音樂性（musicality），ae是額外頭韻（alliterative excess）而ce是額外輔音（excess of consonant sounds）。遵照此公式做為你撰寫十四行詩的範本前，要記得這樣的方程式將蘇斯博士（Dr. Seuss）排在華特・惠特曼（Walt Whitman）前面，且認為《雅克弟兄》（Frère Jacques）比E・E・康明斯（E. E. Cummings）大部分的作品要優秀。

這項發現被稱為「單純曝光效應」（mere exposure effect）或稱「曝光效應」，而它也是現在心理學最堅實可靠的發現。人們不只是偏愛朋友勝過陌生人，或是偏好熟悉的味道勝過不熟悉的氣味。經過數百個遍佈全世界的研究與後設研究，主題包括熟悉的形狀、地景、消費商品、歌曲與人類的聲音等等。人們甚至偏心地喜歡這個世界上他們應該了解最深、最熟悉的東西：他們自己的臉孔。人類的臉孔有些許不對稱，這意味著照片捕捉到的臉，與鏡子之中的樣子有些許差異。人們在看到自己的照片時常常會避過頭不去看，且許多研究都指出，大家偏愛瞥見物體反射出自己臉孔時的樣子。鏡面反射出的臉龐，是客觀上最美麗的樣貌嗎？可能不是。你會喜歡那張臉，只因你習慣以那種方式看到它罷了。對熟悉性的偏愛是那麼普遍，有人認為這項特徵必定早在我們的祖先在探索大草原時，就寫入我們的基因密碼之中。曝光效應在演化上的解釋十分簡單易懂：假使你認出某個動物或植物，那麼牠就還沒殺掉你。

哲學家馬丁．海德格（Martin Heidegger）曾說過：「每個人生來多樣，死時單一。」幾乎所有嬰孩的偏好都一樣，舉例來說，喜歡甜食以及無失調的和諧。但成人的品味便各不相同，很大部分是由於他們此時的樣貌是由人生經驗形塑而成，而每個人都以不同的方式在生活中享樂與受苦。人們生時平凡，死時獨特。

要維持狩獵採集部落的延續，最重要的就是性行為以及安全的遷徙。因思考一下他們心中這兩個核心——有張美麗臉龐的原因為何呢？一個地景令人嚮往的原因為何呢？——看看關於熟悉造成的偏誤可能的源由為何。

一般來說，人們喜歡均勻對稱的臉孔，不過只是水平對稱並非判斷某人是否美麗最佳的方式。想想看：你不能單看某人半邊臉，就分辨出他迷人的程度嗎？此外，讓沒露出來的那半邊臉與這半邊完美對稱，也不會突然冒出一個超級模特兒。要對美麗做出更具科學性地嚴格解釋，就是人們會被看起來很像其他人的臉，這樣的臉龐給吸引。

涉及到長相時，平均值才是真正的美麗。許多使用電腦模擬的研究顯示，許多張相同性別的臉孔混合後，會創造出一張比混合前個別臉孔更吸引人的臉龐。如果你是用許多極為俊俏好看的臉混合，組合出來會更加迷人。為何一張平均值的臉會如此美麗？科學家也不是十分確定原因何在。或許人的演化，以及許多張臉混合出一張更吸引人的臉，表現出了基因的多樣性。無論如何，吸引力是普世通用的原則，且或許甚至是與生俱來的。參照中國、整個歐洲與美國對成人與孩童的研究，大家認為最平均、一般的臉孔會是最吸引人的臉。[3]

然而，除了平均以外，各人品味都有極大的分歧。雖然你可以在世界上找到數千個你認為

---

[3] 注：你可能會因此在情人節寫給你的愛人一張紙條，上面寫著，「無論從那個觀點看，你的臉龐都是完美的平均水準。」不過在他或她就此與你分道揚鑣前那短暫珍貴的時間裡，請別提起你是從這本書中得到這個點子的。

深具誘惑性的唇盤、口紅或前額瀏海，但它們的吸引力並不是對所有人都適用。許多人認為戴眼鏡很性感，但這完全是逆向演化的狀態。需要精確校準的玻璃製品科技來協助日常事務，表示你視覺基因不良。古代以狩獵採集維生的人應該不會被鼻子與耳朵上掛著金屬絲、兩眼前擺著鏡片的人給迷倒，不過這個說法並未減損性感圖書館員幻想的熱門度。假使對臉孔的生理偏好確實存在，就能用軟粘土捏出其樣貌，而整個文化就能將它製模放在各種人身上。

另一個觀察成人偏好分支起源的地方，是從風景來看。一份對像是雨林、熱帶草原與沙漠等處地景照片的全球調查發現，全世界的小孩似乎都偏愛同一種地形，那應該是類似滿是樹叢的熱帶草原，剛好像是東非地貌，也就是智人種可能的發源地。這顯示了人類生來就帶著如藝術哲學教授丹尼士．杜頓（Denis Dutton）稱之為「普遍性更新世地貌品味。」的觀念。

不過成人對風景的品味既不普遍，也不再如同以往一般。什麼景色都有人喜愛。有些人偏愛如同犬牙般銳利的馬特洪峰，有些人喜愛被日落抹上一片粉紅的緬因州湖畔，還有一些人偏好摩洛哥那烤焦般的橘色大沙漠。有些地貌的細節似乎對所有人都有吸引力。舉例來說，世界各地的人都喜歡看起來十分潔淨的清水，從古至今，那永遠都是維持生命所必須的泉源。有些證據顯示，無論出身於什麼背景與文化，看到被如蛇般蜿蜒的河流隔開的高山，以及被綿長延伸直至看不見得遠方才消失的路徑切割的森林，許多人都會因此被這片景色給吸引。這些細節意味著人類先祖們喜歡觀看一些東西：在混亂的大自然中探索出來的道路。不過就像成人會看不同的電影、日曆、雜誌、照片與景色一樣，每個人對完美地景的印象是天差地遠。

分析到最後，美麗並不存在特定形式，或者標準廣大無邊，甚至可說，每個縈繞在人類心志、內心與本能勇氣中的標準問題皆不相同。存在於世界與人之間互相影響的因素，這裡我們可以說，也就是人生。人們適應它。這裡轉述釋義丁尼生的話，即他們，是他加總了他們遇見的所有人的結果。[4]他們生時平凡，死時獨特。

在社群媒體摘要、在有線或無線電視播放站，甚至在現代全國性報紙出現前，有的是公共博物館。暫且不算圓形劇場，公共博物館可說是第一個散播藝術作品（現在大家都稱之為「內容」）給廣大閱聽眾的科技。或許把博物館想成類似任何現代發明的存在有些奇怪，畢竟許多人對它的概念不是古蹟、廢墟，就是小孩說想上廁所時的去處。不過就像蒸氣引擎到智慧手機等其他科技，公共博物館將藝術作品與史前古器物市場公眾化，讓過去只有富人可觀賞的物品，開放給大眾閱覽。

雖然群眾已經張口瞠目地呆看著公開展示的藝術品有千年之久，但歷史上大多數藝術收藏都是貴族私人收藏品，且由衛兵把守著。現代公共博物館是啟蒙時代的發明，而其最重要的

---

[4] 譯注：丁尼生原文為，我是所有我遇到的人的一部分。

主張為一般平民也應當有受教育的權力。首間公共博物館為大英博物館，於一七五九年開館，作為一間「美術品陳列室」，其中陳列品從古埃及的藝術品到亞買加的植物。其後幾十年間，國立博物館在歐洲遍地開花，並延伸至大西洋的另一岸。美國博學家查爾斯．威爾森．皮爾（Charles Willson Peale）於一七八六年，在費城成立美國第一間公共博物館，從他的收藏中選出上千種植物與動物畫展出。[5]羅浮宮於一七九三年在巴黎開張，隨後，在一八一九年，普拉多博物館於馬德里開設。卡耶博特的遺贈妝點了盧森堡博物館的牆壁，為歐洲這座新設立的公共博物館燃起了一陣狂熱。十九世紀下半葉，光是英國就設立了一百間博物館。

假如說過去幾百年間，藝術上最重要的地產是公共博物館，那麼廣播就是流行樂的公共博物館，大量曝光的展覽大廳。線上播放是二十世紀中期讓新音樂建立流行性的關鍵作法，音樂廠牌因此紛紛精心策劃出直接付錢給廣播電台以求播放自家歌曲的「賄賂」行為。就算到了這個世紀，無處不在的線上播放仍然是製作熱門金曲的關鍵。「我們做的每一項調查都指向同一個結論：廣播是驅動銷售第一名，以及最能預測歌曲是否成功的管道。」追蹤音樂銷售與線上播放資訊的尼爾森娛樂分析部資深副總裁戴夫．巴庫拉（Dave Bakula）說道。「你幾乎無可避免地看到最強的歌曲先在廣播紅起來，接著才在其他平台翻紅。」透過廣播在公眾曝光，比「單純」曝光要強得多，因為一首歌能在前四十名金曲電台播放，也暗示了它的高品質，就好像許多潮流人士與聽眾都已經聽過而且為它背書一般。

儘管在美國音樂產業草創期間，要讓一首歌成為熱門金曲，做出難忘的旋律對於巧妙的市場行銷活動來說，都是次要的事。「在錫盤巷（Tin Pan Alley），發行商都很清楚，無論一首歌有多動聽、多吸引人，多合時宜，（成功與否）都取決於經銷系統。」音樂歷史學家大衛・伊斯曼（David Suisman）在《販賣音樂：美國音樂的商業進化》（Selling Sounds: The Commercial Revolution in American Music）一書中寫道。在接近十九世紀末的紐約市，寫手與發行商在接近聯合廣場，暱稱為「錫盤巷」的地方，發展出一套詳盡的新音樂宣傳程序。他們會將歌譜分發給在地音樂家，這些音樂家會在從下東區到上西區等不同地區彈奏每一首歌曲，並回報哪一首歌較受歡迎。美國音樂標準歌曲就是在這段期間所創造的，諸如〈樂隊繼續演奏〉（The Band Played On）、〈帶我去看棒球賽〉（Take Me Out to the Ball Game）以及〈天佑美國〉（God Bless America），都是經過詳盡的測試與經銷策略，用樂譜及踏破雙腳推動的產品。

5 注：皮爾的生涯不會在此書多做敘述，但絕對值得在博物館開設一個以他為主題的展覽和更多其他的介紹。他的生涯始於一介馬里蘭州貧民，隨後則是一連串的首次創舉。他成立了美國第一間現代博物館、於一七七二年畫了第一張喬治・華盛頓的畫像，於一八〇一年組織了首支美國科學探險隊，在紐約挖掘化石，首次在全世界的博物館展示乳齒象骨骼化石，並擁有第一版印表機的專利，當時印表機還叫做複寫器（polygraph，可別跟現代的測謊器搞混了）。他還用知名畫家和科學家的名字來為他大部分的孩子命名，這部份與第六章有重大關連。

錫盤巷的宣傳人員屈服於廣播，而如今廣播則屈服於更開放、平等且無法預測的新經銷形式。今日的熱門金曲則從電視廣告、臉書發文以及線上影片殺出血路。由納普斯特（Napster）共同創辦人西恩・帕克（Sean Parker）設立的一份Spotify歌曲清單，以推動蘿兒（Lorde）的歌曲〈貴族〉（Royals）成為二〇一三年一首大爆冷門的熱門金曲而聲名大噪。兩年前，加拿大創作歌手卡莉・蕾・傑普森（Carly Rae Jepsen）發表了一首十分活潑的歌曲〈有空叩我〉（Call Me Maybe），發行時位居加拿大前一百名熱門單曲榜第九十七名。到了年底，這首歌仍然沒有進入前二十名。不過另一位加拿大流行歌手小賈斯丁（Justin Bieber）在廣播上聽到這首歌，接著在推特上稱讚它。二〇一二年初，小賈斯丁將他和幾個朋友戴著假鬍子配這首歌跳舞的影片放上了YouTube，而他這幾個朋友之中，包括了流行巨星塞琳娜・戈梅茲（Selena Gomez）。如今這部影片的點閱數超過七千萬，也推了〈有空叩我〉一把（這首歌的音樂錄影帶在YouTube上的點閱數也超過了八億），它成了這十年間最熱門的流行歌曲之一。

音樂（且就此而論，整個文化）本身依附於這樣的時刻，而現在這種時刻可以在任何地方發生。陸地無線廣播仍然把持強大的經銷力，畢竟，這也是小賈斯丁第一次聽到〈有空叩我〉的管道，不過它不再擁有曝光上的壟斷地位。所有社群軟體帳號、每個部落客、每個網站，以及每個隨手分享的影片本質上都是一個廣播電台。

想想看，像是音樂這種文化市場，品質就是一切，且每首冠軍金曲也是當時的最佳產品，這是件好事。再者，我們似乎也很難證明事實並非如此。你要怎麼證明一首沒人聽過的歌曲，比全國最流行的歌曲「更棒」呢？你可能需要一些瘋狂的作法：像是一個用來比較的平行宇宙，那裡有上千個同時聽過這兩首歌的人，並在沒有強力行銷下做出與現在截然不同的結論。

事實上，這個平行宇宙確實存在。音樂品牌一直都在向會做這件事的公司諮商。金曲預測家（HitPredictor）與聲音輸出（SoundOut）這兩間線上音樂測試公司創造出來的宇宙，會在一般大眾對一首新歌產生某種想法前，先詢問上千名聽眾的意見以評估這首歌吸引人的程度。

如同它的名字，金曲預測家（為全美擁有最多FM與AM廣播電台的iHeart媒體所有）靠著在不告訴線上聽眾太多資訊的情況下，播放三次一首歌的記憶點（hook）給他們聽，來「預測」一首歌會不會成為熱門金曲。其中的關鍵在於，在歌曲資訊一片空白的情況下，捕捉它純粹的「吸引力」。聽眾會給這首歌一個分數當做評分：分數最高可超過一百分，不過只要超過六十五分，就會被視為熱門金曲候選人，也就是說，六十五分是個門檻：超過這個數字，這首樂曲本質上就擁有成為全國冠軍歌曲的吸引力。

以下是金曲預測家對二〇一五年秋天曾經進入告示牌百大單曲榜前五名中，其中幾首十分流行的歌曲所作出的評分：

德瑞克（Drake）的〈熱線響起〉（Hotline Bling）：七〇．二五。
威肯（The Weeknd）的〈山丘〉（The Hills）：七一．三九。
尚恩．曼德斯（Shawn Mendes）的〈療傷〉（Stitches）：七一．五五。
小賈斯丁的〈對不起〉（Sorry）：七七．一四。
小賈斯丁的〈什麼意思?〉（What Do You Mean?）：七九．一二。
愛黛兒（Adele）的〈哈囉〉（Hello）：一〇五．〇〇。

先研究一下這些數字。你有注意到奇怪的地方嗎？一首歌理論上最高得分可以超過一百，不過上面大部分強力金曲，而且是貨真價實的強力金曲，得分都只是稍稍高於六十五分門檻而已。除了難以置信的例外〈哈囉〉，其他歌曲都沒能超過八十分。先把這個祕密拋在腦後一會兒，因為這些「只有」七十幾分的熱門金曲，有些看似強大的因素隱藏其中。

聲音輸出公司的業務內容與金曲預測家類似，它的總部設在英國，每個月在線上測試大約一萬首歌曲。每首新歌會隨機串流分配給超過一百位聽眾，他們在聆聽至少九十秒後評分。以聲音輸出公司來說，魔術數字是八十，測試歌曲中大約有五%的歌曲得分會超過這個門檻，它們也會被視為擁有足以成為熱門金曲的吸引力。聲音輸出公司史上表現最好的錄音室專輯，是愛黛兒的第二張專輯《二十一歲》（21），其中收錄了三首全球冠軍熱門金曲，並贏得了二〇一二年葛萊美獎年度最佳專輯。「這張專輯裡的每首歌，分數都超過八十。」聲音輸出公司創辦人與執行長大衛．科提爾—杜騰（David Courtier-Dutton）於二〇一五年末這樣告訴我。「我們過去從未見過這種事，之後也沒再看過。」

金曲預測家與聲音輸出公司都發現，沒錯，確實有方法衡量出品質或吸引力。這個旋律若在爭取魔術數字上失敗了，在現實世界也會失敗。

不過我們回頭看看二〇一五年後期那些頂尖熱門金曲：那些七十幾分的歌曲如同家常便飯般打敗了好幾十首沒有一百，也有八、九十分的歌曲。一旦超過門檻，吸引力就不是讓一首歌成為怪獸級金曲的關鍵因素。曝光才是。

「對於每一首進入排行榜且每個月不斷在線上放送的優秀歌曲來說，同時都會有其他一百首就算沒有跟它一樣好，也差不到哪去的歌曲，假使這些歌曲讓對的歌手來唱，再放到對的市場，就會是一首超級金曲。」聲音輸出公司的科提爾—杜騰這樣說道。「絕對、明確的事實就是，同時會有好幾千首歌曲將永無翻身之日，因為就算超過八十分，它們仍然永遠得不到在市場上吸引注意所需要的經銷資源。」

是什麼原因抑制了那數千首夠吸引人的歌曲，讓它們無法大鳴大放呢？有時候它們僅僅是缺少品牌行銷力，或是線上影片被人用病毒式傳播的運氣，或者像是小賈斯丁這種名人的助陣。有時候DJ根本不在意這名藝人或歌曲跟他們的歌曲清單不搭的問題，也或許這個樂團就是桀驁不馴，而且對市場來說完全就是個大麻煩，又或許它們馬上就會遇到前面說的幾種成功要件。不過重點在於每一年有好幾百首歌不會成為熱門金曲，而且事實上，這跟他們的歌曲「不夠吸引人」幾乎沒有任何關係。

這就是卡耶博特效應再次發威的結果：兩首流行歌曲同時問世，獨立調查機構確定兩首歌同樣吸引人。不過一首歌成為超級金曲，各個咖啡廳爭相播放、主流音樂網站大力讚譽、為高中學生所鍾愛，甚至在YouTube不斷有致敬版本上傳；另一首歌則遭到忽略，最後眾人遺忘，因為基於某些原因，它從未獲得眾人爭相追捧的關鍵一刻，其實只是太多擁有許多極富價值，「夠好」的歌曲，無法成為真正的熱門金曲罷了。品質，似乎是個必須，但不足以與成功畫上等號的要素。

評論家與聽眾可能偏好認為市場是完美的菁英制度，且大多數流行的產品與想法都是不證自明的最佳作品。不過在金曲預測家與聲音輸出公司的宇宙中，證明了你聽過的每一首熱門金曲，同時都有好幾百首以上同樣吸引人，但相對沒沒無聞歌曲，而你從未聽過。除了某程度以上的詞曲創作天才外，有多少次聽眾聆聽一首歌時，其實比較注重它流行度，而不是歌曲本身有多吸引人。

在一個缺乏媒體的世界——像是只有一個公共博物館，或是只有三個在地廣播電台的情況下，流行比較是由上而下傳播的。熱門商品更容易掌控，也更好預測，但如今光是紐約市，就有超過八十座博物館，此外像是潘朵拉（Pandora）、Spotify和Apple Music等串流網站，有多達上百萬公開與個人化的廣播電台。媒體的力量屬於任何手上持有智慧型手機的人。在這個由下而上傳播的世界，文化權威四散為上百萬個隨時曝光的頻道，熱門金曲也更難預測，而且這份權威也更難以保護。

想想在全國最莊嚴的場所舉辦的人氣競賽：政治競選。「政治就像娛樂」是媒體上常見的話語，不過真相可能要換掉一個字；無論是好是壞，政治就是娛樂。

每個政治活動都是一個媒體組織，政治活動有一半的經費要花在廣告上，當選人要耗費七〇%的時間從事任何心智健全的人都會視之為電話推銷的行為——直接要錢、要求其他人去要錢，或是跟有錢人建立關係，只是是用有禮貌、非直接的方式達到相同目標罷了。

就連治理國家也是娛樂事業：根據政治科學家馬修．包姆（Matthew Baum）與塞繆爾．克內爾（Samuel Kernell）的說法，白宮有三分之一工作人員的工作是進行某種公關活動，宣傳總統與他的政策。白宮是個錄影棚，總統就是裡頭的明星。

不過過去幾十年來，在曝光頻道大量增加的同時，總統的明星力也逐漸萎縮。

一個總統塑造民意最成功的方式，就是直接對投票人發表演說。過去，估據民眾的注意是再簡單不過的課題，一九六〇與七〇年代，CBS（哥倫比亞廣播公司）、NBC（全國廣播公司）與ABC（美國廣播公司）三家公司囊括了全國超過九〇%的電視收視率。那是它們號召力的全盛時期：光是一九七〇年，理查・尼克森總統（Richard Nixon）就在電視黃金時段對全國發表過九次演說。尼克森與他的繼任者傑拉德・福特（Gerald Ford），在發表例行性演說時，能夠觸及到半數擁有電視的家庭。

然而，隨著電視頻道不斷增加，美國總統越來越容易遭到忽略了。台風堪稱經典的羅納德・雷根（Ronald Reagan）平均家戶觸及率低於四〇%，而比爾・柯林頓（Bill Clinton）那侃侃而談的魅力，只能達到三〇%。同時，總統發表的談話平均登上新聞的時間，從一九六八年的四十五秒，萎縮到一九九〇年代的不到七秒鐘，有線電視開創了電視的黃金時代，但也終結了總統傳播的黃金時代，總統曝光度下降，政黨亦然。過去半世紀，最能預測出政黨參選人是否能成功當選的方式，稱之為「看不見的初次背書」，由政治家、政黨領袖與金主參與。根據一個叫做「政黨選擇」的理論，是由民主黨與共和黨中的菁英人士，而非投票人，來選出他們最喜歡的候選人，而這些權威人士會透過媒體將這些信號傳送給服從順從的黨員。這與音樂產業過去資訊流動的方式極為類似：權威人士（品牌和DJ）用力將他們偏愛的產品（歌曲），透過稀少且強大的曝光管道（廣播電台）傳遞出去，而消費者通常會服從指示（購買專輯）。

不過到了二〇一六年初選，廣告宣傳力明顯消失了。有最多菁英人士支持的共和黨參選人傑布・布希（Jeb Bush）與馬可・魯比歐（Marco Rubio），在這次初選電視廣告上花了一億四千萬元，但他們兩人仍然鎩羽而歸。共和黨參選人中最少菁英人士支持的唐納・川普（Donald Trump）在廣告上只花了不到兩千萬元，但他仍在這場佔有絕大優勢的初選中獲得最多曝光，因為他駭人的聲明與幾乎不可能獲選的狀態，對於新聞媒體與報刊雜誌來說，絕對是觀眾很想看到且深具魅力的素材。二〇一六年整個夏天，川普獲得了三十億元的「免費媒體宣傳」，比他所有競爭對手的總和還多。隨著另類媒體來源興起，政黨菁英失去了控制政治資訊傳送給選民的能力，而且，堅定的名人支持者、咆嘯怒罵的專制主義者、浮誇的先天論者在共和黨初選大

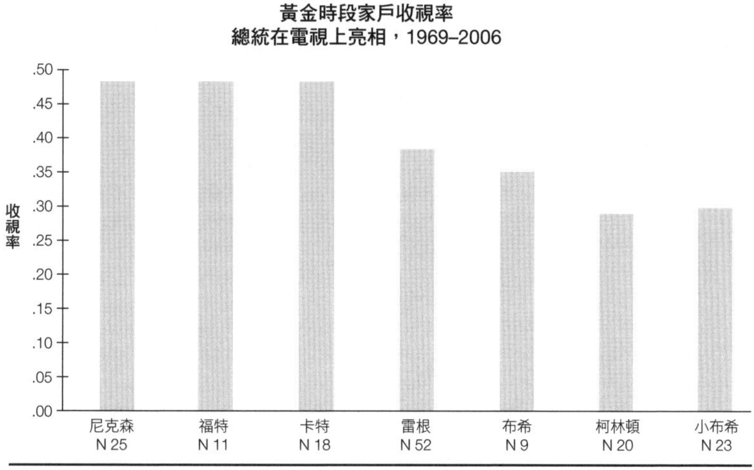

資料來源（Source）：尼爾森媒體研究（Nielsen Media Research）

注（Note）；「收視率」是尼爾森媒體研究定義下的擁有電視家戶收看特定頻道平均分鐘數回傳的資料。

獲全勝，前所未見。[6]政黨本身並未選擇。相反地，他們喜歡集中在政治媒體上，這似乎讓他們的存在變得模糊起來。

政治，就如同其他產業，有產品、有行銷策略，以及買入機會，即政治家、競選活動，以及選票。無論政治與商業，調查顯示當消費者毫無頭緒時，廣告能發揮最大的力量。舉例來說，政治廣告宣傳最有用的時候，是在選民對政治一無所知，或是在這次選舉中，心中沒有支持特定候選人（這是地區選舉時，在選民不是密切關心選戰的情況下，金錢的影響會更大的原因之一）時。

類似情況還有公司品牌，根據史丹福大學行銷學教授伊塔瑪．賽門森（Itamar Simonson）與前軟體公司執行長伊曼紐．羅森（Emanuel Rosen），它在市場上威力最大的時候，是消費者對此幾乎沒有任何資訊的時候。這可能是由於，這項產品有些技術性（例如牙刷，畢竟大多數消費者都不是真正清楚哪種凝膠對他們的琺瑯質最好），或是因為這項產品比較精緻（例如酒，研究發現消費者偏好任何他們覺得比較昂貴的陳年老酒）。

不過就如同有線電視與網路衝垮了政治權威的力量，並挑戰政黨決定這個理論，網路那如洪水般的大量資訊也稀釋了許多種消費產品的品牌力。想想平面電視市場吧：關於大螢幕的投射畫面，它們只會提供少數相關細節，像是螢幕大小和解析度，誰都可以在網路上找到這些資料，那誰還需要考慮螢幕下方那個公司名牌寫什麼呢？那麼，無怪乎接下來平面電視銷售成了一場大災難：一九九四年到二〇一四年，電視價格下滑了九五%。這段時間內，索尼（Sony）的電視部門年年虧損。

當消費者不知道正在尋找的產品真實價值時，他們會仰賴公司名號指引明燈。不過等到他們能夠自己衡量一項產品的絕對價值後，便會忽略廣告與品牌。這就是賽門森與羅森將他們的理論命名為「絕對價值」的原因。他們說，網路將成為抹殺品牌的科技，用資訊海嘯侵襲全世界，淹沒許多產品的廣告信息。

一八九〇年代，一間博物館就擁有樹立藝術性權威的力量。一九五〇年代，少數電視頻道就擁有用總統的面貌照亮每間客廳的力量。

後面沒了，有線電視將電視的全盛期滅頂，社群媒體逐漸削弱政黨的影響力，網路則將公司品牌的聲音淹沒了。在像是音樂、電影、藝術與政治等所有的市場中，在電台的傳播力、電

6 注：唐納．川普人氣高漲的原因有許多奧祕之處，要全盤解釋的話，包括了：美國白人中產階級（特別是男性）在經濟與文化上的焦慮；華府政治蔓延的沮喪；川普獨佔各個大小媒體的獨特能力，在他競選活動期間呈現出不成比例的曝光率，原因在於他擁有新聞價值、震撼度，並且對收視率有幫助。我個人相信，川普的大量曝光是把雙面刃：這將讓他的支持力道最大化（而且是驚人的大），也讓他不受歡迎的比率大舉膨脹，達到有記錄以來參選人最高記錄。我們很難將川普當做曝光效應的範例，部分是由於在許多美國人面前曝光的資訊，有參選人本身，還有許多對於他的參選，有多麼危險的爭論。

視的多樣化，以及曝光管道越來越多的情況下，要預測未來受歡迎的程度會越來越困難。時至今日，有許多平台是沒人有辦法奢望能一網打盡的，就連總統、共和黨、可口可樂也不行。把關者日漸凋零。現在剩下的，只有太多需要把守的門。

曝光的力量遍佈各處，從藝術與音樂，到政治與品牌，不過其源起難以捉摸。熟悉是如何形塑，並轉變為喜悅，以致於「我把這個比擬為別的東西」變成僅僅是「我喜歡這個」呢？

伊曼努爾・康德（Immanuel Kant）在他一七九〇年的專著《判斷力評判》（Critique of Judgment）中提出，喜悅是從心靈的「空隙」中浮現。當一個人發現了一個具有吸引力的想法或故事，便觸發了想像與理解之間的對話，相互使對方復甦。根據這份空隙，美麗的藝術品、音樂與想法提供了一種認知揶揄：它們用無所不包的承諾來引誘，卻絕不提供得到它的整體滿足。

空隙是個可愛的想法：將思想與感受想像成一對共舞的拍檔，是多麼美好的畫面，且或許更勝哲學詩。

康德提出這份專論後，過了兩個世紀，哲學家發展出「後設認知」（metacognition），提出想法之上，還有一層想法這樣的概念。人們思想他們的思想，感受他們的感受。

你是否曾聽過，「這傷了我的腦」呢？通常是在開玩笑，不過我們得承認有時候這句話蠻真實的。某種程度上，我們可以感受到自身的思想。有些人的感覺很簡單：就像是想像文字以「帽子」入韻，聆聽著單調重複的音樂，或與某個你認同他政治立場的人進行一場動人的辯論。不過有時候思考像是工作：就像是想像文字以「策略」入韻，沒有拍子記號的情況下聆聽前衛的電子樂，或是與某個你認為他政治立場完全錯誤的人進行一場複雜的辯論。

有個心理學術語是用來說明感覺簡單，而且很幸運地，也容易記憶的思考，稱之為「流暢性」（fluency）。流暢的想法與產品處理起來比較快，且讓我們感受較佳——這不只是對於我們遭遇的想法與產品而言，對我們自己也有影響。大多數人一般偏好已經認同的想法、比較容易判斷好壞的影像、容易理解的故事，以及容易解開的謎題。[7]流暢性最重要的來源之一，就是熟悉。一個熟悉的想法能夠更輕易的進行並放在心智地圖上。當人們看到一幅，提醒他們過去曾學到它相當有名的藝術作品，他們會感受到認出它的興奮，並把這份興奮歸功於這張畫作本身。當他們讀到一篇反映出他們偏見的政治爭論，便會認為其中內容完全符合他們對這個世界如何運作的敘述。因此，熟悉感、流暢性與事實之間有密不可分的連結。「那個想法聽起來很熟悉。」「那個想法感覺對了。」以及「那個想法不錯且真實。」會彼此匯聚，融合為心智濃粥。

[7] 注：你是否在讀到這一段時，脫口而出，「等等，我喜歡困難的謎題啊！」我也是。我一直在影響你的想法，我保證。

但不是所有思考的感受都是如此簡單。有些想法、影像與象徵比較難以處理，這種比較難以思考的東西，我們給了它一個術語，叫做「不流暢性」（disfluency）。正如同心智濃粥將流暢性與好想法合併，人們傾向於將不流暢性想成一個某件事情是錯誤的，這樣的信號。有一個家庭遊戲可以解釋這種效應。按照以下四個步驟進行：

1. 想想你上一次看完的電影、戲劇或電視節目：悄悄告訴自己就好。
2. 從一（很糟）到十（完美），想想看你會給它幾分。
3. 現在想想看你喜歡那個電影或節目其中哪七個地方。用手指數，一直數到七個才能停下來。
4. 決定你最後要給這個節目幾分。

這類遊戲很有名，因為過程中時常會發生奇特的事情：從步驟二到四之間，分數通常會越來越低。

為何當你在思考更多喜歡這個節目的理由時，對這個節目的看法會下滑呢？心裡閃過幾個簡單的例子後，努力挖掘出更多例子明顯變得困難起來。大家體驗到了不流暢性。而且有時候，將不流暢性的感受張冠李代為這個節目本身的品質。

這就是「少即是多」（less is more）或者說「少即更好」（less is better）效應，它意味著較少思考導致較多好感。一份莽撞的英國實驗發現，英國學生對前總理東尼·布萊爾（Tony Blair）的看法，在他們列出許多首相的正面特質後，反而下降了。當配偶被要求稍微列舉一、兩點父母迷人的特點時，他們會給予父母較高的評價。當事情變得難以思考時，人們會將這份不舒服（discomfort）的想法，轉換至他們思考的標的物上。

幾乎所有人消費的每一個媒體、每一次購買行為，面對的每一項設計，都存在於生活中由流暢性與不流暢性之間組成的連續體之中——悠閒的思考，或充滿艱困的思考。大多數人都過著平靜的流暢性生活，他們收聽曲調聽起來像是他們已經聽過的歌曲，期盼看到自己能識別出角色、演員、情節的電影。他們不需要留意對手政黨的想法，特別是在那些想法似乎也極為惱人的複雜時。但如同我們將在下個章節看到的，這是一種恥辱，因為極上的愉悅通常來自於，在你預料不到之處探索流暢性。

流暢性吸引人之處明顯至極。不過這裡有個不為人知的事實：人們需要一點反對的聲音。他們希望受到挑戰、震驚、詆毀，迫使他們思考——不過只要一點點就好。他們享受著康德所說的「空隙」——不是只讓流暢性唱獨角戲，還要讓「我懂了」和「我不懂」以及「我想知道更多」相互對話。人是種複雜的動物：好奇與保守、飢渴於新事物與偏向接觸熟悉的事物。熟悉感不是結果。只是剛開始。

這對於世界上每一個創作者與製造者來說，可能是最重要的問題：假使人們只喜歡他們知道的事物，你要怎麼做出新東西呢？有可能用熟悉感帶來驚奇嗎？

第二章

瑪雅法則

電視、科技與設計的「驚嘆」時刻。

在雷蒙．洛威（Raymond Loewy）以二十世紀傑出的熱門商品製造者而為人所熟知前數十年，他只是個法國孤兒，剛於一九一九年登上了SS法蘭西號，身穿量身訂做的軍服，口袋裡放著四十五元。他的父母在流感大流行期間死亡。第一次世界大戰結束後，在他二十五歲時，洛威準備在紐約展開新生活，他心想，或許，可以找個電機工程師的工作。

當他橫越大西洋途中，一名陌生人輕輕一推，改變了他的生涯進路。幾名乘客正在販賣一些身上的物品，想換一點小錢。由於身上沒有能賣錢的東西，洛威貢獻了一張他以在甲板上信步溜躂女性為主題的鋼筆畫素描。這張畫以一百五十法郎的價格賣給了駐紐約的英國領事，並且他給了洛威一個聯絡人的資料——這個人就是頗具名望的雜誌發行人康德．納斯特（Condé

Nast）先生。越思考這份邀請，洛威就越被以從事藝術工作維生的想法給迷住。

洛威到達曼哈頓時，他的哥哥麥希米蘭（Maximilian）就帶他到百老匯街一百二十號的公平大廈（Equitable Building）。那是一九〇〇年代早期紐約最大的建築物之一，這間新古典主義摩天大樓，是兩座共用地基往上搭建，中間相連的塔樓，看起來就像一支巨型音叉。他搭乘電梯來到四十樓的觀景台，往下一覽如同張開大嘴的紐約市，以及它那像是成排牙齒的地平線。

洛威用電機工程師的角度觀看這一切時，非常震驚於他所看到的一切。紐約滿是新事物：高塔、推車、汽車和船隻，他彷彿能夠聽到哈德遜河（Hudson River）上渡輪的汽笛聲。但當他用藝術家的眼光仔細觀看時，便感到十分氣餒。紐約是機器時代的一個骯髒產品，油膩、粗糙，又笨重，跟他登上ＳＳ法蘭西號時想像的簡潔、苗條，甚至嬌柔形象完全不同。

後來的世界很快就反映出洛威夢幻般的憧憬，他到達此地後幾十年間，便以現代設計之父的頭銜廣為人知。他會參與跑車、現代火車與灰狗巴士的重新製作；他會設計可口可樂供應機（Coca-Cola fountain）以及鴻運香煙（Lucky Strike）的經典包裝盒。他的公司受到讚譽的產品，有平淡無奇的削鉛筆機，也有在天空上漂流的首座太空總署軌道工作站。一九五〇年，《柯夢波丹》雜誌（Cosmopolitan）寫道，「洛威或許是他那個時候影響最多美國人日常生活的人。」今日，無論哪個城市、辦公室或住家，我們都很難不看到蘋果電腦設計的產品。在一九五〇年代也是同樣狀況，在美國各處，不可能看不到洛威和他的公司所設計的產品。

在一個美國人品味正處於狂亂變化的時期，洛威擁有一種似乎像是理解人們喜好為何般，難以形容的必要能力。對此他也有一套大理論。他稱之為瑪雅（MAYA）。人們會被乍見大膽，然而很快就能理解的產品給吸引，即「最先進然而可接受」（Most Advanced Yet Acceptable）。

此時已故的洛威不知道的是，他的洞見在近一百年大量的研究下已獲得驗證。他的理論被用來解釋流行音樂的耳蟲現象（earworms）、電影院中的暢銷鉅作，甚至數位媒體網紅的成功。不僅僅是對某項東西有熟悉感，而是超出這種感覺一步。那是某種嶄新、有挑戰性，或是驚喜感，像是打開一道舒適、意義或熟悉感的大門。這稱之為美感驚嘆。

雷蒙·洛威在經濟與藝術之間產生衝突碰撞的關鍵時刻抵達曼哈頓。十九世紀的工匠與設計師總是難以製作出足夠的物品來滿足消費者不斷增加的需求。不過到了一九二〇年代，擁有電力、流水線與經過系統性規劃工作流程的現代工廠，已能供應前所未有的大量相同便宜商品。那是個大量生產的年代，不斷生產出充裕的相同產品，亨利·福特（Henry Ford）的T型車（Model T）是那個時代的象徵，且從一九一四至一九二五年，只供應黑色車款。這些公司還沒對樣式、選擇與設計的神壇產生崇拜心理。這個年代的資本家是一神論者：效率是他們的真神。

不過一九二〇年代時，即使是商業上的理由，但藝術就這樣回歸了。這也讓大家清楚知道，工廠生產的產品數量，比消費者所能購買的數量還要多。美國人仍然是恐新者——害怕新事物，並抗拒改變。資本家需要購買者成為喜新者——被新事物吸引，且對下一個重磅商品飢渴至極，願意將他們的月薪花在這個產品上。美國的企業主在那段時間學到了，想賣出多一點產品，你不能只是讓它們很實用，你得讓它們很漂亮——甚至要「酷炫」。

像是通用汽車（General Motors）的艾佛瑞．史隆（Alfred Sloan）這樣的執行長領悟到，藉由每年改變汽車的樣式與顏色，消費者可能會被訓練得渴望同樣產品的新版本。這份結合了製造效率性與行銷的科學洞見，是受到了「計劃性報廢」這個想法的啟發，意思是為了鼓勵重複購買，計劃性地製作限定期間的流行性或功能性產品。經歷了這樣的經濟結構後，這些公司領悟到，他們可以透過持續更換產品的顏色、外型與樣式，來操縱營業額並使銷售量呈倍數增加。科技開啟選擇，選擇創造流行——在那永恆地狂熱循環下，設計、色彩與行為在一瞬間顯得十分酷炫，接著又在一瞬間過時。

那是新事物的時代，美國喜新者的誕生。新的大量生產經濟的主角，即在呼呼作響的流水線上粗製濫造的相同產品壓制住藝術家了。設計師成了消費主義至上美國夢的戲法藝人。

時下大部分的人，渴望耐吉、迪士尼、蘋果電腦推出新一代熱門商品的樣子，就如同等待樹葉換季變色一樣自然。但這並非古老達爾文主義的癮頭，一千年來，今日那些時尚達人的祖先其實也都跟他們穿一樣的衣服，而每個世代的孩子們似乎也不在意穿上他們曾祖父的寬鬆外套。就我們所知，流行並未寫入人類的DNA之中，那是近年來大量生產與現代行銷下的發明。人們不斷被教育要渴求許多新事物，而洛威則是那些喜新者第一批傑出教師之一。

工業設計與心理學教授保羅．黑克特（Paul Hekkert），幾年前收到一個邀請他就人們為何愛其所愛，一個統一的審美觀模型，發展一個大理論的補助案。黑克特的大理論從兩項競爭壓力展開。一方面，人類尋求熟悉感，因為那令他們感到安全。另一方面，人們透過令人興奮的挑戰補充能量、透過開拓的慾望帶來動力。我們的祖先不單走出了非洲；也走出了中東，再走出巴爾幹半島，並走出亞洲，且走出了北美洲。人類曾經攀上聖母峰之巔，也下到馬里亞納海溝之底。他們擁有與保守心態針鋒相對的強烈好奇心。這場探索與熟悉之間的戰爭，不只在我們對畫像與歌曲的偏愛上，還對想法，甚至是人們彼此，「在各個層面」都影響著我們，黑克特這樣說道。

進行這個研究時，黑克特與他的團隊請受訪者對像是汽車、電話與茶壺等產品，就其「特徵、新奇度與美學的偏好」，也就是熟悉度、驚奇性與喜愛度評分。這項研究發現，單看特徵與新奇度的分數看不出大多數人的偏好；只有將兩個數字放在一起看才符合人們說他們喜歡那個設計的預測。「當我們開始這項研究時，我們甚至沒聽過雷蒙．洛威的理論。」黑克特對我說。「是後來有人告訴我們，我們的結論已經由某個知名工業設計師提出了，他稱這個概念為瑪雅。」

雷蒙．洛威一直夢想著前進的進程。他兒童時期的素描簿畫滿了汽車與火車的塗鴉，甚至戰爭時在壕溝這個人生中最陰暗的角落，還是能清楚感受到他的才能。根據《時代雜誌》的報導，身為第一次世界大戰時期一名二十一歲的二等兵，洛威用「印有花朵的壁紙與窗簾布」來裝飾防空洞。當他的法軍常規褲尺寸不合他的喜好時，他自己縫製了一條褲子，根據他自己的說法是，因為「我喜歡進行任務時穿得很體面。」

不過剛到美國時，洛威覺得有志難伸。一九二〇年代前期，他以時尚插畫家的頭銜替雜誌出版商康德．納斯特與沃納梅克百貨工作。多年來，他過度投入工作且十分寂寞——「從未約會、從未找過樂子。」他這樣寫道。他在位於西五十七街一棟公寓的工作室中花很長的時間素描，時常畫到天亮，每當騎馬送牛奶的人那熟悉的沈重腳步聲出現，才讓他醒覺要放下鉛筆上床睡覺。

洛威全心投入繪畫，但他感覺他的注意力飄回到工程學上，他想擦亮剛到紐約第一個下午，在他眼前展開的汙穢城市。他把目標放在大量生產世界的幾項十惡不赦的產品上，像是方盒形汽車、老土的冰箱。「為什麼要製造出這麼多醜陋的產品，讓這個世界塞滿了這些垃圾呢？」他寫道。

一九二九年，他終於收到早期還稱為複印機的英國印表機製造商西格蒙．基斯特納（Sigmund Gestetner）的設計邀約。基斯特納詢問洛威是否有任何微調印表機外型的想法。當然，洛威想的不只是微調。他一開始對這台複印機的反應是發自內心的厭惡：

將這台機器拆解並赤裸裸地擺在我眼前時，它看起來是台非常醜膜、不開心的機器。它帶著有點骯髒的黑，且擁有一具稍嫌臃腫的身體，而細瘦的四隻腳讓它站的太高，當它問世時，彷彿會突然散播一種驚慌感……就像是四萬個小零件、紡紗轉盤、彈簧、槓桿、齒輪、蓋子、螺絲、螺帽與螺拴以不可思議的淺藍色覆蓋，看起來像是陳年古岡左拉起司上布滿了黴菌一般。

洛威只有三天時間，他立刻開始動工。他重新設計曲柄與紙匣，砍掉四條細瘦的腿，並盡可能的用塑性黏土製作的可拆卸外殼將機器蓋住。洛威收到在七十二小時內解決已使用數十年的糟糕設計指示前，他從未使用過複印機。不過當基斯特納看到塑性黏土模型後，他馬上將它運至英國總部。而公司不僅接受洛威的設計；終其洛威的職業生涯，這間公司都聘請他擔任顧問。

洛威的工作方式屬於一種漸漸浮上檯面的哲學，稱之為「工業設計」，負有讓大量生產產品更有效率與好看的雙重任務。一名傑出的工業設計師要同時兼任工程顧問與消費者心理學家——要同時注意裝配程序與購物習慣。不過工業設計這個概念本身需要對機器世代的公司有一點熟悉度。洛威在一九三〇年代時花了很多時間前往托萊多（Toledo）、克里夫蘭（Cleveland）

與芝加哥（Chicago），請求中西部的小工廠看看他的素描草稿。在這趟靠阿斯匹靈支撐的公務旅行，洛威在數十間製造商面前展示他的想法，但大多數都不理會他。他對於成功的個人信條是「二五％的靈感與七五％的運轉」。

洛威的第一次突破是複印機，第一次意外成功則是冰箱。一九三四年，西爾斯羅巴克公司（Sears, Roebuck and Co.）詢問他是否願意替他們重新設計他們的冷點（Coldspot）冰箱。洛威收取二千五百元報酬，並花了三倍成本移動馬達位置，且裝置了史上第一個不鏽鋼置物架。這個新設計造成轟動：兩年間，西爾斯冰箱的銷售量從六萬成長四倍，來到了二十七萬五千台。

他的下個突破是火車頭。賓夕法尼亞鐵路局總裁與這名年輕設計師談一個交易：假使洛威能夠提出一個讓旅客在他們大紐約市的終點站，賓夕法尼亞車站能更妥善處理垃圾的方法，他便能得到幫他們設計火車的機會。洛威表達強烈的接受意願。這名年輕人為戰爭時牆上壁紙操心的程度，還多過於處理美化車站垃圾桶，他花了三天的時間待在賓夕法尼亞車站沉浸於業餘人類學中，研究當時粗暴的乘客與員工處理垃圾的習慣。賓夕法尼亞鐵路局熱情地接受他的建議，並以讓他重新設計這間公司最受歡迎的火車頭的機會作為獎勵。他建議拔掉幾千枝鉚釘，在整台機器上單獨焊上一個滑順、表層塗上彩色的外殼。他的火車設計，圓形車頭與修長的車身，成子彈射進水裡時的形狀，現在已是標誌性象徵。

他的才能更延伸到商標設計。一九四〇年初那幾個月，美國煙草公司（American Tobacco

Co.）總裁喬治・華盛頓・希爾（George Washington Hill）打賭五萬元洛威無法改進鴻運香煙標誌性的綠紅煙盒包裝。洛威畫了另一種保持字型、紅色標靶與標語「它烤過了。」（It's Toasted）的菸盒。接著他用白色取代綠色底色，並在煙盒反面多複製一次商標，這樣煙草公司的商標章一定會朝上，將其品牌印象強化一倍。那年四月，洛威邀請希爾到他的辦公室，並將新設計展示給他看。他當場贏得了賭注，而這款白色鴻運設計一直沿用到這個世紀。接下來幾十年，洛威的公司繼續設計了好幾個美國最知名的商標，其中包括了埃克森（Exxon）、殼牌公司（Shell），以及美國郵政署（U.S. Postal Service）。

基斯特納、賓夕法尼亞鐵路局與鴻運的成功，為他的公司打開了得到各種設計案的大門——諸如渡船、家具、牙籤包裝、橋、咖啡杯、菜單設計，以及店家裝潢。洛威著迷於各種彎曲起伏，但他喜歡告訴那些老闆，最漂亮的曲線，就是往右上方彎的銷售曲線。

洛威最令人難忘的設計，就是他那輛汽車的車身殼體。洛威職業生涯早期，曾畫了一輛轎車的草稿申請專利。一九二〇年代主流車輛風格是垂直聳立且成方盒形，即裝有引擎的驛馬車，不過洛威早期繪製的車輛草圖，預先呈現了汽車未來的樣貌。它以細微的前傾為特色，就像是聳立T型車的斜體版。洛威說，就算停著不動，車輛也應該「內建前進的動作」。一九五〇年代，他與汽車製造商攜手生產出，對他來說或許是最能彰顯他成就的知名作品。綽號叫做「洛威雙門車」的星際線雙門車（The Starliner Coupe），是二十世紀最知名的汽車設計之一。

車體長而有角，兩個頭燈上升，像是一對張大的眼睛。這與年輕時的洛威心中想像有一天可能會問世的汽車外型一模一樣，甚至停止不動時，也帶著一股動感。

一九六二年三月，他目睹約翰·甘迺迪（John F. Kennedy）總統的飛機降落在他位於棕櫚泉（Palm Springs）住家附近的機場。那天傍晚，他對一個朋友和白宮助手說那輛飛機看起來「糟透了」而且「很俗氣」。有人理解這個暗示，並邀請洛威前往白宮。他提出了一些美國最有名的飛機外裝草圖給總統，甘迺迪看了看這些設計，選擇了紅金樣式，再加上一個特別要求——他要求這個設計要刷上他最愛的藍色。洛威接受了總統的建議。他提給甘迺迪總統的藍色版本外裝套用在空軍一號七四七專機上，一直到今天還在使用。

身為美國此世紀中期的桂冠設計師，洛威與他的公司觸及了美國人一日所需的所有層面：他們設計了在北美大平原（Great Plains）耕種使用的國際哈維斯特拖拉機（International Harvester tractors）、幸運超市（Lucky Stores）放置商品的架子、郊區家庭存放食物的廚房餐具櫃、煮食物的富及第烤爐（Frigidaire ovens），以及清理晚餐後地上碎屑的辛格（Singer）真空吸塵器。身為一名在冷戰最嚴重的時期為蘇聯公司工作的設計師，洛威的設計直覺超越了意識型態與地界。

在他職業生涯的最後，甚至不受大氣層的束縛。美國太空總署（NASA）要求洛威的公司協助設計美國第一個太空站（Skylab）的居住艙。洛威的公司指揮進行了廣泛的居住性研究後得出結論，即進入天體運行軌道的太空人會感謝有人令他們想起地球上最熟悉的事物，也就是地球本身。洛威堅持要加裝一個景觀舷窗，這樣太空人才能夠偷偷看一眼他們蒼藍的家。所以這位設計師職業生涯可說是始與終如一——從非常高的地方向下望，並想像一些更美麗的事物。洛威對設計最後的貢獻，正確地說，是用新的方法看這個世界。

雷蒙．洛威的商店，差不多就像現代音樂品牌或是好萊塢工作室一樣，是他那時候的熱門商品工廠。一九五〇年代中期的照片，呈現出一個覆蓋著一層光滑鉻黃的世界。洛威想將機器時代那明顯的人造瘤，穿上一層大自然的光滑外殼。這個世代的斯圖貝克雙門車、削鉛筆機，以及火車頭都保持同樣的卵狀風格。

這一切都是有意義的。洛威認為蛋是大自然經過時間測試的設計與功能性顛峰，是一個曲率精確的結構，厚度〇．〇一英吋的殼便能抵擋二十磅的壓力。一旦你知道洛威心中指引方向的北極星為何，就不可能不看到蛋型，或蛋型曲線遍及他公司的設計之中。

洛威廣泛的獲得成功，也掀起了一個疑問：一個人，或者實際一點的說，一個人的公司，是如何發展出從牙籤到太空站，讓數百萬美國人都為之著迷的哲學呢？

洛威本人提供了兩個答案，一個戰術性、人類學上的答案，另一個是雄偉壯麗、心理學上的答案。

洛威的個人風格是孱弱的，他的西裝與汽車都是自己急急忙忙設計的，但他的經營哲學卻是精明實際的。他篤信人種史是設計的進入點：首先，了解人們的行為表現為何；第二，建造符合他們習慣的產品。

當肉類加工公司阿默（Armour & Co.）雇用他重新裝飾這間公司八百種不同的產品時，洛威派員工進行了六個月的訪談之旅，與數百名家庭主婦聊聊阿默公司的肉品。（他們的結論是：包裝上的顏色實在太多了。）為了重新設計賓夕法尼亞鐵路公司的火車頭，洛威乘坐他們的火車數千英哩，與乘客與機組員交談以探索出這輛機器最明顯的缺陷。雖然他最著名之處是在火車頭上拋了一層彩色的外衣，但他無數小時的旅程也揭露了嚴重的設計疏失，像是機組員洗手間不足。於是他也將這些東西裝了進去。

洛威是位優秀的消費者偏好導師，部分原因源於他自己是個沉迷於消費者習慣的學生。他乘載了人們的行為，而不是設計了會強迫他們改變自己生活的產品。

不過洛威感覺到他對其消費者熟悉性的敏感度，與深藏的心理學相連結。他的瑪雅理論——最先進然而可接受，說的是人們的興趣在收到驚喜與感覺安適之間的張力。「消費者是藉由兩種對立的因素，而影響了他的選擇風格：（一）新事物對他的吸引力以及（二）對不熟悉事物的抗拒。」他寫道。「當對不熟悉事物的抗拒達到衝擊區的門檻，且抗拒購買開始生效，進入設計的問題便達到了瑪雅階段：最先進然而可接受。」

洛威清楚知道，注意力不會只有一個方向的拉力。相反地，那是喜新者與恐新者兩股對立力量之間的拔河；喜愛新事物對抗偏好舊事物；需要刺激的人對抗偏好可理解事物的人。熱門商品是新酒裝舊瓶，或者是一名陌生人不知為何讓人感覺像是朋友，也就是熟悉的驚喜。

最後一章解釋了，曝光的力量如何成為流行最強大的力量之一。曝光孕育出熟悉性，熟悉性孕育出流暢性，而流暢性通常孕育出愛好。

不過有一種狀況是「太過熟悉」了，事實上，它到處都是。就是一次聽十遍一首朗朗上口的歌、觀看一部毫無創意、完全可預測劇情的電影，或是聽一個傑出的講者一次又一次講著大家熟悉得不得了的流行語。在流暢性的研究中，熟悉的力量在人們領悟到中介者試圖一次又一次的以同樣的刺激恫嚇他們時，效果會大打折扣。這就是為何廣告無法奏效的原因之一：人們對感覺像是試圖要引誘他們的行銷活動有內建的抵抗力。

反之，最特別的體驗與產品涉入了一些驚喜、無法預測性，以及不流暢性。想像自己進入一個滿是陌生人的房間，你環顧四周尋找熟人，但你找不到一個認得出來的臉孔，接著突然間房間開始舉辦派對，在擁擠的人群中，你看到了她——你最好的朋友。這份安慰與認出故知的溫暖感觸，透過瀰漫的惶惑完全暴發出來。那就是驟然的流暢性帶來的狂喜，靈光一閃的那一刻。

流行文化就是那些大小靈光一閃時刻的大遊行。填字遊戲是以混亂不確定後，隨之而來的連貫性來設計的——一種驚嘆時刻。傑出說書人擅長在創造張力後，接著引發一股宣洩後的放鬆感——一種驚嘆時刻。二〇一三年，幾名研究人員請受訪者替包含畢卡索、喬治・布拉克（Georges Braque）與費爾南・萊熱（Fernand Léger）在內的立體派藝術家畫作評分。首先研究人員記錄人們單純對這些畫作的反應；出來的分數並不高，但接著科學家加上了畫作的意義，或是畫家本身簡史介紹等線索，有了這些線索，觀看者的評分劇烈上升；突然間，抽象的畫作不像是剛剛那些難以理解的陌生物件了，反而像是一個伸手握住他們手的新朋友。「意義的創造本身便是其價值。」研究員克勞蒂雅・穆絲（Claudia Muth）對我說。「一件藝術作品不需要『很好懂』才能吸引它的觀眾。」在人們認為自己能夠解開難題的前提下，他們喜歡挑戰。她將不流暢性屈服於流暢性的時刻稱之為美學驚嘆。

觀眾深刻領會驚嘆時刻時，就算只是抱持對它們的期待也能樂在其中，就算這一刻從未來臨亦然。假使大部頭書本或電視節目本身能夠保證最後一定有個結局，有人還是能樂於一個小時又一個小時的沉浸在不知道什麼時候才會完結的故事中。當熱門、神祕的電視影集《LOST檔案》結束後，許多影迷對於節目統籌並未解決這個連續劇中的諸多謎團，從而爆發出一陣憤怒，這麼做剝奪了那些忠實觀眾原本以為最後一定會看到的驚嘆時刻。有些人顯然覺得他們浪費了好幾週、甚至幾個月的生命等待最後的解答，可是他們最終這份失望不會往前追溯，改變他們觀看這部影集期間那股由衷的興奮。儘管《LOST檔案》的編劇囤積了許多並未解決的謎題，但多年來這部影集仍保持著怪獸級熱門影集的地位，這是因為觀眾沉浸在期待最終結局的體驗之中。假使他們預期最後會有個流暢的解法，許多人會先讓自己處於一種有點不流暢的苦悶之中。

電視遊樂器也時常會放入一些謎題，這樣的互動提供了辨識出解答的點擊，或是完成後的感動這類的驚喜感。有史以來最受歡迎的遊戲是《俄羅斯方塊》（Tetris）。那時候二十八歲的阿列克謝・帕基特諾夫（Alexey Pajitnov），還在莫斯科（Moscow）擔任蘇聯R&D中心的電腦科學家。有天他買了一組造型奇特的多米諾骨牌回家後，心中冒出了製作一款電玩遊戲的想法。一九八四年六月六日，他發行了一個初期版本，遊戲名稱是以遊戲中使用四種方塊而採用希臘語的四（tetra），再結合他最喜歡的運動網球（tennis），最後定名為俄羅斯方塊（Tetris）。不久之後，這款遊戲在莫斯科大學流行，傳到匈牙利，幾乎被英國開發者偷走，並成為史上最暢銷的電玩遊戲，賣出了四百萬份。這款遊戲是場預期與完成之舞，許多小說與神祕故事可能會將散落在故事中的謎團片段在最後拼湊起來，不過俄羅斯方塊則是明白的說出，它就是這樣。

史上第二暢銷的遊戲是《當個創世神》（Minecraft），遊戲中玩家要用數位磚塊建造有形的虛擬世界。《當個創世神》是一款繼承樂高文化的遊戲，即這款遊戲本身是「承襲了用方塊來進行遊戲的後繼者。」科技專欄作家克里夫・湯普森（Clive Thompson）寫道。不過有鑑於樂高的遊戲組通常會附有詳盡的組裝指示，《當個創世神》的玩法則更加開放。智慧型手機上最受歡迎的遊戲，難易度得要簡單到足以用一根拇指就能執行，而這種遊戲通常也是益智遊戲，像是《2048》與《糖果傳奇》（Candy Crush）。這些遊戲的重點在於，它們不會讓玩家玩得咬牙切齒，也不會太過輕易洩漏謎團，確切的說，是要設計出神經學家茱蒂・維莉絲（Judy Willis）所說的一種「可達成的挑戰」即最先進然而可達成——也就是瑪雅。

較微小的驚嘆時刻一直圍繞在我們身邊，就是那種會讓你露出微笑，但不會讓你裸體衝出家門在路上亂跑的心情。有一首很流行的線上影片叫做〈四和弦之歌〉（4 Chords），有超過三千萬次的點閱數，這個音樂喜劇樂團「超給力軸心」（Axis of Awesome）用同樣的四和弦——I–V–vi–IV將好幾十首歌接在同一首歌演唱。[1]這個和弦進程是數十首經典歌曲的骨幹，其中包括金曲老歌（披頭四的〈順其自然〉〔Let It Be〕）、卡拉ＯＫ流行歌曲（旅程樂團〔Journey〕的〈不要停止相信〉〔Don't Stop Believin'〕）、鄉村哼唱（約翰・丹佛〔John Denver〕的〈鄉村路帶我回家〉〔Take Me Home, Country Roads〕）、舞臺搖滾（arena rock）（Ｕ２樂團的〈有或沒有你〉〔With or Without You〕）、動畫音樂劇（《獅子王》〔The Lion King〕的〈今晚你能否感受到愛〉〔Can You Feel the Love Tonight〕）、原音流行樂（傑森・瑪耶茲〔Jason Mraz〕的〈我是你的〉〔I'm Yours〕）、雷鬼樂（reggae）（巴布・馬利〔Bob Marley〕的〈沒有女人就沒有哭泣〉〔No Woman, No Cry〕），以及現代舞曲流行樂（女神卡卡〔Lady Gaga〕的〈狗仔隊〉〔Paparazzi〕）。二〇一二年，西班牙研究者發表了一項研究，調查了全世界於一九五五至二〇一〇年發行的四十六萬四千四百一十一張唱片，發現新與舊熱門金曲之間的差異並不在於更複雜的和弦結構。反而是新的樂器學為常見的諧音進程帶來了新鮮的曲調。

許多音樂評論家會用像是〈四和弦之歌〉來爭論說流行樂能輕易衍生。不過這個觀念似乎有些落後。首先，假使音樂的目的是要打動人，而人們是被鬼祟的熟悉感給打動，那麼創造性人才應當立志做出混合原創與衍生的東西。再者，所有I–V–vi–IV和弦的歌曲曲調都一樣這個說法是大錯特錯。〈不要停止相信〉、〈沒有女人就沒有哭泣〉和〈狗仔隊〉聽起來毫無相似之處。這些詞曲創作人並非追溯彼此的步驟。他們更像是聽明的製圖師，每個人都拿出一張巨大的地圖，上頭標示了新的回家路線。

這個驚嘆效應不必然只存在於藝術與文化，它在學術界也擁有強大的力量。科學家與哲學家對於已經享有廣泛熟悉性的想法的好處，擁有強烈的敏感度。科學的歷史是個關於好想法面對一次又一次懲罰性駁回與摒棄，直到夠多的科學家了解這項概念後，到了這個時間點，這個想法才成為法則的漫長故事。提出量子理論（quantum theory）基礎架構

1 注：C大調時，和弦進程為C–G–Am–F。

的理論物理學家馬克斯．普朗克（Max Planck）曾說：「一項新的科學真理並非藉由說服其反對者並讓他們頓悟而獲得勝利，反而是因為他們的反對者終於死去，而新的一代在熟悉這項真理的情況下長大。」

二〇一四年，一支來自哈佛大學（Harvard University）與東北大學（North-eastern University）的研究團隊想確實了解哪一種提案最有可能從像是國立衛生研究院（National Institutes of Health）這種具有高度聲望的機構獲得資金——是大家熟悉的安全提案，還是極度創意性的提案？他們準備了大約一百五十個研究提案，並將每個提案定了一個新奇度分數。接著他們招募了一百四十二名世界級科學家來評估每個計畫。

越新奇的提案拿到的分數越低。「每個人都不喜歡新奇性，」主要作者卡林．拉哈尼（Karim Lakhani）跟我解釋，且「專家傾向就他們的領域過度評論這些提案。」熟悉性極高的提案拿到了一點點費用，但也拿到比較低的分數。提交後評估後分數最高的，是那些看法稍微新穎的。想法上有一種說法叫做「最適新鮮感」（optimal newness），拉哈尼說道——也就是先進然而可接受。最適新鮮感的圖表像是左圖這樣。

這種對「最適新鮮感」的愛好，遍及整個製作熱門商品的世界。電影製片人，就如同美國國家衛生研究院的科學家一般，一年得評估數百個計畫，但只能接受其中極少數的計畫。為了抓住他們的注意力，作家通常會使用「高調推銷」（high-concept pitch）將原創想法以兩個熟悉的成功案例組合作為框架，像是「這是《羅密歐與茱麗葉》（Romeo and Juliet）在一艘正在沉沒的船上！」（《鐵達尼號》〔Titanic〕），或是「這是《玩具總動員》（Toy Story）由會說話的寵物來扮演！」（《寵物當家》〔The Secret Life of Pets〕）。

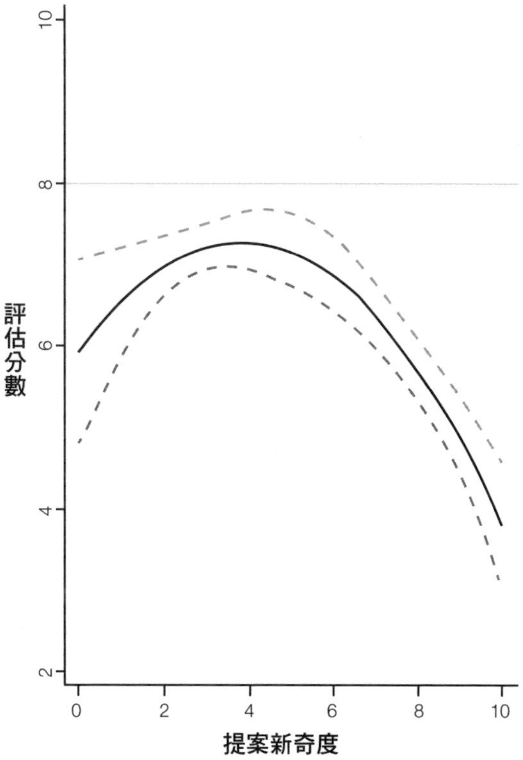

在矽谷，創投業者也要篩選堆積如山的提案，高調推銷太過常見到實際上成了一個笑話。房屋出租公司Airbnb曾經被稱為「房屋版的電子海灣（eBay）。」隨選汽車服務公司優步（Uber）與Lyft一度被視為「汽車版的Airbnb。」等到優步成功後，新的新創公司則將自己烙上「XX版本的優步。」標誌。

創造性人才通常會對那些要他們放下身段行銷他們的想法，或是把想法穿上一層熟悉性外

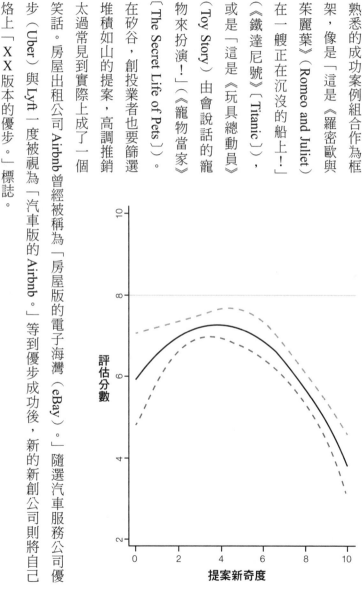

衣的建議怒目以對。認為自己傑出的想法不證自明且不需要行銷媒介，確實是件愉快的事。但無論你是名學者、劇作家或是創業家，傑出想法配上糟糕的行銷與平庸想法配上優異的行銷之間的差別，會如同破產與成功之間的差別。訣竅是學著在你的新想法外頭，加一層微調過的舊想法，將一點流暢性與一點不流暢性混合起來——讓你的觀眾看到驚喜背後的流暢性。

過去十多年，最有價值的媒體品牌一直是ESPN。多年來，運動電視網的年度獲利佔了華特迪士尼公司一半以上的比例，且超過整個電影部門。

ESPN大部分獲利來自於運動與現代電視產業詭鞫多變的經濟環境。「傳統」的電視觀眾，也就是手持遙控器、有台有線電視機上盒，查看目前播放節目表的人，在過去十年間就像是內臟遭到重擊一般。二〇一〇至一五年間，十八到三十四歲的人觀看傳統有線電視的人數下降了大約三〇%。要讓人好好在電視機前坐下來看一場直播節目（還要看直播廣告），執行人員得要多加把勁拿出讓人一定要看的娛樂表演。其中包含了直播歌舞劇、直播綜藝節目、直播遊戲節目、直播歌唱節目，以及最重要的直播運動賽事。運動節目是撐起有線電視的基礎。少了它，整個有線電視就完蛋了。

每個月你都可以在第四台的選單中，看到有線電視公司放上大約占一半頻道觀看費的收費節目，費用的範圍從一分錢到幾元不等。無論這家人一個月觀看ESPN的時間是零分鐘還是一百小時，ESPN都會跟每個付費電視消費者收取大約六或七元。這就等同於一千萬個家庭每年購買六張同一部電影的票，而且就算他們一次也沒看也得付錢。

不過電視網過去十年的財務狀況好轉，不只是利用了有線電視綁頻道的擦邊球，也在策劃熟悉性上下了功夫。

二〇一四年，我在這個電視網位於紐約市西六十六街的總部，跟ESPN研究分析部總裁阿提・保格林（Artie Bulgrin）一起坐在木嵌板裝潢的會議室，他正掃視著一張張他從一九九八年開始為這間公司製作的大量年度簡報投影片。他停在一張他稱之為「金錢表」的投影片，上面秀出詢問人們最愛有線電視網為何的問卷調查結果。

「大家連續十四年將我們選為他們最喜歡的頻道。」他說。「其他電視網得要創造熱門商品，我們不用。人們甚至不用知道現在ESPN在播什麼，就會打開來收看。」

這個世界體育的領導者不總是沉浸於這樣的優勢。在這個世紀之交，這個電視網陷入了危機。一九九〇年代晚期，ESPN發現自己在十年失去控制的成長後失去了活力。「當我們成長的時候，我們試著把所有東西播給所有人看。」ESPN銷售與行銷副總裁西恩・布拉切斯（Sean Bratches）說道。他也在六十六街這間會議室裡，坐在保格林旁邊。「我們有釣鱸魚、啦啦隊、騷莎舞、電視劇以及喜劇節目。」他說。「我們試圖把每個單一節目推銷出去，而不是專注在少數節目上。」

而ESPN任用了一名令人意料不到的新領導者來指導這個變局。完全沒有電視節目相關經驗的前雜誌編輯約翰・史基柏（John Skipper），來到迪士尼任職前，是音樂雜誌《Spin》的總裁。在他於二〇一二年接任總裁一職時，他已經工作了十五年之久，他曾負責迪士尼掛名的雜誌與書籍，推出《ESPN》雜誌，並管理ESPN.com。在某次第一級決策人員會議中，史基柏對公司領導人說，ESPN已經失去了他們的核心意識，他們成了一個像是廉價餐廳般，供應許多平庸餐點的電視台，而不是像個牛排館般，供應一種完美產品的優質電視台。

史基柏從把焦點放在體育中心（SportsCenter）這個ESPN無法腰斬的每日新聞匯集節目上，揭開他徹底改變這間公司的序幕。與其提供從大學壁球賽到印度板球等各領域的體育賽事給觀眾，他說體育中心應該花更多時間盯住最熱門的體育賽事消息。理由何在？為了要最大化運動迷無論何時收看體育中心，他都預期到能看到他認識的隊伍、球員或爭議，像是新英格蘭愛國者（New England Patriots）、勒布朗・詹姆斯（LeBron James）或是奧林匹克禁藥醜聞的機率。他決定體育中心要成為娛樂界的牛排館，不斷且持續的提供同樣那些核心體育運動、球星與醜聞的最新消息。保格林提到，此後，情況「開始劇烈地轉變」。體育中心成為每個運動迷心中暗自渴求的節目：一個遞送熟悉事件最新消息的新聞機器，評分直線上升，從此之後ESPN年年都是美國人最愛的電視網。

過去幾年，CNN也採用了相同方式，投入更多時間在像是恐怖攻擊與消失的飛機等少數幾個事件上。假使你看了整天的電視，這樣做有利於節目不斷重複播放的電視台，但誰會想一整天都看CNN呢？典型的電視新聞觀眾每一天收看有線電視新聞的時間大約是五分鐘，但CNN做了一些聰明的事，即最大化觀眾的期待，讓他們無論何時收看此頻道都能看到他們知道的事件。

二〇一六年總統大選期間，CNN的鎂光燈瘋狂地聚集在唐納・川普（Donald Trump）身上，根據報導指出，川普甚至將電視台總裁傑夫・佐克（Jeff Zucker）稱之為他的「個人記錄員」。媒體評論者紛紛為CNN這種如同著魔般的異常現象嘆息，不過這個策略有了回報，至少在最表面的意義上是如此。二〇一五年，CNN的觀看人數達到七年來的最高峰，廣告成長率也是所有有線新聞網最高。許多專欄作家嘲笑這間電視網捧川普大腿的行為，理由也不無道理，但電視經濟不是道德遊戲，最後也證實了川普與佐克這段關係帶來了無比豐厚的利潤。

ESPN與CNN探索出前四十名金曲電台幾十年前便為眾人所知的作法：大多數人打開廣播往往是為了聽一些他們耳熟能詳的歌曲。廣播聽眾無法預先知道接下來會播哪首歌，但每一位汽車駕駛與廣播電台決策人員都能肯定，人們大多只是想聽他們認識的歌曲。幾十年來，DJ與流行音樂廣播電台會將大家不熟悉的歌曲視為「走調」，因為聽眾蔑視新的音樂。這些收聽者想來點驚喜，這也是他們選擇打開廣播電台而不是播放CD或自備歌單的原因，不過他們想要在感覺熟悉的情況下有點驚喜。

只有一個主要螢幕和一條即時串流的復古電視年代，已退位給有好幾十億個螢幕與數百億個人化摘要的社群影片網路年代。從二〇一〇到二〇一五年，體育中心的平均觀看人數，在十八至三十四歲的區間裡，下跌了幾乎四〇%，而目前ESPN最有價值的部份，可能是在智慧手機上播放的即時消息。平均一星期，ESPN會在數千萬支手機上，發送超過七百萬則通知。當運動界有大新聞，有超過七百萬人會從皮包或口袋裡的手機收到ESPN發送的新聞通知；此數量已超過過去體育中心觀眾的十倍；這個數字也比傳統體育中心觀眾數要多了十倍以上。一百五十萬人註冊了金州勇士隊（Golden State Warriors）這樣單一籃球隊的新聞通知，而這對電視節目來說，已是相當大的人數。當這支位於灣區（Bay Area）的隊伍做了什麼有新聞價值的事情，ESPN就會在相當於超過舊金山（San Francisco）與奧克蘭（Oakland）市民人數總和的手機螢幕上秀出他們的即時新聞通知。

科技改變了傳遞新聞的速度，但這未必是大家想要獲得資訊的方式。想想一種與ESPN以及有線電視新聞大相逕庭的新聞環保系統：Reddit，這個完全由匿名使用者建構的社群新聞網站吧。

在Reddit上，每個內容都由兩個部分組成：一個標題和一個文章連結。使用者可以用「推」（upvotes）來推廣這個連結，或是將他們的不滿化成「噓」（downvotes）。幾年前，史丹佛大學一個電腦科學研究團隊用不同標題張貼上千張圖片，並控制網路的影響力，要觀察

Reddit社群是否對特定標題有明顯的偏好。他們想了解一個我一直以來不斷思考的問題：優秀的標題有什麼要件？

在《大西洋雜誌》（The Atlantic）任職時，我增進、精鍊、拋棄與拾回無數關於如何寫出完美標題的得意之作。當我年輕時，我曾說一則優秀的標題應該是「決定性或令人愉快的」。於此，它應該盡量做出清楚明確且無懈可擊的陳述（「一張圖解釋為何美國是世界上最棒的開公司地點」），不然它就應該很明顯地有趣或可愛（「我無法將頭從老虎寶寶跟紗線圈玩的景象中移開」）。

好幾年前，網路氾濫著一種根據某個稱為「好奇心落差」（curiosity gap）而出現的奇特類型的頭條。即作者告訴讀者足以激起他們興趣的話術，接下來，就像個技法粗糙的魔術師一般，說道，「你不會相信接下來發生了什麼事。」好幾個月以來，這樣的標題征服了這個世界（好吧，征服了我的世界），接著它也因為同樣的理由退了流行，即大家厭倦所有行銷噱頭：當你理解流暢性的來源，便會傾向於對這個刺激打折，覺得厭煩或受到操弄。讀者知道原理後，魔術戲法的魔力就消失了；就只是個戲法。然而度過了好奇心落差年之後，《大西洋雜誌》仍然繼續以心靈與身體（嚴格來說，是心理與健康）的報導廣受歡迎，而我個人的優秀標題格言再次改變，成了：「讀者最愛的主題就是讀者。」

同時，史丹佛大學這些電腦科學家在我標題寫作理論這貧瘠的骨幹上，加上了經驗主義的肌肉。他們得出，Reddit上最成功的標題，會發表生動的圖像或故事，同時「遵守社群提出的語言規範」。他們說，一個好的標題不會讓人過度熟悉，而是熟悉得恰到好處；一個受歡迎的驚喜，會使用他們預期觀眾的行話來表達；在一個廣泛被接受的主題上，做出更進一步理解的承諾——也就是瑪雅。[2]

假使電視是裝潢的一部分，行動裝置就是身上的一個附屬器官——不只熟悉，還是個人的，甚至是私密的。單螢幕的世界目標對準了主流觀眾。但現在人們都從他們口袋裡那片玻璃中取得音樂、新聞，和所有東西。這個不被線性節目限制住的億萬螢幕世界，是為個人量身訂做的。且儘管每個人都有熟悉的愛好，但愛好也可以多采多姿。

擁有超過八千一百萬聽眾以及每年總播放音樂時數兩百一十億小時的潘朵拉（Pandora），是世界上最普及的數位廣播應用程式。鍵入你喜歡的樂團，潘朵拉就會以這個樂團的曲調建立一個廣播電台，假使我說我喜歡披頭四，潘朵拉會播放奇想樂團（Kinks）、滾石（Rolling Stones）以及披頭四風的新進樂團。使用者能夠藉由標記他們喜歡的歌曲或是跳過他們不喜歡的歌曲，來讓電台變得更棒。

這些互動讓潘朵拉的科學家，能夠以鳥瞰的方式觀察聽眾的品味如何運作。潘朵拉的演算法並不是把最好的想法轉化成一個方程式，它更像是由後設方程式指揮的許多許多方程式組成的管弦樂團。在這個演算法的交響樂中，最重要的手段之一便是熟悉性。

「潘朵拉最常收到的抱怨，是太常出現重複的樂團與歌曲。」潘朵拉首席數據科學家艾瑞克·比施克（Eric Bieschke）說道。「對熟悉性的偏好比我原本想像的要更加專屬個人。你可以播放同樣的歌曲，給兩個對歌曲的品味相同的人，一個人會認為這個電台擁有完美的熟悉性，另一個人則認為它重複性高到可怕。」

這裡有兩個令人著迷的含意。首先，恐新者，或者說偏好熟悉性，並非人類普遍擁有的特質。相反地，喜歡極度熟悉與喜歡驚喜事物的人之間有個光譜：像是只想聽披頭四歌曲的披頭四迷，與只想聽約翰·藍儂（John Lennon）變奏過的新歌的披頭四迷；像是每次假期喜歡去同一個地方度假的家庭，與從未去同一個地方度假兩次的家庭。消費者經濟體中最顯著的喜新者群體，可能是青少年。年輕人往往「非常能夠接受先進前衛的設計」洛威寫道，因為以現狀來說，他們擁有的風險最小。「敏銳的工業設計師，他們的夢想會是為青少年設計……即便他們一段時間就會陷入人畜無害的一窩蜂熱潮愚蠢行為，他們的基本品味，根本上仍保持正確。」

潘朵拉分析的第二個含意是，熟悉性作為一種品味，會因歌曲類型而不同。有些人是音樂上的廣博文青（他們熱愛聆聽各種難懂的私房樂團），但卻是資訊上的井底之蛙（他們只閱讀

---

2 注：請勿將反映出數量上成功的標題策略，與數量上成功的新聞寫作混為一談。最佳的新聞寫作往往不關心接受度，因為它尤其追求真相。索求數量上成功的內容，讓許多作者與媒體公司越來越偏離真相。

在地民主黨自由派的部落格）。其他人則相反，像是在音樂上保守，卻會在閱讀不認同的作者撰寫的政治性專欄上冒險。正如洛威所理解的，喜新者與恐新者並非孤立狀態，反而是交戰狀態，在每個購買者內心以及整個經濟體的購買者都持續不斷地戰鬥著。

最近我曾拜訪Spotify這個大型串流音樂公司，與其稱之為「每週新發現」這個新熱門產品的資深產品負責人麥特・歐格爾（Matt Ogle）談話，這個產品是將三十首歌組成的個人化歌曲清單，在每個星期一傳送給數千萬使用者。

近十年的時間，歐格爾曾在好幾間音樂公司工作，為它們設計完美的音樂建議引擎。他的音樂哲學為，大多數人都喜歡新的歌曲，但他們不喜歡找出那些歌曲需要做的努力。他們想要毫不費力、全無障礙的音樂啟示，及一連串可達成的挑戰。設計「每週新發現」時，「我們做的每個決定，都是從那感覺應該像是朋友給你一張精選專輯的概念形塑而成。」他說。因此這個歌曲清單每週更新，且只有三十首歌。

以下是它運作的方式。每個星期，Spotify的機器人程式會搜尋全世界數十億使用者的歌曲清單，看看通常是哪些歌曲會被放進同一組歌單。想像歌曲A、B和C常常一起在同一個歌曲清單中出現，假使我經常聆聽歌曲A和C，就算我從未聽過演唱歌曲B的樂團，Spotify猜測我大概也會喜歡這首歌。這種藉由加總數百萬人偏好以預測品味的方法被稱為協同過濾（collaborative filtering）——協同是因為它採用了許多使用者輸入的訊息，過濾則是因為它使用了數據來縮小你下一首想聽的歌曲的範圍。它在概念上與亞馬遜和其他購物網站推廣相關產品部分的演算法類似：假使許多人同時購買了某一張椅子與某一張桌子，那麼購買那張桌子的人，他的頁面將會出現購買那張椅子的促銷提示。

我們這段訪談最後，我和歐格爾討論了關於為何大多數樂迷（但並非全部），從根本上來說是保守的。他們喜歡他們喜歡的，不想在音樂上有太多挑戰。「心理學家有一句話，假使你曾看過它，那它就還沒殺掉你。」我說了個笑話。

歐格爾的臉多了點生氣。「我說個故事給你聽。」他說。原始版本的每週新發現，原本應該只放入使用者從來沒聽過的歌曲。不過在Spotify首次進行內部測試時，演算法中出現了程式錯誤，使用者已經聽過的歌曲也允許收入歌單之中。「大家都將這件事以程式錯誤回報，我們隨即修正，於是歌單中每一首歌都是完全的新歌了。」他說。

不過當他的團隊修復這個程式錯誤後，發生了一些不尋常的事情：歌單的契合度下降了。「結果證明一點點熟悉度能孕育出信賴，特別是對剛開始使用的用戶。假使我們為你製作了一個新的歌曲清單，裡面完全沒有讓你覺得『耶，選得好！』那種勾住你或你知道的歌曲，那就一定會嚇走你，大家也不會對這個歌單有感覺。」

最原始的程式錯誤事實上是重要的特色。當每週新發現歌單中擁有至少一首熟悉的樂團或歌曲時，這個產品會更加吸引人。「我認為使用者想要信賴這個產品特色，不過他們也在等著看它展露出一些它理解使用者的信號。」歐格爾說。Spotify使用者想要嘗鮮，但他們也想要確定這樣做不會扼殺他們的耳朵。

一九五〇年代時，雷蒙．洛威有足夠的理由宣稱，美國此世紀中期大多數標誌性的車、最常用的火車頭，以及最有名的飛機，都是源自於洛威鉛筆銳利的筆尖。這樣一來，關於如何製造熱門商品，他能夠傳授給現在的藝術家什麼訣竅呢？瑪雅能提供三個明確的學習要點。

首先：受眾並非全知，但他們知道得比創作者要多。最成功的藝術家與創業家大都是天才，不過矛盾之處在於，他們比他們的主流消費者要聰明，卻比他們所有的消費者愚蠢，因為他們不知道自己的消費者怎麼生活、每天都在做什麼、在煩惱什麼，或者是什麼能讓他們動容。假使熟悉性是愛好的關鍵，那麼人們的熟悉性——像是他們流暢運用的想法、故事、行為和習慣，便是直指他們內心的關鍵。洛威對美麗有自己的一套理論，即他的蛋殼與他的鉻黃加工。但他知道，為陌生人設計，一開始就像是在漆黑的隧道中摸索，朝向遠方些微的亮光前行，他時常被了解他設計的產品所面對的那些對象一事給迷住了。

第二：要販售熟悉的東西，就要讓它帶有驚喜。要銷售驚喜的東西，就要讓他有點熟悉。[3]在這個意義深遠的激進想法下，對藝術家與創業者來說，關鍵在於保持狂野的想法，同時刻意帶入熟悉性，並謹記馬克斯．普朗克的警告：就連最傑出科學家的重大突破，當他們背離主流思想太過遙遠時，在一開始就得面對懷疑論者的攻擊。傑出的藝術與產品會在受眾出沒之處與他們相遇。

但事實上，人們在藝術與設計上會受流暢性所吸引，但這不是做出愚蠢直白設計的藉口。瑪雅的中心洞見是人們確實偏愛複雜性——到了這個階段他們便停止對某些事物的理解。今日許多博物館迷進博物館不只是為了觀看睡蓮這幅畫，他們是沉浸於給予他們一種感受，或讓他們得到些許意義的陌生且抽象的藝術。電視觀眾不只是觀賞重播，他們喜歡帶有敘說解謎過程的複雜神祕事件。歌劇迷喜歡熟悉的復興，不過大部分具影響力的百老匯超級熱門戲劇都屬此類，像是《漢密爾頓》（Hamilton），它用一種別出心裁的新方式訴說了一個熟悉的故事。說到底，當流暢性的力量從它的對手，即不流暢性挑戰的時期顯現出來，創造出驚嘆時刻時，能夠展現最強大的威力。

第三：人們有時不知道他們想要什麼，一直要等到他們真正愛上了為止。洛威這類人持續推動提昇美國當世紀中期那些，不知道他們想要新事物受眾的品味。在他回憶錄最後幾頁，他轉述了一個童子軍和他的領隊討論那天的日行一善。

---

[3] 注：大衛．佛斯特．華勒斯（David Foster Wallace）曾說，逼真地小說要滿足兩個目的：「讓陌生人熟悉，以及讓熟悉的人陌生，不斷重複。」

「雷，你今天做了什麼善事呢？」

「我、華特和亨利幫助一名淑女過馬路。」男孩說。

「非常好。但為什麼得要你們三個一起幫她呢？」

「這名年長淑女不想過馬路。」

假使洛威是個童子軍，他會跟上面那個故事中跟他同名的小孩雷一般：在特定規則規範下，仍然固執己見。他教導昏昏欲睡的機器時代消費者成為最高層次的喜新者。他培養出用來與這些消費者對熟悉的品味相搭配的，一種對驚喜的慾望。這名年輕人一九一九年時，從百老匯一百二十號公平大廈頂樓勘查紐約市，看到了街道的另一頭，並帶著這個國家穿越過去。他並未要求准許。

第三章

曲調的樂音

歌曲與演說中那重複的力量

薩文・科特查（Savan Kotecha）心中牢記著這個數字：一百六十。那是他放在父母位於德州奧斯丁的家中，文件夾裡退稿信的數量。這些信來自於全國各大知名唱片品牌與音樂發行商，每一家都得出了相同的結論，即科特查的歌只是**還不夠好**。

時至今日，科特查的名氣也已經可以用更大的數字來說明了。舉例來說，兩百萬是科特查的歌曲賣到全世界的歌曲數。作為像是亞莉安娜・格蘭德（Ariana Grande）、小賈斯丁（Justin Bieber）、亞瑟小子（Usher）、魔力紅（Maroon 5）、凱莉・安德伍（Carrie Underwood）以及一世代（One Direction）的詞曲創作與製作人，科特查成了美國最多產的青少年流行樂創作人之一，且在美國與英國貢獻了數十首排行榜前十名的歌曲。其中包括了像是威肯的〈無法擋的愛〉（Can't Feel My Face）以及一世代的〈妳如此美麗〉（What Makes You Beautiful）等好幾首冠軍熱門金曲。

科特查小時候，他的父親在ＩＢＭ任職，因為工作的關係需要帶著他們一家人全國到處跑，不停搬家。最後，他們終於在奧斯丁落腳，晚上他就睡在父母那間小公寓的客廳沙發上。有一天他閒晃到姐姐的房間時發現了一台鍵盤。他坐了下來，開始彈奏，有個東西在他心中發出光芒。科特查說，從那天開始，他便深深著迷於一切有關音樂創作與表演的事物。他自學鋼琴並研讀樂理，同時在學校的唱詩班與男子樂團唱歌，還拚命地閱讀流行樂歷史以及介紹音樂品牌與音樂發行公司的書籍。

正當科特查夢想著他的創作會在廣播中不斷播放的人生時，學校實際的課業卻有點問題。他有可能會因為蹺課惹上更多麻煩，不過他的唱詩班老師看出這個小孩可能擁有一些出人意料的卓越天賦。當科特查的母親打電話到學校時，這名音樂老師時常搶著接電話，並替他的缺席找藉口，幫他掩護。「我的父母氣炸了。」科特查告訴我他早期的音樂癖好時，為了舉例，很快的提了這件事，「他們是非常傳統的印第安原住民父母。」

他寄了好幾百張試聽帶，然後收到了超過一百封輕蔑的拒絕信，他刻意保留這些信，將這些退件的內容當成動物毛皮般保留下來。畢業後他仍然堅信他的未來是在那個除了輕蔑地拒絕他外，什麼也沒提供給他的產業，於是科特查的父親對他下了最後通牒。「他說我有兩年的時間可以當魯蛇，之後我就得回大學念書。」他笑著回憶道。

科特查連忙加緊腳步前往音樂節。在西南偏南（South by Southwest）這個在奧斯丁舉辦的音樂與多媒體大會舉辦期間，他會驅車前往逸林飯店（DoubleTree）和其他旅館，潛入大廳，將試聽帶遞交給所有經過大門的A&R（藝人統籌）星探。逸林飯店已經把他趕出去很多遍了，他因此學會了多重偽裝。每次飯店經理將他趕出大門，過幾分鐘他就會回來，並換上一件新T恤，沒過多久又會被趕出來（然後他又會換一件新T恤，帶著更多試聽帶回來）。

到了一九九九年，科特查終於抓到一個機會。一位與斯德哥爾摩緊密接觸的紐約音樂高層，給了他一個改變他人生的指示：「去瑞典吧！」

假使流行音樂是一種全球性的科技，瑞典就是音樂界的矽谷。瑞典與移居國外的瑞典人，便是世界上動人旋律取之不盡的泉源。在麥克斯・馬丁（Max Martin）這個負責過數十首由像是新好男孩（Backstreet Boys）、凱蒂・佩芮（Katy Perry）與泰勒絲（Taylor Swift）演唱的冠軍單曲的傳奇超級製作人帶領下，這個小小的斯堪地納維亞國家，自從阿巴樂團（ABBA）於一九七〇年代出道以來，就不斷將具感染力的音樂外銷到世界各地。

為什麼是瑞典？答案牽涉到政策、歷史以及天賦的磁吸效應。首先，瑞典政府在許多國家還沒有音樂教育政策時，就主動推廣公立音樂教育機構（「感謝公立音樂教育機構帶給我這一切。」馬丁於二〇〇一年時說道。）。第二，瑞典擁有提倡大和弦旋律的程度超過歌詞的音樂文化，這使得他們的歌曲更能出口傳播給不會說瑞典語的聽眾。

第三，從阿巴的全盛期一九七〇年代開始，瑞典建立了一個致力於詞曲創作、製作與販售流行音樂的民族工業，這也吸引到一些世界上最棒的流行樂天才，像是來自德州奧斯丁一位深具天賦的美國印第安青少年。《經濟學人》（Economists）有時會將這種磁吸效應稱為「聚集」（agglomeration），而這也是類似公司擁有在相同城市集合傾向的原因。[1] 烏普薩拉大學（Uppsala University）的地理學家研究瑞典音樂產業時提到，瑞典遵循的是經濟學家麥可．波特（Michael Porter）稱之為「產業群聚」（industrial clustering）的模型。與軟體產業中，有天份的創業家會前往舊金山與同類人士聚在一起模式相同，詞曲創作人會移向瑞典人的權力中心。

「到了瑞典，我遇到了女神卡卡的詞曲創作人RedOne，和他整個創作團隊。」科特查回憶道。「透過另一個關係，我遇到了西蒙．高維爾（Simon Cowell），並參與了X音素（X-Factor）節目，這讓我成了節目裡的歌唱教練，之後還替一世代寫歌。幾年後，我遇到了麥克斯．馬丁。接下來一切真的都爆發了。」

科特查瘋狂著迷於馬丁，這幾十年來，他一直是瑞典詞曲創作圈的核心人物。在某次接受好萊塢記者的專訪中，他將馬丁比喻為流行音樂界的麥可．喬丹。

這樣的比較讓我著迷。我清楚知道麥可．喬丹是怎麼成為一個優秀的射手與防守悍將的，我想知道最先做出這個比較的人，是否是以如此嚴格的標準看待無法言喻的詞曲創作藝術。

於是我問科特查：「假使麥可．喬丹之所以是麥可．喬丹，是因為他能有效率的得分，那麼一來，是什麼成就讓麥克斯．馬丁成為他那個產業的麥可．喬丹呢？」

科特查毫不猶豫的回答。「那很簡單。他擁有一雙最棒的耳朵，能聽出吸引人的旋律，而且那可能是流行音樂史上最厲害的耳朵。」他說。「他能夠撰寫出優秀的旋律，也能一眼看出其他人的旋律哪裡出了問題，他是個天才歌曲醫生、令人驚奇的編曲者，以及令人驚嘆的整合完工者。」

「麥克斯．馬丁教了你什麼？」我問道。「優秀的流行樂，非常、非常具有結構性。」科特查繼續說道。「一首流行歌曲的建構，幾乎如同數學般精確。麥克斯教我，歌曲的每個部分得要互相溝通。假使主調從一（第一拍）開始，前副歌就應該從一開始。旋律需要快速到達記憶點，接著就是重複。這就是讓歌曲吸引人的方法。」

吸引性是什麼呢？一條讓記憶點令人無法抗拒的旋律線又是怎麼回事呢？即便是最棒的詞曲創作者，有時候也無法解釋一段優秀記憶點的構造。就像許多藝人被問到他們創作過程有無

---

1 注：「聚集」（Agglomeration）與「聯合企業」（conglomerate）都是從拉丁文的glomus，即「球形團狀物」而來。因此你可將聚集效應想成一團纏起來的紗線球。離散的線以中心為準反覆纏繞後，球會變得更大、更強，且擠壓得更加緊密。這便是群聚效應（clustering effect）：力量來自於緊密靠近。

特定機制，他們的回應就好比一般人被問說，要怎麼樣解釋如何好好呼吸一般。這個技能他們生來就有，因此所謂的機制也是無形之中就展現出來了。

想了解吸引性的基本元素，即為何我們會喜歡某一首歌曲或演說，這個問題值得從頭細說。一個曲調要如何變成一首歌呢？

二〇〇九年春天某個早晨，威斯康辛州（Wisconsin）舒爾伍德市（Shorewood）亞特華德學校（Atwater School）的一名五年級音樂教師華特．波以爾（Walter Boyer），要求他班上十八名五年級學生聆聽一名女性說話的錄音。大家坐定後，輕快的嗓音充斥在空氣之中。

當這段聲音出現在你耳邊時，不只是與那些真實存在的聲音與眾不同，而且「有時行為非常詭異」這幾個字聽起來，甚至像是不可能存在的聲音。

這群五年級生完全沒遇料到，播放的是一段毫無章法的句子。有些人的臉皺了起來，就像這些話語是古德文般難解。但他們還是繼續聽。這段錄音繼續播放，重複播放了幾個單字

……有時行為非常詭異……

再一次。

有時行為非常詭異。

再一次。

有時行為非常詭異。

當這幾個字多次循環播放後，相當詭異的事情發生了。透過重複播放，這些念出來的字句似乎發展出一種節奏，甚至成了旋律。孩子們的臉上浮現出笑容。

「試試看吧。」波以爾先生這樣建議，突然間，學生就像在讀樂譜一般，完美地齊聲把它當成歌曲唱了出來。「有時行為非常詭異。」他們一起唱著。其中許多人在遭遇到平凡文字就像被施了魔法一般成為音樂的衝擊後，咯咯笑了出來。甚至有些人就在座位上跳起舞來。

波以爾先生關掉錄音。「你們聽到這個旋律了嗎？」他問班上同學。

「有喔！」他們回答的態度，就像懶洋洋的小孩被迫回答一個再明顯不過的問題般。

「不過她有真的在唱嗎？」

「沒有——」他們回答。

「所以，為什麼你們會覺得出現了旋律？」班上一片沉默。

幾個星期後，加州大學聖地牙哥分校心理學教授黛安娜・多伊奇（Diana Deutsch），收到了波以爾先生五年級班上那次的影片。多伊奇在她位於拉荷雅（La Jolla）的家中舉辦了一場晚餐派對。她在看到十八位孩子跟著那個聲音唱歌時幾乎哭了出來，那個聲音是她的，而僅僅靠著重複播放，講話就轉換成了音樂。

多伊奇是一位研究音樂性幻覺的偵探。她最有名的發現，就是波以爾先生那堂音樂課發生的稀有現象觀察。這就是「語聲成歌幻象」（speech-to-song illusion）。假使你擷取一段短語，然後用一般間隔重複播放，這段口語就會演變成類似音樂的聲音。多伊奇播放「有時行為非常詭異。」給她自己的研究對象聽時，他們總會以旋律的方式跟唱，音調、拍子、切分音與節奏一點不差。假使你看得懂樂譜，它的曲調就像下圖這樣。

「某人說話時，大腦有個中央執行器，會決定這段短語要用說還是用唱的。」多伊奇對我說道。「重複是條線索，它告知大腦注意聆聽音樂。」

重複不只是迷惑人的技法，更是音樂的上帝粒子。座頭鯨（Humpback

whales）、白掌長臂猿（white-handed gibbons）與超過四百種的美國鳥類都被視為歌手，且動物研究者將「吟唱」這個術語保存給那些以一般間隔重複的特定音調。

重複的力量在人類的音樂中是分形，在每個層次都會出現。重複節奏是建立音樂記憶點的必要元素，重複記憶點則是副歌的必要元素。每首歌的副歌都會多次重複，而人們時常藉由重複播放歌曲來表達他們對這首歌的喜愛。每個家長都可以作證，孩子總喜歡一次又一次聆聽同樣的歌曲。但就算長大之後也沒什麼不同，大家聽歌時，九〇%的時間都是聽自己聽過的歌曲。

人們偶而會循環播放音樂，有時甚至不是因為他們自己想這麼做，舉例來說，像是有一首歌在腦中不斷迴盪的時候。這個現象稱之為「耳蟲」（earworm），而且此現象由來已久，還是全球性的災難。這個英文術語是源自於德文的Ohrwurm（字面上的意思即是「耳朵加上蟲」）法文則是musique entêtante，或說是「頑固的音樂」。愛迪生於一八七七年發明了留聲機，一年後馬克吐溫在《大西洋月刊》（Atlantic Monthly）發表了一個年輕學生飽受無法擺脫的鈴聲所困擾的故事。這是一種評論家也無法把問題怪罪在科技上的文化性苦痛。是我們的大腦出了問題。

其中存在著真正不可思議的奧祕。耳蟲比他們顯現出來的樣子還要詭異。假使你給朋友看四分之一的莫內畫作，她也不會花三十分鐘抱怨看不到剩下的四分之三。（如果她真的這樣做，請直接帶她去研究醫院就診。）為何人們會得到耳蟲，但卻不會讓影像暫留，發生耳蟲——或鼻蟲、舌蟲等現象呢？

耳蟲就像進入操弄音樂時間的過去與未來的鑰匙孔。耳蟲感染大腦，就像是一段音樂在重複（我想記得這段會怎麼唱）與期待（我想知道最後會如何）之間不斷循環。這份糾纏牽連（重複的推力，對上期待的拉力），為最吸引人的歌曲下了定義。

我回想自己最愛的記憶點，以及它們通常怎麼樣在一半的時候做出突破——更迭興起、提出問題然後給出解答。在「再見」（bye bye）節奏轉弱，「美國派小姐」（Miss American Pie）節奏轉強；在「把燈關掉」（With the lights out）放低，在「比較沒有危險」（it's less dangerous）升高；在「她愛你」（she loves you）升高，在「耶、耶、耶」（yeah, yeah, yeah）往下掉；在「嘿，才剛遇到你」（Hey, I just met you）低一階，在「而這有點瘋狂」（and this is crazy）高一階。[2]

一個優秀的音樂性記憶點，就是一個優秀的問題，加上一個要你重複問題的答案。「人們喜歡新穎且令人驚喜的旋律。」阿肯色大學音樂認知實驗室（University of Arkansas Music Cognition Lab）的音樂學者伊莉莎白·馬古利斯（Elizabeth Margulis）說道。「當我們感覺自己能夠對這首歌會怎麼發展準確的做出一些小小的預測時，那種感覺真的很棒。」不用努力去回憶那段吸引人的曲子；旋律會讓我們自然記住。

一首歌在你腦中徘徊不去時，可會把你逼瘋的。不過既然這份苦痛普世皆然、恆久不變，而且是自己造成的，那它必定顯示出一些關於我們內在迴路的事情。耳蟲就是認知的爭執。自動化的心智渴求讓大腦意識發現惱人狀況的重複。正如同我們在前面章節所看到的，或許潛意識的自我，比有意識的自我想要更多重複（更多舊事物、更多熟悉感）這種想法是一件「好事」。

這不僅僅是個關於你無法從腦中翦除的惱人廣告歌的理論。重複這個被低估的誘惑，是整個流行樂經濟的根本依據。

告示牌百大單曲榜是美國音樂流行度的權威指標。一九五八年以來，它每週都會按照排名倒數美國熱門歌曲。不過告示牌的名單一直都建立在謊言、半謊言，以及造假的數據上。數十年來，一直沒有方法可以準確計算出廣播播放次數最多的是哪些歌曲，而且也沒有值得信賴的方法可以得知上個星期哪張專輯在唱片行實際銷售的數字。告示牌仰賴誠實的廣播電台與唱片行老闆，而這幫人根本沒有誠實的理由。音樂品牌在檯面上下賄賂廣播DJ，好將特定唱片安插進去。唱片行不想促銷已經銷售一空的專輯。這個產業有著粗製濫造的偏差。唱片品牌想要讓歌曲與專輯在榜上快進快出，這樣他們才能持續銷售新的熱門金曲。[3]

---

[2] 注：解答關鍵：唐．麥克林（Don McLean）的〈美國派〉（American Pie）；超脫樂團（Nirvana）的〈嗅出青春精神〉（Smells Like Teen Spirit）；披頭四的〈她愛你〉（She Loves You）；卡莉．蕾．傑普森（Carly Rae Jepsen）的〈有空扣我〉。

[3] 注：你可能會說二十世紀的音樂產業對計劃性報廢相當在行。就如同你會看到艾佛瑞．史隆能夠藉由持續改變顏色與樣式，讓人們想要更多GM汽車，音樂產業則操作第一名熱門金曲的銷售數字，來鼓勵人們購買新的唱片。

一九九一年，告示牌捨棄了這個東拼西湊的榮譽系統，並開始蒐集收銀機的銷售時點數據。「這是一次革命。」告示牌排行榜總監西爾維奧．皮切隆格（Silvio Pietroluongo）解釋道。「我們終於能夠看到唱片真正的銷售量了。」差不多同一時間，這間公司開始透過尼爾森監控廣播播放狀況。前一百名熱門單曲榜在幾個月內變得更有公信度了。

這裡有兩個主要含意。首先，嘻哈樂在老派的搖滾樂開始慢慢凋零後猛然竄升。（或許這個由白人統治的產業，並未在小眾音樂上付出足夠的注意）[4]一九九一年六月二十二日，告示牌更新其排行榜計算方法後一週，N.W.A的《Niggaz4life》專輯擊敗了R.E.M的《落伍》（Out of Time），達成了饒舌團體首次拿下全美最流行專輯的壯舉。近來一項近五十年來美國流行樂的研究，將一九九一年饒舌的興起命名為「型塑美國排行榜音樂結構最重要的單一事件」市場上最重要的就是人氣，資訊即是行銷。當音樂聽眾知道流行嘻哈樂究竟是怎麼回事後，便讓嘻哈樂更加流行了。[5]

美國音樂的表現上發生了一點變化：他們使用了更多重複。在音樂品牌沒有操作榜單的情況下，告示牌更完美地反映了美國人的品味，而反射出來的意義是：給我熱門金曲，其餘免談！有十首幾乎大部分時間都待在前一百名熱門單曲榜的歌曲，都是一九九一年之後發行的。自從最熱門的歌曲現在會待在排行榜上好幾個月後，熱門金曲的相對價值便直線上升。一%的樂團與獨唱藝人現在佔了總唱片收益大約八〇%。且儘管數位音樂銷售額大量增加，最暢銷的十首歌曲宰制了超過八二%的市場，比過去十年的數字還要高上許多。

正如告示牌的皮切隆格所做的總結：「結果證明，我們只想一次又一次的聆聽同樣的歌曲。」部分是由於重複的碎形力量：人們想要聆聽同樣的節奏重複放著記憶點、重複放著副歌、重複放著那些歌曲，並且我們可以用自己手上的播放裝置，重複播放那些歌曲。

不過沒人想永遠一次又一次的只聽完全一樣的歌曲。過度重複只會造成枯燥無味的感覺。問題是，詞曲創作者與他們那夥人是怎麼知道，要如何在重複與變化之間取得平衡呢？

大衛・休倫（David Huron）是俄亥俄州立大學（Ohio State University）一名優秀的音樂學家，假使你問他關於流行音樂的事，他會用老鼠來舉例。抓一隻老鼠然後放一段吵雜的

---

4 注：這有點諷刺，流行樂的守門員從一九五〇年代開始就將搖滾樂視為「叢林樂」；一九八〇年強大的白人，反而在保護一個上個世代強大白人認為是威脅的音樂類型。

5 注：同樣的事情可說是以#BlackLivesMatter movement為主題在新聞上發酵的運動。臉書與推特指引大量讀者撰寫美國攻擊黑人社區的種族歧視與暴力行為的文章。隱藏在檯面下的事實從未有大幅改變；多年來黑人不斷面對壓迫，並遭受警察野蠻殘酷的對待。不過新聞記者對報導這些故事的益處已經改變了。社群媒體讓這些槍擊事件正在發生操作成無比醒目的消息，而好幾百萬人都想知道更多關於這個主題的事情。整體來看，這些過去不起眼的故事現在成為注目焦點或許是件好事。不過這裡有個令人沮喪的含意，就是仍然擁有不成比例白人的新聞媒體，數十年來不斷弱化這些故事，這跟（同樣由白人統治的）唱片品牌忽視嘻哈樂的興起有異曲同工之妙。

音樂，姑且稱這個段音樂為B吧！這隻老鼠就會靜止不動。或許牠那小而尖的臉孔還會露出十分驚訝的表情。一次又一次的播放B，牠還是會嚇到，但開始適應了。最後，老鼠不再有反應，牠將再也不對這段噪音感興趣。牠將變得「習慣」。

習慣化常見於音樂。重複可能在其中扮演關鍵角色，但實際上只有它還遠遠不夠。你現在可能不會想聽〈三盲鼠〉（Three Blind Mice），而且你確實不會想連續聽它個七次。你在五歲的時候可能曾經喜歡過這首歌吧？不過它對現在的你來說一點意義也沒有。這就是習慣化，而它在每首歌與幾乎任何刺激下都會發生。那是大腦說話的方式，「到過那裡，做過這件事。」

在人生的許多面向中，習慣是稀疏平常的好事。如果你因為外面施工的噪音而無法專心在工作上，持續一陣子後你就會忘記外面的雜音，生產力也會提高。不過在娛樂上，習慣化是死路一條。那就像是「我看過夠多邪惡與陰暗面的漫畫改編電影了，不，謝啦。」那就像是「這張新的饒舌專輯跟他上兩張專輯聽起來差不多，所以不了。」假使受眾真的喜歡重複，那他們會因為太多重複而感到厭煩也是千真萬確之事，你要怎麼樣在不讓他們習慣的情況下被勾住呢？

讓我們回到那隻可憐的老鼠上吧。這個實驗也不總是播放曲調B給這個小傢伙聽，科學家會一連放好幾次B，接著在牠差不多搞懂曲調B的模式時，用新的曲調C攻擊牠！

曲調C也將會嚇到這隻老鼠。但更重要的是，提出新的曲調會讓老鼠稍稍忘記曲調B。這稱做「去習慣化」。單單提供曲調C，會把曲調B的刺激效力保留下來。最終，曲調B跟C老鼠都會習慣。不過這也沒關係。科學家能夠進一步藉由提出第三個曲調D，來減緩習慣化的過程。[6]

科學家為了要用最少曲調，在最長的週期驚嚇一隻老鼠，以變奏編成下列的模樣是可行的方式：

BBBBC–BBBC–BBC–BC–D

休倫的研究發現這個重複的編曲與變奏反映出全球音樂的模式，從歐洲的奏鳴曲、因紐特人喉音唱法到美國搖滾都適用。「綜觀全球，始終都以早期的重複所構成。」他說。「這個想法就是不斷重複到大家可能會發狂的點，接著巧妙地做出改變。從作曲家的觀點來看，要讓曲子簡單且漂亮，你可以思考一下，『我要怎麼做，可以用最少的素材，在最長的週期中娛樂我的聽眾？』」我自己特別著迷於這段編曲最後的片段：

---

6 注：根據休倫的說法，有兩個方法能夠規避習慣化。第一個是變化性，或去習慣化。第二則是時間。就比方說你一連聽〈我將存活〉（I Will Survive）二十次吧。隔天你寧願聽指甲刮過黑板的聲音，也不想再聽到葛洛莉雅．蓋諾（Gloria Gaynor）的歌聲了。不過幾個星期後在廣播聽到這首歌時，你會發現自己又想再聽了。休倫稱之為「自發性恢復」（spontaneous recovery）：你覺得自己聽夠多葛洛莉雅了，但過了一段時間你又會想聽一次〈我將存活〉。

BBC–BC–D

這個結構看起來對你來說可能不會有明顯的熟悉感。不過我們就稱B為主調，C是副歌，而D是替代主調，或是過門。將這些曲調以相應的文字取代，你就能得到下列歌曲架構。我想你會看出端倪，因為這可能是過去五十年來流行音樂最常見的模式。

主調—主調—副歌——主調—副歌——過門。[7]

如何用最少曲調，在最長的週期驚嚇一隻老鼠呢？這個問題的答案原來預期會是現代已問世的許多流行歌曲寫作方式的一種特定模式。早期的重複設立了一個C——副歌主題。主調與副歌反覆交棒。為了避免讓聽眾覺得無聊，這位藝人採用了D——過門來去除聽眾對主調與副歌的習慣，並設立了最後的音樂性編曲。

流行歌曲不就是精心製作的老鼠去習慣化研究嗎？現代流行評論家可能會相當歡迎這樣的簡化，不過這裡所得出的睿智結論更加複雜且更不具煽動性。

當人們停下來思考喜愛的流行歌曲是如何多次重複，要怎麼樣他們才會確實地交替使用主調、副歌、主調、過門，並強化副歌時，不可否認那些傑出的音樂提供了預期中的答案。「除非大家意識到你正在重複，不然你重複越多次，他們就越覺得愉快。」休倫說道。「人們想說的是，『我不是受重複性所引誘！我喜歡新東西！』不過偽裝後的重複確實令人愉快，因為它導致了流暢性，而流暢性讓你感覺很好。」

休倫是用習慣的心理學來抽絲剝繭，而不是提供讓大家在家裡寫出下一首傑出流行歌曲的方法。重複與變化不會讓音樂自己突然變得傑出，反之，他們為傑出的詞曲創作者的工作，確立了明確的規則。撰寫無韻的詩就像是「打一場沒有網的網球。」詩人羅伯特・佛洛斯特（Robert Frost）曾這樣說道。就音樂來說，重複就是那張網。

音樂可能是比語言更重要的基本要素。歌曲先於語言——在人類的生命與人類的歷史中皆然。嬰兒在他們能夠確切解釋自己為何應當獲得更多糖果前，就能唱出內容無意義的歌曲了。在人類語言剛開始成形前，言語與音樂幾乎是相同的，是由一群團體，用重複的方式說出簡單的聲音。

---

7 注：休倫提到，就因為現代美國流行歌曲都用同一套主調——副歌架構，不代表對一首歌來說，這是生物學上理想的架構。只是對現代西方聽眾來說，這是平衡重複與變化最為人所知的方法。有許多標誌性的歌曲沒有副歌，像是布魯斯・史普林斯汀（Bruce Springsteen）的〈雷霆路〉（Thunder Road）與皇后樂團（Queen）的〈波西米亞狂想曲〉（Bohemian Rhapsody）。這些歌曲仍然有許多帶有變化的重複旋律。

在楔形文字或讀寫能力廣泛散布前，記憶曾是一個文明的圖書館。令人有點驚奇的是，當時許多最古老的文學經典，像是《貝武夫》（Beowulf）、荷馬（Homer）的《奧德塞》（Odyssey）與《伊利亞德》（Iliad）、奧維德（Ovid）的《變形記》（Metamorphoses）、維吉爾（Virgil的《伊尼亞德》（Aeneid）與喬叟（Geoffrey Chaucer）的《坎特伯里故事集》（Canterbury Tales）都被視為史詩。每部作品都使用了重複、節奏、押韻與頭韻來將作品鎖在下個說書人的記憶銀行之中。在某些方面，重複**即**記憶，在此借用艾莉森·蘭絲伯格（Alison Landsberg）在《虛假記憶》（Prosthetic Memory）中的美妙短語。藉由重複播放，代表聽眾能夠「記得」這首歌的記憶點。莎士比亞的《十四行詩》是藉由以韻文重複，而「記得」文字的曲調。

對許多人而言，文字依附在節奏與旋律上時，更能讓他們牢記。中風患者與其他受失語症所苦而無法好好說話的人，通常還是能夠唱歌。

亞利桑那州國會議員嘉貝麗·吉佛斯（Gabby Gifford）遭到暗殺頭部中彈後，努力要重拾她的語言能力。二〇一五年二月，她在一個賺人熱淚且被廣泛分享的線上影片中演出，演出橋段是她唱著音樂劇《安妮》中的歌曲〈也許〉（Maybe）中某個段落的所有歌詞。失語症成因通常是左大腦掌管語言的部份受到損傷，不過功能性核磁共振造影（fMRI）的研究顯示，音樂治療能夠激發右腦的旋律性智慧。

這說明了重複的強大之處不只是在音樂上，對所有的交流都有用處。音樂就像是記憶糖果。音樂性語言幫助人們記得字句，而且它對人們發出了某些字值得牢記的信號。數千年來，作家與演說家以他們自身的「語聲成歌」效應，也就是將他們說出來的話，塗上一層重複這個甜美的糖漿，來說服受眾。

至今他們仍然如此。

二〇〇四年七月二十七日，演講稿撰寫人強・法夫洛（Jon Favreau）藉由要求巴拉克・歐巴馬（Barack Obama）別再說話，而將自己引薦給了這位未來的總統。

法夫洛當時二十三歲，只是個替參議員約翰・凱瑞（John Kerry）的總統競選陣營工作的麻薩諸塞州（Massachusetts）聖十字學院畢業生。時任伊利諾州（Illinois）參議員的歐巴馬，正在排練當天傍晚他預備在波士頓艦隊中心舉辦的民主黨全國代表大會上的演講投影片。法夫洛打斷排練，然後詢問這位參議員有沒有可能考慮修改一段關於紅州與藍州的諷刺格言。這跟凱瑞某一段精采的妙語極為類似。據報歐巴馬相當憤怒；那是這次演講他最喜歡的部分。但他還是改掉了。

我們很難說，在二〇〇四年夏天艦隊中心的講台上，誰才是真正的大騙子。照著投影片演講的歐巴馬，從未入主國家當局。年輕的法夫洛獲得成為演講稿撰寫人的好運氣，只是因為凱瑞陣營在愛荷華州黨團會議前，遇到了更資深的幕僚拋棄這個職位離開的災難。「當我們即將輸給（前佛蒙特州州長霍華）迪恩時，他們找不到任何想要加入的人。」法夫洛告訴《新聞周刊》（Newsweek）。「儘管我過去沒有任何經驗，但我就這樣成了演講稿撰寫人代表。」

三個月後，凱瑞在總統大選上落敗，而歐巴馬成了一個需要演講稿撰寫人的全國性政治名人。二〇〇五年一月，法夫洛與歐巴馬在國會山莊（Capitol Hill）德森辦公大樓（Dirksen Office Building）的參議員咖啡廳會面。這位參議員問說，「你的演講稿撰寫原則是什麼？」

「這相當有趣，」法夫洛在那次會面十年後對我說，「因為一開始歐巴馬吸引我的，不是激昂的言詞，而是他的真實性。做為演講稿撰寫人，我思考了很多關於共鳴的事，我總是試著想像聽眾的樣貌：他們來自何方？他們的知識基礎從何處起步？我們要如何與他們這兩種樣貌連結，並再多激起一點點他們的共鳴呢？」他得到了這個工作。幾年後當歐巴馬宣布他要競選總統時，法夫洛成為美國史上最年輕的總統選舉首席演講稿撰寫人之一。

三年後，二〇〇八年初，歐巴馬的總統競選活動似乎成功迷住了選民，在贏得愛荷華州的黨團會議後，在新罕布夏州也衝到雙位數的領先優勢。但最後在這個州的初選，他以三%的差距敗給了希拉蕊・柯林頓（Hillary Clinton）。二〇〇八年一月八日，他在敗陣的狀態下，站上了南納舒亞高中的講台，感謝他的支持者，並進行了一場或許是他生涯被人引用最多次的演講。他們建構了一份圍繞著一個極為簡潔的口號打造的演講詞，簡單到歐巴馬一度因為這份講稿太過陳腔爛調而退稿，這個口號是：「**是的，我們可以。**」（Yes, we can）。[8]

當我們面對不可能獲勝的機率、當大家告訴我們，我們還沒準備好，或是我們不該去試，或是我們辦不到時，世世代代的美國人會以這個集合了全體人民精神的簡單信念來回應：是的，我們可以。是的，我們可以。是的，我們可以。

這個信念寫在了建國憲章中，宣示了國家的命運：是的，我們可以。

當奴隸與廢奴主義者穿過暗夜，朝自由前進時，這句話在他們之間口耳相傳：是的，我們可以。

移民者從遙遠的遠方啟航時，開拓者向西推進，面對無情曠野時，他們高唱：是的，我們可以。

工人組織起來，婦女為投票挺身而出時，一位總統選擇月球作為我們新的邊境時，以及一位國王帶領我們站上山巔，並指向那塊應許之地的方向時，他們大聲疾呼：是的，我們可以……

[8] 注：當歐巴馬的幕僚大衛．艾索洛（David Axelrod）在他第一次美國參議員選舉時提出這個口號給歐巴馬時，他認為這個口號「太過陳腔濫調了。」艾索洛告訴《紐約時報》。他們都聽蜜雪兒的話，她判定這個口號「不會很陳腔濫調。」

「那是你所能想像到最簡潔的短語，這三個單音節的字，是大家每天說話時都會用到的字。」法夫洛說。不過這段演講將它蝕刻成詞藻華麗的諺語。它啟發了音樂錄影帶、成為流行語，並從受到讚譽、斷章取義的說笑到成為嘲笑的對象，如同今日風靡一時的事物會在網路上收到的各種反應。

歐巴馬不斷重複的「是的，我們可以。」是一種被稱為結句反覆，或者說是在句子結尾使用重複文字的修辭手法範例。它是許多知名的修辭形式中的一種，大部分用在以某些重複形式為基礎的希臘姓名上。

還有首語重複法，就是在句子開頭重複（溫斯頓·邱吉爾〔Winston Churchill〕：「我們會奮戰在沙灘、我們會奮戰在降落場、我們會奮戰在田野」）。還有層遞，以簡短的三連句重複（亞伯拉罕·林肯〔Abraham Lincoln〕：「民有、民治、民享」）。還有緊接反覆，以同樣的字不斷重複（南希·裴洛西〔Nancy Pelosi〕：「要知道法規代表什麼意思，只要牢記四個字：工作、工作、工作和工作」）。還有切裂法，以一個字或一段短語加上簡短的間歇重複（小羅斯福〔Franklin D. Roosevelt〕：「我們唯一要恐懼的，就是恐懼本身」）或是用最簡單的A-B-A架構（莎拉·裴琳〔Sarah Palin〕：「採啊寶貝採啊！」）。還有對比法，以子句架構將兩個截然不同的想法並列（查爾斯·狄更斯〔Charles Dickens〕：「那是個最好的時代，那是個最壞的時代」）。還有對句法，以句子架構重複（你剛剛讀的整個段落就是）。

最後，還有現代演講寫作訣竅之王，倒置反覆法，即倒裝法修辭：「問題不在車有沒有比你兇；問題在於你有沒有比車兇。」

以下用幾個原因說明為何倒置反覆法會如此流行。首先，它的複雜度剛好可以掩飾其公式化的事實。第二，它的實用之處，在於可以藉由刻畫出鮮明的對比，好強調其論點。第三，它就像是鴉片，以瑞典詞曲創作人的理解，就是圍繞著兩個元素，即Ａ與Ｂ，來打造一個記憶點，然後將它們倒置，好能立即給予聽眾滿足感與意義。經典的倒置反覆法架構是ＡＢ；ＢＡ，自從一個瑞典樂團使用了這個名字後，大家就都能輕易地牢記它了。（注：我高度懷疑他們取團名的方式是刻意使用希臘修辭手法，不過「倒置反覆法就是ＡＢＢＡ（阿巴樂團）」是種便利的啟發式教學法。）在政治上所使用的知名ＡＢＢＡ架構範例包括了：

- 「人並非環境的產物，環境是人的產物。」——前英國首相班傑明・迪斯雷利（Benjamin Disraeli）。
- 「東方與西方互不信任的原因是武裝；武裝的原因是我們互不信任。」——前美國總統羅納德・雷根（Ronald Reagan）。
- 「世界面對了一個跟一九九一年相比截然不同的俄國。就如同其他國家，俄國也面對了一個截然不同的世界。」——前美國總統比爾・柯林頓（Bill Clinton）。

●「無論是我們將敵人帶向正義，或是將正義帶給我們的敵人，正義終將伸張。」——前美國總統小布希（George W. Bush）。

●「人類的權利便是女性的權利，女性的權利即是人類的權利。」——希拉蕊・柯林頓（Hillary Clinton）。

尤其是前美國總統約翰・甘迺迪讓ABBA廣為人知（而ABBA也讓約翰・甘迺迪廣為人知）。「人類必先終結戰爭，不然戰爭必先終結人類。」他說，以及「每次緊張情勢的上升，就會造成武器生產量的上升；每次武器生產量的上升，就會造就緊張情勢的上升。」以及最知名的，「不要問你的國家能為你做什麼；要問你能為你的國家做什麼。」

倒置反覆法就像是西方流行音樂的C–G–Am–F和弦進程：你在某處學成之後，你會發現到處都聽得到。[9]透過ABBA，困難甚至是有爭論的想法被轉換成為類似音樂性記憶點的東西。

歐巴馬與法夫洛並未大量仰賴某一種手法，不過他們做了一串強力連擊，部分是因為他們思考演說時的方式，與薩文・科特查等詞曲創作人思考歌曲的方式雷同——即需要記憶點、副歌與清楚的架構。

他們通常從馬丁・路德的演講中尋找靈感，他的演講含有聖經的教誨、節奏性，且藉由明確包含黑人講道傳統的音樂性來推進的。在《禮讚：非裔美國人講道時的呼喊與回應》一書中，神學家伊凡斯．克勞福（Evans Crawford）將佈道與藍調的反覆樂節兩者互相比較，一個是「藉由即興的自由節奏與合宜的重複旋律賦予特色。」而完美的佈道會是「開始低聲、緩慢前進、往上攀登，然後爆出火花。」

自學鋼琴的法夫洛大學時曾學過古典樂，他也樂於將他的工作與撰寫流行歌曲相比較。「一句好詞在演講中，就像是好音樂的其中一個環節。」他說。「假使你採用一小段文字，然後用它來貫串整場演講，就像是副歌在一首歌之中的地位，會成為留在記憶中的那個部分。大家不會因為主調而記得一首歌。而是因為副歌。假使你想做出一些會讓人留在記憶中的東西，你得要讓它不斷重複。」

當歐巴馬與法夫洛一起著手進行最重要的演說時，他們會問：「這次演講的骨幹為何？」骨幹即是記憶點、主題，或是將整個演講結合的修辭性副歌。

二〇〇八年，他們初次見面後四年，前伊利諾州參議員與前凱瑞演講稿撰寫人代表回到了

9 注：「你在某處學成之後，你會發現到處都聽得到。」是希臘修辭學的另一種架構，也就是交錯法，它有點類似倒置反覆法，但規則較為鬆散。它仍然達到了架構上的對稱，不過你不需要使用完全相同的文字倒置。甘迺迪的總統就職演說，以放肆的交錯法開始：「我們觀察到今天並非勝選派對，而是慶祝自由——象徵一段結束同時也是開始——意味著復甦同時也是改變。」假使你將甘迺迪演講稿中所有的交錯法與倒置反覆法剃除，只會留下一長串的連詞。

民主黨全國代表大會，這次兩人的身分，是具有歷史意義的提名人，與他那知名的首席演講稿撰寫人。演講前幾天，未來的總統告訴法夫洛，他的演講稿有點不太對勁，它需要一個骨幹。「他說，『我們來想一些能夠貫串這次演講的東西吧。』」法夫洛回想道。「最後我們使用了『美國承諾』這個概念作為主要思路。它將整個演講結合在一起。」在此次演講官方講稿中，歐巴馬重複「承諾」二字一共三十二次。

隨著時間推移，美國政治性修辭可能會變得更具音樂性。一八五〇年代，大多數總統演說會達到大學程度的修辭，程度判定是採用福列希金卡（Flesch-Kincaid）可讀性測試，這是一九七〇年代的海軍用來確保其軍事指導手冊的簡明度所開發出來的方法。不過從一九四〇年代開始，總統演說變得更像是六年級的程度。

那是因為他們看到美國民眾的程度日益低落，而吸引他們做出這樣的改變。不過那時美國一般教育程度，比起一八〇〇年代應該有長足的進步。增加政治性修辭的簡化程度，確實透露出政治性演說的對象瞄準了更廣泛的民眾的信號，且效法了其他平民化形式的大眾娛樂，像是音樂。早期的民主選舉，只有白人擁有投票權，「總統能夠假設他們演說的受眾組成，大多數都跟自己差不多：受過教育、熱心公益的地主。」歷史學家與前比爾·柯林頓演講稿撰寫人傑夫·謝索爾（Jeff Shesol）說道。

不過投票權擴張後，總統選舉要訴諸的對象組成就更加廣闊了。總統演說朝向簡單化轉變，主要是發生在大約一九二〇年時，同時發生了至少四項正向發展：一九一三年通過美國憲法第十七條修正案（Seventeenth Amendment）開放參議員直選；一九二〇年通過美國憲法第十九條修正案（Nineteenth Amendment）賦予女性投票權；一九二〇年代推動國民義務教育運動；以及廣播電台的傳播，一九三〇年代有超過五〇%的家戶擁有收聽設備。（電視要等到二十年後才達到這個比率。）簡化的政治性修辭並未損害美國的民主。美國民主抬頭才是讓政治性修辭簡化的原因。

音樂性的語言是唯利是圖的。它在意的是在吸引注意力的戰爭上得勝，真相則可棄置一旁。人們相信美麗的詞藻，即便那是錯誤的也無妨。

「語聲成歌幻象」有個近親，即「韻律當理由」（rhyme-as-reason）效應。正如同文字的重複能夠創造如歌般的幻象，音樂性的語言能夠創造出理性的幻象。研究顯示人們認為有押韻的格言，像是「清醒時沒說，讓酒精來說。」（What sobriety conceals, alcohol reveals）或是「仇同敵同」（Woes unite foes），比沒有押韻的版本，像是「清醒時沒說，啤酒揭開它」更加精確。重複與押韻就像是語言的風味強化劑：能讓糟糕的點子看起來格外聰明，因為聽眾聽到漂亮的文字時，不會過度深入思考。他們通常會假設這些文字都是講真話。

這種音樂性語言是貧乏、甚至是負面的事實指標的跡象，我們通常會用它來說明事情實際上並非事實。有許多眾所皆知的格言，像是「一天一蘋果，醫生遠離你。」這類錯誤但仍然被廣泛接受的原因是這些格言能夠很簡單的脫口而出，其他像是約翰尼·科克倫（Johnnie Cochran）為辛普森（O. J. Simpson）辯護時那句惡名昭著的，「假使戴不上，你得判無罪。」就是令人印象深刻的誤導。不過精確的說，是因為我們接受了這些陳述的音樂性為事實。人們整理押韻，接著尋找理由。

無論是好是壞，有一類書籍或許可歸類在評論家可能會稱之為「成功福音」的非小說。大部分這類書籍都不斷重新販售著一般常識。作者擷取部分讀者早已用直覺便能理解的先人智慧，並用新鮮的故事將那個概念包裝起來。那有點像是「直覺轉贈」（intuition regifting）：你已經學到這個教訓，但這次是用新的方式將它包裝。戴爾·卡內基（Dale Carnegie）一九三六年出版的暢銷作品《卡內基教你跟誰都能做朋友》（How to Win Friends and Influence People）中，最多人分享的句子之中，有許多都充滿音樂性，特別是使用了對比法與交錯法。（我將重複加上粗體，並將變更加上楷體來強調重複效應。）

- 「不要**害怕***攻擊你的敵人*。要**害怕***奉承你的友人*。」
- 「幸福並不**取決**於*外在***條件**。而是**取決**於*內在***條件**。」
- 對於在辯論中得勝：「假使你**輸了**，那你就**輸了**；假使你*贏*了，你還是**輸了**。」

●「要讓自己有趣，要讓別人覺得有趣。」

你會看到，要寫出吸引人的文字，關鍵在於簡潔。只要寫出成對的句子即可，或者用對卡內基的遺教致敬的話來說：「要被人牢記於心，就要重複。」假使這還不夠貼切的話，就援引「韻律當理由」效應：「要寫一句讓人引用的話，將你的想法一分為二。」

好與壞同時包含在內。藉由將辯論轉化為口語的音樂，並製造出策略外的詩意，倒置反覆法與其類似的修辭法能夠輕易地讓重要與複雜的想法變得清楚易懂。不過它們也能在無足輕重且不確定的想法上揮動魔杖，將靠不住的可疑言論轉化成一些動人的語言。

重複究竟是怎麼讓音樂抽離於曲調之外的呢？我有一個理論，然後我聯絡了黛安娜．多伊奇。我的想法是，或許音樂是一種藉由重複，對不和諧的曲調施以戲法的幻象。正如同「韻律當理由」效應能夠在無意義的廢話中創造意義，或許重複能讓聽眾聽到一些不存在的東西。

讓我訝異的是，多伊奇堅持事實正好相反。在她那個現在我們都已經很熟悉的「有時行為非常詭異」現象的研究中，大家重複聆聽最多次的部份，也是最能模仿其真實曲調的部份。他們並非哼唱一首憑空出現的歌曲。反而是重複幫助他們更清楚地聽出節奏以及語句的音調。多伊奇並未試圖要唱歌，然而她的聲音產生出音樂性的調性。

正當多伊奇跟我說話的同時，我想在她的說出的句子中偷偷聽出一點音樂性。不過我沒能聽出來。一般聽眾往往很難將全副注意力放在對談者說話的語調以及節奏上。他們會投入更多集中力在其餘的「語言串列」（speech stream）——即句子的意義以及講者的意圖上。

重複會將注意力重新導向言語本身的曲調上，也就是聲音的音高、停頓的節奏，對話中神祕的旋律。語聲成歌效應被視為一種幻象，但假使在所有語言中皆嵌入了一種隱藏的旋律，那麼其不和諧音便是那種幻象。奇妙的事實在於，所有言語都是由細微的旋律與尚未被發現的歌曲所組成。它只是採用了一點點重複來讓人聆聽這個音樂罷了。

間奏
涼意

上下擺動手臂，睥睨皮膚表面，在靜脈、腺體、動脈、血管與神經之中，有一條滑順細瘦的肌肉緊抓著每根頭髮的髮根。它被稱為豎毛肌，而它是由交感神經系統所啟動。這意味著你無法控制它，或是像控制二頭肌一樣，憑自身感覺對它下放鬆的指令。

反而是一些身體外的事物最常喚起豎毛肌的注意。舉例來說，假使有個毛茸茸的小動物感受到冷空氣的寒意，肌肉會繃緊且數以千計的毛髮毛囊全都會豎起。這些樹立的毛髮會留住皮膚表面的溫暖空氣，好在身體周圍建立一片稀薄的氣壓。像是驚駭這種強烈的情緒，能夠觸發同樣的溫暖條件反射。

人類的靈長目祖先曾經有很多毛髮。現在我們大多數人身上都不會那麼毛茸茸。不過肌肉仍在，條件反射也還在。當我們感到寒冷、發熱或是深刻強烈的情緒時，頭髮會皺起並沿著皮膚創造出一種粗糙且凹凸不平紋理，就像是毛剛被拔光的鳥。世界各地的人常以各種家禽來為這種現象命名。中文稱這個現象為「雞皮疙瘩」；希伯來語是「鴨子皮」；英文則是「鵝腫瘤」。

幾年前一場大學同學會，我在一片金黃色的秋分時節，於伊利諾州的埃文斯頓市校園南面隨意漫步時，突然感受到一股想聽傑夫·巴克利（Jeff Buckley）唱歌的強烈慾望。我有好多年沒聽他的歌了，或許畢業之後就再也沒聽過。他最有名的歌曲是迷人且被大量模仿翻唱的〈哈利路亞〉（Hallelujah），而他在溺水意外身亡前，只錄製了一張專輯。二〇〇四年整個夏天我就是不斷循環聽這張專輯，一直聽到九月的預備迎新，以及大學開學的第一個月。

九年後重新播放他的音樂，那就像是打開了時光膠囊，並看著裡頭的珍寶對新鮮空氣產生反應。這些歌曲之中，安放著我上大學後遭受到的第一次挫折、第一堂新聞寫作課的焦慮，以及第一次清晨四點在研究區藍色毛氈沙發上進行的政治辯論、微波爆米花化學奶油的香氣，還有得小心行走的黏膩地板。不過這首歌也引出了這些焦慮的結論——對失戀的了解、一個我喜愛的雜誌工作，以及我的早晨四點辯論同伴即將結婚的事實。

在校園中漫步，聽著帶著回憶的音樂，或者是帶著音樂的回憶，這首歌觸發了靈長類祖先的身體反應。我感到一陣涼意。一種感覺掠過皮膚底下，上千條小肌肉抖動著，當時的我走在過去反覆踏過的路上，全身起著雞皮疙瘩。

「正如學者所說，藝術並非美好或上帝神祕想法的顯現。」列夫・托爾斯泰（Leo Tolstoy）在他一八九七年出版的（對他而言是）一本小品《何謂藝術?》（What Is Art?）中寫道。他繼續說道：

> 正如美學生理學家所說，那並非一場一個人釋放他過度儲存的能量的遊戲；那並非一個人藉由外部信號來表現他的情緒；那並非令人愉快目標的產物；那是讓人們團結一致的手段，將人們以同樣的感受連結在一起，以及生命與個人與人類邁向安寧的進程中不可或缺之物。

對托爾斯泰而言，藝術是一種感受、感受的傳播、用感受的語言寫就的一種溝通管道。每個人都知道字母只是形式，字體毫無意義，而文字之間的空格僅是虛無。不過書本仍會製造眼淚與腎上腺素。人們閱讀時，他們會聽見聲音，腦中會浮現畫面。這項產品會有完全的共感，還有一些接近狂熱的感覺。一本好書會讓人產生觀賞了一部IMAX電影的幻覺。作者心生一股感受，並將它轉化為文字，而讀者從那些文字中得到那份感受——也許感受相同；也許不同。正如彼得・曼德森（Peter Mendelsund）在《我們在閱讀時看到了什麼》（What We See When We Read）所寫的，一本書就是一次聯合製作。讀者同時表演這本書，且致力於讓演出周全。他同時是指揮、管弦樂隊，以及聽眾。無論小說或非小說，一本書就是「白日夢的邀請函」。[1]

當我開始做起關於這本書的白日夢時，我花了很多時間跟心理學家討論流暢性——悠閒的思考。不過正當我把這種想法放在我自己最愛的書、歌曲與電影上時，我才知道，自己最喜歡的不是那些悠閒的東西，反而是將困難的東西搞懂後的收獲。

那些驚嘆時刻並不只是輕鬆思考的感受。那是來自於搞懂某些事情之後的狂喜。在我還太年輕，不懂莎士比亞戲劇裡的台詞前，我就愛上它了。《哈姆雷特》（**Hamlet**）是少數我會放在書桌上的書本之一——對任何訪客來說，這本書都是折磨人的陳腔爛調，但我就是會放在這。我對莎士比亞的虔誠之處，諸如我在評論熱門商品時，絕對第一時間就把他列舉進來：他的原始資料是大家所熟悉的，不過他的風格則是一種混合了箴言詩與低俗幽默的創新，正如班．強生（**Ben Jonson**）所寫的，「不僅是一代大師，更是永恆經典！」莎士比亞幾乎沒有原創的情結，他就像下一章會聊到的喬治．盧卡斯（**George Lucas**），是個古老典故的彙整大師。甚至連《哈姆雷特》都是獨一無二且衍生的作品；他的故事是根據十三世紀北歐神話，艾姆雷斯（**Amleth**）改編而成。這個戲劇令人困惑，且令人惱火地模擬兩可，但是它提出的少數解答，對我來說，是最出色的表現。他們提供了一套，讓我用來思考關於這個世界種種的強化版語言。我的想法以這個戲劇的聲音透過擴音器播放的方式，先以實際音量展開運行，然後以新的音量作結。「儘管被限制在核桃殼裡，我也可自命為一個擁有無盡領土的帝王。」哈姆雷特說道。對於這齣戲劇，我是用這種方式來感受：假使將文學專門限定在《哈姆雷特》的話，那就沒問題。那會是無盡的滿足。

我最愛的五本書都實行了這個把戲。最初，它們看似讓我深陷於另一種人生，但最終它們讓我深陷於自己；我從窗戶看到另一個人的家，但我從鏡子的反射看到了自己的臉。我想像著，但從來無法確定大家都用同樣的方式來感受書本。托爾斯泰是這樣做的沒錯。他說，藝術是普世通用的窗口，一個進入「生命喜樂與哀傷的同一性」的集體看法。

在《哈姆雷特》光譜的另一端，有一部光是名稱就無疑地說明了其智慧深度的喜劇片《阿呆與阿瓜》（Dumb and Dumber）。我大概看過一百多次《阿呆與阿瓜》，但從未覺得千篇一律。在重複觀看下，我發現自己越來越注意其中微小的細節，一頂雪帽、某個定頓，或是金凱瑞某一幕收放自如的表情。重看同一本書和電影兩次、三次，甚至三十次都是常見的事情。我有很多朋友根本數不清自己看過幾次《哈利波特》或是《刺激一九九五》（The Shawshank Redemption）。

[1] 注：有些人在閱讀或聆聽字句時，因為難以喚起內心的圖像，使得腦中無法浮現影像。那是因為想像障礙（aphantasia），也就是無法在腦中繪製圖像，此外，這裡沒有諷刺或冒犯的意思，不過我自己無法想像那是什麼樣子。

「為何人們總是不斷做著同樣的事情呢？」是常見的科學研究主題。人類學家研究儀式，而心理學家研究行為模式。不過在娛樂與媒體圈，有太多得意識到下個新東西何在的壓力，有些關於過去的特別之處，其意義不僅僅是習慣。人們喜歡重複文化性體驗，不只是因為他們想要回憶藝術，也因為他們想要回憶自己，且在回憶的活動中也能找到樂趣。「一個人的過去、現在與未來體驗之間的動態聯繫，是透過重新消費一個允許存在性理解的標的而產生的。」克里斯泰・安東尼亞・羅素（Cristel Antonia Russell）與席尼・李維（Sidney J. Levy）在他們懷舊與文化的研究中指出，「重新接觸同樣的標的，儘管只有一次，當消費者考慮自身特定的喜好以及對自身選擇的了解上，都能讓這段經驗重新運作。」

對康德、洛威，或者用在說明《阿呆與阿瓜》是部好電影這種爭論的後設認知來說，這十分荒唐。它可能算不上好，而且坦白說，它對我來說不再只是一部電影。我已經多次跟朋友提起，電影的故事和表現手法是其次，最重要的是，它成為一種回憶的語言，一個陳年友誼的詞彙表。

這樣的現象一直在我身上發生。我和我最愛的表演與歌曲有共感，並將它們與某些時刻揉合，給予它們原本並未擁有的象限。我最愛的書也都是白日夢。我最愛的歌曲也都是某些場所。我最愛的電影也都是朋友。

當貝莎・法柏在十九世紀冬季的奧地利，演唱約翰尼斯・布拉姆斯的搖籃曲給她的兒子聽時，她佔據了兩個世界——她用一段代表過去羅曼史的音樂，來讓她丈夫的小孩入睡。心理學家發現思考過去與感覺到好，甚至感覺到溫暖之間有個連結。人們聽到年輕時聽過的歌曲與歌詞，會更有可能說他們感受到愛，或者說「活著是值得的」這種話。懷舊與雞皮疙瘩有個共同之處：由寒冷觸發，但它們的存在能溫暖我們。

有些書本、歌曲、表演與藝術擁有一種確實的力量。它們深具感染力且深刻濃烈。它們給予人們一股涼意。要完整解釋這個現象已然超過我能力所及。但沒關係，不是一定要理解每次起雞皮疙瘩的原因。畢竟，那是個祕密，一種交感神經系統與看不見的肌肉之間的神經性低語；一種在沒得到允許的情況下，從肌膚底下滑過，從內部拉扯著你的一種感受。

第四章
神話創造之心一：故事的力量

千萬神話的總和

喬治．盧卡斯在一張用三扇門製成的桌子上寫作。用幾扇門合併成一張桌子的作法十分少見，但顯然他很喜歡這樣製成的桌子。盧卡斯在這張桌子上寫出了前六集《星際大戰》電影的絕大部分，這個由全球電影票房、電視重播、電玩遊戲、玩具、書籍以及周邊產品所組成的金融帝國，在過去四十年攢聚了超過四百億美元。

撰寫劇本時，盧卡斯一天會坐在他那張門桌前八個小時，就算一整天都沒寫出東西也會坐好坐滿。他每天的進度目標是晚上前寫出五頁，通常第一頁會是極為折磨人的緩慢，後面四頁則是健筆如飛；準時完成，接著收看華特．克朗凱（Walter Cronkite）播報的CBS晚間新聞，這對他來說相當重要。「我是個糟糕的劇本寫作者。」盧卡斯在他一九八一年的大學作品中這樣說道。「我痛恨故事，並痛恨情結，我想製作視覺性的電影。」

他透過一絲不苟的固定程序，著手征服這些恐懼。他的前三部電影——《THX 1138》、《美國風情畫》（American Graffiti）以及第一部《星際大戰》電影的草稿，是用二B鉛筆在藍綠格線稿紙上寫出來的，且為了轉移他那揮之不去的挫折感，他會不時用剪刀剪下一撮頭髮。根據報導指出，他的祕書曾經在垃圾桶裡看到「大量」頭髮，彷彿像是《星際大戰》中的人物丘巴卡（Chewbacca）把脫下來的皮丟在他造物主的垃圾桶裡一般。想到發明出二十世紀最具代表性電影經營模式的祕密，就是沉迷於剪髮強迫症，這麼多想模仿他的人最後只流於表面也是可以被原諒的。

盧卡斯生長在加州的莫德斯托市（Modesto），當時正是兩種視覺娛樂之間的交叉點：電影系列作，以及電視連續劇。他出生的一九四四年，電視這種硬體設備尚未普及，同時，有些與現代電視節目極為相似的節目，一種讓大家熟悉的角色面對新挑戰的二十分鐘劇集式影集，在剛成年的人與孩童之間相當受歡迎。那就是電影「系列作」[1]

那時週末日場，十分錢就有一張能看好幾部卡通、一部短片、一部長片，以及一部系列電影的入場券。系列電影會在懸而不決時結束，像是英雄要拚命存活下來那一刻，通常正處於危險的絕境。這些例行公事般的焦慮結尾，啟發一九三〇年代的觀眾創造出一個新的單字：扣人心弦（cliffhanger）。[2]

這種新類型的典範就是《飛俠哥頓》（Flash Gordon）。這部電影是改編自艾力克斯・雷蒙（Alex Raymond）創作的熱門連環漫畫，主角飛俠是個遨遊於太空的金髮英雄。這部系列電影廣受好評，並開啟了電影史上第一波英雄熱潮（第二波則是整個二十一世紀）。面對這樣的熱潮，電影工作室接連推出《驚奇隊長的冒險》（The Adventures of Captain Marvel）、《蝙蝠俠》、《超人》、《狄克・崔西》（Dick Tracy）、《魅影奇俠》（The Shadow）、《青蜂俠》（The Green Hornet）以及《獨行俠》（The Lone Ranger）的每週劇集。

一九五〇年代，《飛俠哥頓》每天晚上六點十五分，會在莫德斯托市的電視上播映，且明顯影響了盧卡斯。如同《星際大戰》，《飛俠哥頓：征服宇宙》（Flash Gordon Conquers the Universe）系列影集，在第一幕會加入解說，結尾則是用文字來略過部分畫面；然後故事涉及

---

1 注：系列概念是從廣播而來，移植至地方歌劇院，再轉戰小螢幕，之後又以播客（podcast）形式回到廣播，其中包括一部直接取名為系列的播客。假使沒有自我參照（self-referencing）或自我重複（self-repeating），文化本身什麼也不是。

2 注：事實上，系列作有好幾個詞源學上的題材可討論。一九一二年末，系列電影《凱瑟琳歷險記》（The Adventures of Kathlyn）這部女英雄在片尾被扔進獅子坑後，螢幕上出現了：「她逃離獅子坑了嗎？請看下個星期令人興奮的新篇章！」文字。這或許是電影史上第一個預告，而它也啟發了那些渴望觀眾每個星期都回到電影院來的模仿者。不過在電影最後出現的這些預映內容被稱為「預告片」。不過到了今天，預告片會在電影播放前播出，也失去了它字面上的意義。

了一個男性英雄以「光劍、雷射槍、斗篷以及中世紀裝扮、巫師、火箭船與太空戰艦」領導一場與邪惡帝國的武裝反抗戰爭。」《星際大戰祕史》（The Secret History of Star Wars）麥可・康明斯基寫道。

假使《飛俠哥頓》聽起來有點像是盧卡斯的電影作品，是因為那就是盧卡斯想做的電影。一九七一年，他想從國王影像企業（King Features Syndicate）手上買下《飛俠哥頓》的電影系列拍攝權，但他們斷然拒絕盧卡斯，並把權利交給當時已經有一定地位的導演，義大利人費德里柯・費里尼（Federico Fellini）（但他從未真的製作這部電影）。在這次失敗的會議後，垂頭喪氣的盧卡斯與他的朋友法蘭西斯・柯波拉（Francis Ford Coppola）相約在曼哈頓的棕櫚餐廳。用完這頓晚餐後他決定，假使他無法擁有他最愛的這部太空幻想電影，那就自己創造一部。也因此《飛俠哥頓》在兩個地方促成了《星際大戰》的出現：它不只直接啟發了盧卡斯對太空幻想電影的熱愛，無法得到它也迫使盧卡斯寫出屬於自己的這類電影。

這件事引發盧卡斯持續了一段時間的嚴重剪髮煩悶，讓他重新陷入幼年時的壞習慣。他大量汲取科幻小說、戰爭電影、西方與神話故事來充實這個故事。他在系列漫畫《新神》（The New Gods）中，發現一名英雄導入了一種稱之為「始源」（the Source）的力量，然後有一名穿著黑色盔甲，叫做達克賽德（Darkseid）的反派角色（後來才知道他是英雄的父親）。他讀了二十世紀知名神話學家喬瑟夫・坎伯（Joseph Campbell）的著作，他主張，世界上大多數知名的故事，都承襲同一套基本敘事弧（narrative arc），即一套包含了摩西、耶穌、佛祖與貝武夫的「單一神話」（更別提每部漫畫裡的英雄了）。[3]

西方、戰爭電影，以及國際政治傾注進《星際大戰》這個大雜燴之中。盧卡斯在他首次專訪時，將他的電影描述為「一種場景設定在外太空的西部電影」。闡明了是受到約翰・韋恩（John Wayne）的影響。像是包含了空中混戰的《轟炸魯爾水壩記》（The Dam Busters，一九五五年）與《六三三轟炸大隊》（Squadron，一九六四年）等第二次世界大戰電影，幾乎是拳拳到肉的戰爭內容，啟發了首部《星際大戰》最後那段最高潮的戰爭場景，即一名英雄擊毀敵方整個總部。正如同麥可・康明斯基在他那本卓越的電影史專書中所寫的，從這些戰爭電影借鏡的場景「是盧卡斯用在編輯毛片，還沒加上特效時標註射擊位置用的。」越戰驅使盧卡斯用科技帝國攻擊一小群自由鬥士的角度來看待自己的電影。盧卡斯一開始就選定將導演柯波拉的殘酷戰爭經典，也是拍出歷史電影最經典的「假如……會如何？」概念之一的《現代啟示錄》（Apocalypse），這種帝國對抗反叛軍的史詩情結融入太空幻想之中。

盧卡斯與那些深入研究他作品的人多次形容《星際大戰》是一部太空西部電影、太空歌劇、混搭了《阿拉伯的勞倫斯》（Lawrence of Arabia）與《〇〇七》電影，場景在太空的艾羅爾・

[3] 注：正如我們在下一章會看到的，眾所皆知的「他」，一向符合坎伯的單一神話，不過這也是極大的不幸。

弗林（Errol Flynn）電影、改編自日本電影《戰國英豪》（The Hidden Fortress）、參考科幻電影與漫畫的大雜燴、東方宗教的神祕觀察、戲劇性的呈現千年之前的古老神祕規定，以及最具一致性的，就是對《飛俠哥頓》致敬，這部一九五〇年代電視系列劇集，完全捕獲了坐在莫德斯托市家中客廳那個小喬治的心。最終產品就是一種原創構想的匯集，「它就是把所有優秀事物通通結合在一起。」盧卡斯曾說過。「它不像某一種冰淇淋，反而像是一個非常大的聖代。」

而這個世界將碗舔得一乾二淨。《星際大戰》所受到的歡迎，在現代並沒有先例。（一九七五年，在《星際大戰》上映前兩年上檔的）《大白鯊》（Jaws），可能會被視為現代首支暢銷電影，不過《星際大戰》打破了國內與全球票房記錄。廣播聽眾指出，有許多人花一整天在電影院一次又一次重看，就像一九三〇年代的小孩帶著他們那袋兩分錢的糖果看星期六午場電影一般。電影上映一個月，它的經銷商二十世紀福斯的股價成長接近兩倍。用調整通貨膨脹後的金額來看，這部電影在這次上映賺進了二十五億美元，比史上任何系列電影都要多了五億美元以上。

盧卡斯的漫畫、太空、西部、幻想綜合題材無疑是獨一無二的，從來沒人做出過任何類似的作品。不過這也給了我們一個深入探索二十世紀初期，以及數千年前常見的說故事主題的指示。《星際大戰》成為這個世紀的熱門商品，是因為它跟過去的作品毫無相同之處嗎？或者它會受歡迎，是因為它的核心，其實是上千個故事的總和呢？

文森．布魯澤塞（Vincent Bruzzese）是個研究說故事的科學家。身為一名資深好萊塢劇本分析師，他的工作是檢視劇本，並確認那些劇本是否含有成為熱門鉅作的元素。當他小時候住在長島時，就已經沉迷於科幻小說了。他特別喜歡以撒．艾西莫夫（Isaac Asimov）的《基地三部曲》（Foundation trilogy），作者想像出一個新的學科，叫做「心理史學」（psychohistory），即讓最偉大的數學家清楚預測出帝國未來數千年的興起與衰落。

布魯澤塞與喬治．盧卡斯分別出生於美國的東岸與西岸，不過，倒不如說他們住在兩個不同的星系。五歲時，他住在一輛車上。他的家人實在太窮了，所以他每年生日禮物都只有一張電影票。「每年有兩個小時，我並非窮困潦倒或無家可歸。」他在他位於洛杉磯的辦公室中這樣對我說，當時他穿著性手槍樂團的T恤和黑色的運動夾克。說話中間的停頓，他都把手放進他桌上那巨大的特百惠糖果罐裡。「我進入電影院，然後被傳送到其他地方。」

幾十個年頭過去，拿到了專業學位後，布魯澤塞力爭上游，成為紐約石溪大學（Stony Brook University）的社會學與統計學教授。他是數學背景，不過他的興趣與好萊塢更貼近。他的夢想是建立終極預測機器，來改善電影公司預測電影會大賣或失敗的能力。

一般來說，過去他們是以兩種傳統的方式衡量觀眾。首先是試映。觀眾會看過電影，或電影裡某幾個場景，然後說出他們對於角色、人物關係與情節的想法。這些意見會傳達給電影負責人以增進影片品質（假使他們真的想接受的話）。第二是追蹤。調查公司會聯繫幾千個人，然後念一份電影清單。假使他們聽過、想看，或者是認為哪些電影「必看」，就說出來。這個方法是用來預測票房收益的（或者說，漸漸無法預測了）。

布魯澤塞覺得他能夠用更優質的資訊與更精密複雜的數學來改進這個程序。他搬到好萊塢，並檢視數間公司超過十年的觀眾調查資料，用他自己的演算法來改進票房預測。他也跟一些想寄劇本給他，請他提出建議的製作人變成了朋友。二〇一〇年某天下午，他在閱讀某個朋友的草稿時，他領悟到，或許好萊塢過去做的是熱門電影的反向預測。觀眾調查通常用於評估拍攝好的場景，不過他心想，假使你能夠在電影公司花了好幾千萬把片子拍好前，建立一個評估草稿（大略的故事）的預測引擎，那這個系統不是更有價值嗎？

布魯澤塞組成一個團隊來詳細鑽研他過去數十年，從上百部電影的調查資料中不斷進行測試的，高達上百萬觀眾的資料點。他在尋找模式，什麼方法可以讓觀眾真的說出他們喜歡和不喜歡的故事與角色類型呢？並且布魯澤塞能否採用他們的建議來建立一個，能夠只憑藉著閱讀故事就能偵測出賣座電影的預測引擎呢？

布魯澤塞與喬治・盧卡斯之間有好幾項連結。首先是科幻小說。一套皮面精裝版的艾西莫夫《基地三部曲》，就放在布魯澤塞辦公室中，他座位後面的黑色櫃子上。他最愛的角色是哈里・謝頓（Hari Seldon），也就是「心理史學家」，他能夠預測整個銀河系的未來。謝頓無法預見個體會採取什麼行動，但他能解釋銀河系各個文明未來幾百年的總體行為。艾西莫夫是在化學課時冒出心理史學這個想法的。「單個氣體分子會呈現相當不規則的隨機移動，（而且）沒人能夠預測單一分子在特定時間的移動方向。」艾西莫夫說。不過，「你能夠運用氣體法則非常精準的預測整團氣體的行為。」舉例來說，當體積減少時，壓力上升。這並非用碰運氣來推測分子的未來；而是科學事實。艾西莫夫整天夢想著擁有數學家觀察整個文明的能力，就像是把文明放進量杯，靠著社會天然法則支配一切。科學家可能無法預測每個小生命的未來，但他或許能夠如同化學系學生能夠預測化學反應一般確信地，預見帝國的衰亡。

「我從很小的時候就一直沉迷於能夠預測人類行為的想法。」布魯澤塞說道。他跟艾西莫夫一樣，一開始愛的是物理學，它提供了一種宇宙版的預言。「但我漸漸變得像是謝頓一般，對社會物理學更有興趣。」他說。完美預測觀眾行為可能仍然停留在科幻小說的領域，不過「假使你能預期人們在早期階段如何行動，就能改變他們的行為。」在他辦公室的牆上，懸掛著二〇一三年《紐約時報》的文章，主題是神選者布魯澤塞是個數據性劇本分析師，以及「在好萊塢呼風喚雨的瘋狂科學家。」

第二個連結是喬瑟夫．坎伯，他在一九四九年發表的書籍《千面英雄》（**The Hero with a Thousand Faces**）或許是所有理論中，最能體現說故事通用原則的概念了。坎伯回溯過去數千年的歷史來呈現出，既然過去的人類能寫，我們也能在大多只更改姓名與設定的情況下，不斷重複訴說著同樣的英雄故事。在這種普世通用的神話中，看似平凡的人踏上旅程，不斷穿過一個又一個未知的世界。在受人幫助下，他在幾個關鍵的試煉中存活下來，只在最終挑戰時倒下。為了最終的勝利，他以英雄、先知、救世主、神之子的身分回到未知的世界。這便是哈利波特、天行者、摩西與穆罕默德、《駭客任務》裡的尼歐以及《魔戒》裡的佛羅多的故事，當然，還有耶穌基督。[4]

坎伯脈絡的具體節奏，重要性並不高於其三個主要成分：鼓舞人心、共鳴性，以及懸疑。首先，英雄得要激勵人，這意味著這個故事得要以有缺陷的角色開始，而他們的旅程同時導致了勝利（佛羅多．巴金斯與山姆衛斯．詹吉成功看著至尊魔戒被摧毀……）與救贖（……佛羅多找到他的勇氣，而山姆的忠誠不斷拯救了他們的性命）。第二，既然觀眾會想像自己是英雄，那它就得要讓人產生共鳴。這意味著英雄不能是無人能敵，或是渴望達到無敵的程度太令人覺得可憎。在接受應完成的任務前，他們得與自身的宿命不斷糾纏（畢竟，誰也不可能就這麼輕易的走進魔多）。第三，坎伯的公式來自於預先包裝好的懸疑，通往榮耀的路上會佈滿小挫折的瘡痍，讓觀眾保持焦慮與警戒。

最終，這段英雄旅程提供的是，基於移情作用造成的混亂懸疑所帶來的威脅。熟悉的角色若沒有遇到阻礙會令人感覺無趣，且一個大家無法理解的角色，無論他面對什麼挑戰，都會讓人困惑。不過一個角色從自然世界邁向一段超自然的冒險，這段從掙扎到超越，打開一道大門的過程，強烈到足以讓觀眾深入故事，感受英雄的這份榮耀，就像自己親身經歷一般。

《千面英雄》被改編過許多次，讓坎伯自己也成了某種單一神話般的存在。[5]

他的想法形塑出了一九八八年美國公共電視網播映的節目「神話的力量」（The Power of Myth）的基本概念，這個節目也成為史上收視率最高的公共電視系列影集。他的公式多次受到好萊塢的討論，特別是一九八五年迪士尼的故事顧問克里斯多夫．佛格勒（Christopher Vogler）所做的備忘錄，這個部分也成為了劇本寫作教科書《作家之路》（The Writer's Journey）。最近期的類似作品是《先讓英雄救貓咪》（Save the Cat）這本現代劇本寫作聖經，似乎每個電腦裡有部劇本的人都讀了這本書、宣稱這本必讀，或是意有所指地（而且通常虛偽地）宣稱不是一定要讀這本書，讓自己看起來比較叛逆。

「《白雪公主與七矮人》、《日落大道》、《王者之聲》、《星際異攻隊》與《奪魂鋸》全都符合《先讓英雄救貓咪》的說法。」這本書的編輯與在劇本寫作工作坊啟發作者創作這本書的顧問B．J．馬凱爾（B. J. Markel）說道。「這裡不是說華特迪士尼公司與他們的劇本創作人

---

[4] 注：對坎伯單一神話的主要異議在於，它實在太過廣泛，就像在說每個優秀愛情故事的關鍵，就是主角們彼此之間的互相吸引。我認為摒除坎伯過度懷疑的部份，他的作品提出了一個好問題（即便並未給出答案）：為何我們會用我們現在的方式來訴說這些故事？但我並非神話學家，而重要的是，承認這個普世通用故事理論並非普世皆知。

[5] 注：因此我們可以合理懷疑，假使坎伯的影響成了一種自我應驗預言（self-fulfilling prophecy），正如觀眾一直被教導要期待，說服自己真有一個後設英雄旅程故事的說故事者，所訴說的英雄旅程故事。

員就是坐在那裡想說，『好吧，電影基本上是這樣，現在壞蛋來了。』重點是好的說故事者直覺上明白觀眾會對傳統架構的故事產生共鳴。」

英雄的旅程並不像是穿著白色束縛衣、大家都穿著制服，且將故事緊緊束縛住的。它更像是我們穿的西裝：儘管剪裁相對上有個標準，但還是留了很多客製化的空間，很少會看起來亂七八糟，設計得好，看起來就會很帥氣。最公式化且最能預測到故事情節的大部分是動畫電影，而它們通常也是最受讚譽的熱賣作品。《動物方城市》（Zootopia）這部迪士尼在二〇一六年推出的熱賣動畫，故事在說一名鄉巴佬兔子成為一個大都市的警察，而這個城市的居民全都是由如同現代人類一般的動物所組成。經過幾次犯錯後，這個急切的傲慢小夥子證明了她的價值、遭受信任危機被送回她家人身邊，然後重返城市獲得認同，最後擊敗了罪犯。這個故事巧妙地用各式各樣的動物做著人類的工作來製造一連串笑料，像是大象開著貨車賣冰淇淋；樹獺負責車輛管理局，並塗上一層關於被邊緣化團體的行為，是如何因文化性期待而陷入困境，這樣意義深遠的教訓。不過這個故事的基本架構，還是王道英雄的旅程。

嚴格來說，喬瑟夫·坎伯並不是科學家，而是神話學家，為神話提出一個祕訣，以及其衍生的成分。他的故事哲學基本上是演繹式的——由上而下。

不過文森·布魯澤塞是名科學家，而他的故事理論則是歸納式的——由下至上。布魯澤塞研究了從以數千名看過數千部電影的人為對象，產出的數百萬份問卷回答，結果證明坎伯是對的，受歡迎的電影確實擁有成功的說故事規則。特定觀眾無法確切告訴你規則為何，不過整個觀眾群已經跟製作電影的人說了好幾十個年頭了。

布魯澤塞的大理論會讓看過本書前三章的讀者感覺十分熟悉：大多數人喜愛原始的說故事方式，即提供了追蹤我們知道的故事，以及我們想對自己說的故事的敘事弧。

假使布魯澤塞是文化科學家，他就是電影分類學家。在坎伯的史詩單一神話中，他發現了上百個你可能會稱之為迷你神話，即每個類型分類中的種類。舉例來說，在英雄電影中，有些英雄生來就有強大的力量（超人），其他英雄則是獲得了力量（蜘蛛人）；有些英雄是因為悲慘遭遇（蝙蝠俠），其他英雄則是因為自負與炫耀（鋼鐵人）。每個子類型都有獨一無二的特殊敘事模式，布魯澤塞說道，而且觀眾在經過數十年的測試後，都已經巧妙地透露出這些訊息了。

布魯澤塞第一個顯著的突破性進展，是在懸疑類型的電影，他看到觀眾用哈里．謝頓會相當開心的可預見性來回應對嚇人電影的看法。「恐怖片可能是最好歸類的類型了。」他這樣對我說。「恐怖電影不是鬧鬼，就是有個殺人魔。鬼片不是有鬼，就是有惡魔。惡魔不是隨機性的將主角當成目標，就是主角招喚出來的。」

這些細微差異會對大大影響觀眾的反應。「恐怖電影其中一個主要的因素，是觀眾想將自己帶入那個狀況之中，內化那個角色的恐懼。」他說。「但假使主角招喚了一個惡魔，會有很多觀眾說他們不會被嚇到，因為就他們個人而言，絕對不會招喚惡魔。」這些差別也含有預測票房的功能。隨機情境的驚駭對恐怖電影來說是很恰當的，不過，當殺人魔擁有一個大家都知道的動機，這部電影會傾向於被視為驚悚片，對青少年比較沒有吸引力。

共鳴是恐怖電影的關鍵，但這並非唯一元素，另一個是力量。「在一部惡魔以某些人為目標的電影，像是《十三號星期五》（Friday the 13th）裡的傑森，或是《半夜鬼上床》（A Nightmare on Elm Street）裡的佛萊迪，這種故事是圍繞在一個簡單的問題上建立的：有人能阻止他嗎？」布魯澤塞說。「這就是這些電影的預告片內容中，通常會有殺人魔成功殺人畫面的原因。無論人們有沒有領悟到，但殺人魔就是那個英雄。」

另一個屈服於這種簡單分類的類型是災難片。災難電影有兩個種類，布魯澤塞說道：阻止這場災難，或是在災難中存活下來。在阻止災難的電影，像是《世界末日》（Armageddon）與《彗星撞地球》（Deep Impact），會有一支衣衫襤褸的專家團隊接下解決威脅的任務，然後以犧牲自己的自殺法來拯救世界。

就算只是一般常看電影的人，也都知道《世界末日》和《彗星撞地球》相似到令人害怕。在災難中存活的電影更多樣化些，但它們的性質仍舊雷同。二〇一二年，《明天過後》（The Day After Tomorrow）與《加州大地震》（San Andreas）分別以瑪雅預言、全球暖化以及大規模地震的形式發生災難。不過儘管災難多采多姿，這些故事的劇本主軸仍然相同。一名努力要跟他的家人團聚的父親；同時自私自利的人死亡，寬大仁慈的人存活，然後這位父親用英雄主義式的行動來彌補他過去的錯誤。實際上，這些災難電影全都是主軸為挑戰父權的傳統家庭劇。

有些評論家說布魯澤塞自己那版的心理史學鼓勵拍電影的人模仿那些已經拍過的東西，這聽起來似乎有點道理。確實，我第一次跟布魯澤塞交談時，不禁心生一種我最愛的電影並非藝術的一部分，更像是可測量的工程技藝，就像社區小巷裡，同一個建築師依照同一份藍圖建造出來的一堆類似房屋中的其中一間。

不過布魯澤塞堅持他並未擘畫這樣的藍圖，也沒有武斷地在好跟壞的說故事手法中間畫下界線，反之，他讓拍電影的人看到觀眾巧妙地畫下他們自己的那條界線。假使劇本創作人與製作人了解觀眾期待的範圍，他說，那會讓人對好萊塢說故事的手法更加滿意。觀賞者並不只是懷舊、思慕著過去的感覺與熟悉感，並期待那種感觸再次浮現。有人可能會說他們也是波斯塔吉克（prostalgic）[6]，也就是著迷於預測一切事物的未來，且滿足於他們的期待以正確方式發生的人。

「人們對蛋糕有確實的期待。」布魯澤塞用他解釋他的工作的其中一種隱喻對我說。「一個好的烘焙師，可以做出許多不同類型的蛋糕，但還是有規則要遵守。舉例來說，沒人會想在

6 譯注：一群提倡復興十九世紀晚期至二十世紀中期文化與科技的人。

蛋糕裡灑一大堆鹽，這就是好的規則。但你能夠找到一種有目的性的例外，那種蛋糕叫做海鹽焦糖蛋糕。一名優秀的烘焙師，因為了解規則，所以能夠找出例外。」

這種規則甚至能延伸到角色上。儘管大多數觀眾最初可能無法看出相似之處，像是《星艦迷航記》裡的寇克船長（Captain Kirk）、史巴克（Spock）和「老骨頭」李奧納德・麥考伊（Leonard "Bones" McCoy）三人之間有許多巧妙的重疊；《哈利波特》則是哈利・波特（Harry Potter）、妙麗・格蘭傑（Hermione Granger）與榮恩・衛斯理（Ron Weasley）；還有《星際大戰》裡的路克（Luke）、尤達（Yoda）、韓索羅（Han Solo）以及莉亞（Leia）。表面上，這些角色並不相似，且確實並非生活在同一個虛構世界中，但以上所有例子，英雄都是他所有朋友的綜合體。史巴克的思考與麥考伊的感受，加起來就是寇克船長；才華洋溢的妙麗與敏感的榮恩平衡後就成了哈利・波特；天行者路克結合了韓索羅的勇敢與莉亞的良知。以上所有故事中，英雄都是他朋友們的平均，而且這位英雄的旅程，就是一項將這些組成團結在一起後獲得勝利的挑戰——即強權與公理。

我離開布魯澤塞的辦公室後，與一名好萊塢製作人共進午餐。我告訴他布魯澤塞的理論，像是觀眾的期待出乎意料的缺少彈性，以及形塑說故事方式的無意識偏誤。聽完後他笑了笑。

「你想知道我對你說的這些祕密有什麼看法嗎？」他說。自然地，我說想。

「你在任何成功的類型中找出二十五個要件，然後你換掉其中一個，」他說。「換掉太多，會把類型變得太過混亂，這樣會變成糊塗仗，沒人知道要怎麼安排這些要件。轉化所有元素，那就成了仿作。」不過若是只做個策略性微調呢？現在你做出了一些完美無暇的新東西，像是經典西部歷險故事，但場景設在太空。

每幾年，有個理論就會從網路上不知道哪裡浮出來，說《星際大戰》從一開始就是經過仔細謹慎與詳盡計畫下產出的故事，彷彿是某個聖人傳授給盧卡斯的（或者是盧卡斯自己傳授給自己）。不過盧卡斯也算是約翰尼斯・布拉姆斯熱門商品學校的一名學生就是了。不是首創也非盜賊，重要的是，他是個整合者，一名調合大師。

除了《飛俠哥頓》以外，早期啟發《星際大戰》構想最有名的作品是《戰國英豪》，這部一九五八年時由黑澤明導演的日本冒險電影，內容講述農民護送一名公主和一位將軍穿越敵境抵達安全處的故事。不過盧卡斯的主要靈感是完美的原創；而啟發《星際大戰》的那些電影，部分構想也是出於其他作品。

《飛俠哥頓》是改編自一九一二年由愛德加・萊斯・巴勒斯（Edgar Rice Burroughs）所寫的低俗小說中的角色強・卡特（這名作者也創造了泰山）。卡特這個角色是一個與火星上邪惡異形戰鬥的美國內戰時期老兵。一九三〇年代，旗下擁有好幾部漫畫作品的國王影像企業，試圖買下強・卡特的版權，不過遭到巴勒斯拒絕。於是國王影像創造了屬於他們自己的外星勇士：《飛俠哥頓》。數十年後，喬治．盧卡斯試圖買下《飛俠哥頓》，但國王影像拒絕，於是盧卡斯做了《星際大戰》。有趣的是，兩次拒絕都啟發了更受歡迎的太空幻想系列作品。[7]

強．卡特的電影後代產物，是一連串的傳奇。他直接啟發了《飛俠哥頓》，間接啟發了《星際大戰》，根據報導，也啟發了詹姆斯．柯麥隆（James Cameron）二〇〇九年推出的億萬票房鉅作《阿凡達》（Avatar）。不過二〇一二年的電影《異星戰場：強卡特戰記》（John Carter）對迪士尼來說是個歷史性的失敗，並且成了有史以來最花錢的電影災難性失敗作之一。顯然地，強．卡特在這部電影中，就像是不停下金蛋的觀賞用鵝。

黑澤明的《戰國英豪》也是一部史詩電影的模仿作品。這部電影是鬆散地以另一部黑澤明的電影《踏虎尾的男人》（The Men Who Tread on the Tiger's Tail）為基礎，而這部電影又是衍生自十九世紀日本知名歌舞伎戲劇《勸進帳》（Kanjincho）。事情還沒完：《勸進帳》是古老的能樂（Noh）風格戲劇《安宅》（Ataka）的歌舞伎版，《安宅》中的角色則是改編自關於中世紀武士源義經的民間傳說。我很確定在這個數千年的影響鏈中，自己一定漏掉了一些連結之處，不過至少我們可以合理的說，假使《星際大戰》算是黑澤明的孩子，那它也會是日本神話的曾曾曾孫。

令人沮喪的是，現代最知名的故事居然有著其實是過往世代神話最新輪迴的傾向？可能不是。期待對一部電影或電視節目來說，是很大的樂趣，「不過那並非唯一的樂趣，且坦白說，可能是其中最廉價的一種。」評論家與作家亞當・史騰伯格（Adam Sternbergh）在《紐約》雜誌中寫道。「就我的經驗，看第二次永遠地比第一次看更令人滿意，因為你會注意到所有之前你忙於等待糾結的劇情發展時，漏掉的細節。」他說。但不是所有劇透都同等重要：《靈異第六感》（The Sixth Sense）、《刺激驚爆點》（The Usual Suspects）都非常小心的設計圈套，好在結尾讓觀眾有爆炸性的驚喜。不過就算知道《大國民》（Citizen Kane）的主角會死，也不會糟蹋了這部電影，而且在知道主角的遺言「玫瑰花蕾」，是暗指（劇透了）他童年時玩的雪橇後，仍然能夠輕易體會這部電影的傑出之處。

有人可能會對於劇透不太會把故事搞砸這樣的說法嗤之以鼻，但史騰伯格對此也做了研究。在二〇一一年「故事劇透者不會搞砸故事」的研究中，科學家找來了八百名來自加州大學聖地牙哥分校的大學生，要他們閱讀像是約翰・厄普代克（John Updike）、羅德・達爾（Roald Dahl）、阿嘉莎・克莉絲蒂（Agatha Christie）以及瑞蒙・卡佛（Raymond Carver）的懸疑小說與故事。每個學生會拿到三部作品，有些夾帶「劇透短評」，揭露了劇情糾結之處，有些則沒

7 注：從以《星際大戰》經典台詞「即使你擊倒我……」為名的編年史觀之：新聞與電視要人魯柏・梅鐸（Rupert Murdoch）一度對獲得有線電視新聞網ＣＮＮ相當有興趣。而當其擁有者泰德・透納（Ted Turner）輕蔑地拒絕他後，梅鐸創造了屬於自己的頻道。福斯新聞台創台後，很快就蓋過ＣＮＮ成為美國最多人觀看的政治新聞網。

有任何劇透。他們要幫手上的故事打下一分到十分之間的分數。

調查人員的結論是，讀者對劇透後故事的偏好，「明顯大過於」未劇透的故事。「一本真的會被其情節摘要給『搞砸』的小說，早就已經被那些情節給搞砸了。」《紐約客》（New Yorker）書籍評論家詹姆斯・伍德（James Wood）寫道。這一次，社會科學家與藝術評論家口徑一致。

每個優秀的故事，都不僅只有好在其情節。這是個自我閉合的普世生命，或是正如托爾斯泰所寫的，一種遞送從悲傷到狂喜等所有感受的載具。但假使這些載具都由不知道接下來會發生什麼的戲劇來產生動力，為何有些人會偏好他們能猜到結局的故事呢？或許這個問題要回到布魯澤塞的內心與坎伯的作品。為了讓觀眾獲得神機妙算的感覺，他們需要能夠做出穩當預測的元素。節奏緊湊的故事，正如一句老生長談，就像是「情緒的雲霄飛車」。不過雲霄飛車所帶來的喜悅，並非近在眼前的死亡威脅所造成的。那是「這個東西會讓我覺得我會死」以及「我確實知道自己會活著下車」之間的張力所造成的。

有好幾種方法可以說明《星際大戰》是怎麼樣差一點點無法被構思出來、被買下或是拍成電影的故事。不過這個故事可能無疾而終的最根本可能原因，就是盧卡斯自己差點就死在莫德斯托的大街上，他在二十出頭時，被一條有瑕疵的安全帶的所拯救。

那時盧卡斯還是個青少年，他父親買了一輛比安基納（Bianchina）轎車給他。那是一輛相當堅固的義大利製迷你車，車身短小，車頂很漂亮活潑，就像是裝了輪子的烏龜寶寶。盧卡斯裝了一副從空軍噴射機拔下來的安全帶，然後開著這輛車在家鄉狹窄的巷弄街角奔馳著。

第一次意外翻車，車殼嚴重損毀，車頂整個被扯掉，那也是幾個月後一次更猛烈意外的前奏。盧卡斯與一輛雪佛蘭相撞後，他的車直接撞上一棵核桃樹。強大的撞擊力扯斷的他臨時裝上去的安全帶，將他從大開的車頂上甩了出去。多年後，盧卡斯才醒覺他當時走了幾乎像是在拍電影一般的好運。假使他沒有換上那條安全帶，那棵樹會在當場讓他喪命；假使他更換了安全帶，但車頂沒有被掀掉，他可能會因為脖子撞斷死在車裡；結果反倒是，兩個星期後他就從莫德斯托醫院出院了。

這場車禍改變了他的人生。「這件事給了我另一種對生命的看法，就是我在過著多出來的人生，我現在所得到的一切，都是超值收錄。」他在二〇一二年時這樣告訴歐普拉（Oprah Winfrey）。

《星際大戰》也是在不可能發生的巧合匯集之下才得以存在。許多電影公司都忽略了這部電影，而且假使當時國王影像企業對這位美國導演再慷慨些的話，盧卡斯就只會拍攝《飛俠哥頓》系列影集了；盧卡斯沒有拍出獲得驚人成功的第二部電影《美國風情畫》的話，二十世紀福斯可能絕對不會同意負責《星際大戰》的經銷；沒有朋友們激勵他無數次重寫劇本，這部電影可能會（如同某些人一開始預測的）是場參雜了無意義的情節與呆板對話的災難。這部如今深具影響力的《星際大戰》系列影集，是由無數次千鈞一髮的岌岌可危中走過來的。

這一切只是因為盧卡斯無法買下《飛俠哥頓》，或是重拍《戰國英豪》，迫使他用上千個參考範例來滋養他的故事，讓《星際大戰》成為世界知名的代表性作品。時至今日，這個故事同樣能夠吸引十歲大的男孩以及符號學阿宅。它能夠輕易從腦下垂體激發腎上腺素，而且其深刻的概念，讓影迷不斷探索其宗教意義，就像是視覺化的猶太經典著作《塔木德》。

盧卡斯這類導演都是「為了直覺性的符號語言學文化而努力的那種，深受符號學滋養的作者，」已故的偉大作家安伯托·艾可（Umberto Eco）曾經這樣寫道。也就是說，《星際大戰》不單單只是一部電影，也並非漂浮在大氣中那孤寂的陳腔爛調。它是聚集了從許多類型、歡慶在外太空重聚等數百個陳腔濫調而成的「電影」。

一個影射這只是一個故事的故事，是為衍生。電影或文學中，一個故事若沒有任何影射，是無法令人理解的。《星際大戰》找到了過去從未看過，與「哈！我以前有看過」，這兩種人之間那細微的重疊。它就是原創作品，因為它是一個將過去從未見過的一整捆影射整捆打包起來的作品。其中每個故事都打開了揭露其他世界，以及廣泛遼闊的神話故事的大門。就像是寫出《星際大戰》的那張桌子一般，是由許多道門所組成的。

第五章

神話創造之心二：熱門商品的黑暗面

為何故事就是武器

任何討論熱門程度、熱門產品和媒體的書，都得有個吸血鬼的故事。從伯蘭・史杜克（Bram Stoker）的《德古拉》（Dracula）、無聲電影《不死殭屍——恐慄交響曲》（Nosferatu），到《魔法奇兵》（Buffy）和《暮光之城》（Twilight）等新一代詮譯，數世紀以來，他們有如鬼魅般地出沒於流行文化之中。不過，想想那個同等重要的吸血鬼故事吧：「真實」吸血鬼的歷史。

世上最熱門的共通神話之一，就是相信死者可以帶來死亡。惡意飢渴屍體的威脅，鮮活了外西凡尼亞（Transylvania）、中國等數個文明的幻想作品。一直到啟蒙時代，吸血鬼仍舊纏繞著歐洲，甚至還在伏爾泰（Voltaire）的《哲學辭典》（Philosophical dictionary）中獲得了應該是帶有諷刺意味的詞條：「在波蘭、匈牙利、西利西亞（Silesia）、摩拉維亞（Moravia）、奧地利和洛林（Lorraine），死者以此飲宴作樂。」[1]

一如伏爾泰的懷疑，死者並沒有在這些地方飲宴作樂。但一直到十九世紀後期，大多數文明幾乎完全不了解疾病或腐化。死亡之謎困擾著一座座村落；為何大家似乎會一起生病？為何在下葬數週之後打開墳墓時，有些屍體看起來就像是還活著？屍體上那些長長的指甲又是怎麼回事？

過去一百五十年的科學，已經回答了大多數這類與死亡有關的問題。我們知道，人類曝露於常見疾病之時可能會大量死亡。我們了解屍僵（rigor mortis）和腐化。但古代驗屍者並非今日的醫生，農夫也完全沒聽過病毒。一切與死亡有關的事物皆有如謎團；說服力強大的神話湧向謎團，就像是空氣衝入真空空間。因此，在歐洲、中國和印尼，各個迥然不同的社會，全都選擇了可以一口氣解釋所有謎團的共同故事：死者可以帶來死亡。

一如巴伯（Paul Barber）在歷史書《吸血鬼、葬體與死亡》（Vampires, Burial, and Death）中的解釋，吸血鬼是個看似有理的醫學診斷，吸血死者配上地方價值，亦能創造量身訂作的民間傳說。在東歐，具有「歸來者」（revenants，自死亡歸來之人）嫌疑的人，包括醜陋之人、愛爭吵者、酗酒者、無神論者、不貞者，以及所有排行第七的小孩。在中國，狗或貓直接跳過墳墓上方，就會讓這個世界多一個吸血僵屍。阿爾巴尼亞的吸血鬼吃腸子，印尼的吸血鬼則只飲血。波美拉尼亞（Pomerania）今日最知名之處，或許是以此地命名的可愛博美犬，但這個位於波羅的海南岸的地區，也曾建議可能受害者飲用具有預防效果的、以死者之血製成的白蘭地。

一七〇〇年代初期，吸血鬼歇斯底里地緊緊掌控著東歐，特別是今日的塞爾維亞、匈牙利以及外西凡尼亞（羅馬尼亞的一部分）地區。哈布斯堡（Habsburg）君主派出官員前往數座城鎮，回報這股吸血鬼攻擊狂潮，以及隨之而來的釘木樁。這些德文報告翻譯為其他語言之後，協助普及了吸血鬼民間傳說，甚至還傳佈到似乎沒有吸血者氾濫問題的識字社群。《牛津英文字典》（Oxford English Dictionary）指出，「吸血鬼」（vampire）一詞進入英語的時間，約莫就是在這個時期，目前最早的已知出現紀錄為一七四一年。

小說中的吸血鬼高挑、細瘦、憔悴、狡滑，而且是貴族。德古拉是位擁有城堡的伯爵，《暮光之城》的艾德華（Edward）極度英俊。但歷史中的真正（眾人真正相信的）吸血鬼，幾乎與此完全相反。他們是莽撞、骯髒、吵雜、惡臭的鄉下農民，他們不太像德古拉，反而比較

1 伏爾泰繼續用妙趣橫生的批評口吻寫道：「我們在倫敦從來沒聽過吸血鬼的事蹟，就連巴黎也沒有。我得承認，這兩座城市有股票經紀、仲介、商人，而且他們會在光天化日之下吸食民眾的血；不過，他們雖然腐化了，卻也並非死者。這些真正吸血者的居所不是墓園，而是非常舒適的宮殿。」

像倫菲爾德（Renfield）。

一七二〇年代最知名的、塞爾維亞地區的官方吸血鬼報告之一，與名為彼德・布洛哥尤維茲（Peter Blogojowitz）的老人有關。他過世之後幾個月內，就有九位同村鄰居在短暫患病之後死亡。有些人聲稱，在死者的臨終病榻上，看見布洛哥尤維茲或是他的鬼魂，於夜晚之時騎上死者並將死者扼死。村民堅持要挖開他的墳墓，檢視是否有轉化為吸血鬼的跡象。

哈布斯堡官員與一位神父一同前往布洛哥尤維茲的墳墓，參與此次掘屍。這位官員在報告中寫道，屍體看起來就像是活著。他寫道，「身體……完全沒有腐化。頭髮、鬍子甚至是指甲……全都變長了。我見到他嘴裡有些鮮血，根據常見的觀察，這代表他吸食了被他殺害的人的血。」真相大白：布洛哥尤維茲絕對是吸血鬼，得再殺死他一次才行。村民削出木樁、刺穿他的胸膛，力量大到血液從他的耳朵和嘴巴噴了出來，這似乎更加證明他還活著。接著，他們將屍體燒到只剩灰燼，宣佈布洛哥尤維茲和他的吸血鬼化身終於真正地死亡了。

單靠木樁無法殺死吸血鬼，但最終，科學懷疑主義辦到了這點。哈布斯堡女皇瑪麗亞・特蕾莎（Maria Theresa）派出個人醫生調查這股狂潮，醫生的結論是，吸血鬼是毫無根據的民眾歇斯底里，沒有證據可以證明吸血鬼確實存在。她依循這份報告，在一七七〇年代通過法案，禁止掘屍和燒屍。接下來幾百年裡，科學家逐漸認清，霍亂等常見疾病，可能才是許多吸血鬼大爆發的根本原因。流行病學挺進迷信的陰影之中，一如許許多多電影中的那束陽光，永遠地殺死了不死者。

很多人或許會想，相信吸血鬼存在純粹出於愚蠢。但真相則是，吸血鬼是個條理清晰的完美故事。

吸血鬼說明了死亡的一切可觀察細節。它解釋了為何家人會同時生病、為何朋友會接連死亡，以及為何埋葬的死者看起來會是那個模樣。許多世紀以來，這些神話在相隔數萬英哩的村落中蔓延，並非巧合。疾病的活屍理論解答了謎團，而且具備附有意義、懸疑和原動力的敘事。它賦予村民力量，告訴他們每個人都有能力對抗邪惡——可以使用藥水、大蒜、祈禱、禁慾、木樁、長劍和火焰（如果全都沒有效果，還有血白蘭地）。吸血鬼是個完美的故事。

優秀的敘事會用它的尾流緊緊抓住聽者。這本書的每一章都是用同樣的方式開頭——故事。我在印象派畫展中想起了莫內的睡蓮……洛威設計了一九五〇年代……盧卡斯寫出史上最具商業成功的後設神話。這本書所屬類別的常規之一，就是將章節打造成敘事特洛伊木馬，亦即提出吸引力強大的故事，並將科學教訓藏於其中。如果我打破了太多此類別的常規，等同於違背了這本書的第一個教訓；但如果我沒有警告讀者、請讀者不要太過重視好故事，那就是違背了這本書的科學。

故事是種巫術。一如重複和首語重複法，它們可以誘出神話創造之心，也能壓抑理解事實真相時相當必要的深度思考。為錯誤目的服務的好故事，是種非常危險的東西。

一九八〇和一九九〇年代，吉娜・戴維斯（Geena Davis）是模特兒、演員，甚至還參加了二〇〇〇年美國奧林匹克弓箭隊的準選拔賽。美國觀眾最熟悉的戴維斯，也許是《紅粉聯盟》（A League of Their Own）裡的大姊，那位在二戰時代投身全美女子職業棒球聯盟、天份超乎尋常的捕手。一九八六至一九九二年間，戴維斯演出了幾部熱門電影，包括《陰間大法師》（Beetlejuice）、《末路狂花》（Thelma & Louise）等，並以《意外的旅客》（The Accidental Tourist）贏下奧斯卡最佳女配角獎。

她在四十六歲生下第一個小孩阿萊薩（Alizeh）。戴維斯在和女兒一起看電影和電視時才發現，兒童娛樂中缺乏強而有力的女性。阿萊薩觀賞普遍級電影之時，戴維斯會坐在她身後，靜靜地計算女性角色數量。結果讓人非常失望。更糟的則是女性角色的行為，她們似乎全都被高度性化（hypersexualized）或邊緣化。戴維斯心想，「這是兒童節目，應該要教導我們的小孩了解這個世界。」然而，這些電影似乎僅只是反映了古老又沙文的女性偏見。

坐在沙發上計算角色數量已足以建構假說，但戴維斯想打造一場運動。二〇〇九年，她碰上了瑪德琳・迪諾諾（Madeline Di Nonno）。迪諾諾也是位娛樂界老兵，職涯的多元程度不輸戴維斯，橫跨電影、活動和行銷。迪諾諾與戴維斯還有另一個共同之處：兩人一直對好萊塢的女性模範角色十分失望。二〇〇九年，她們成立了吉娜戴維斯媒體性別研究所（Geena Davis Institute on Gender in Media），由迪諾諾擔任執行長，以推動兒童娛樂中的性別平等——不只是數字上的平等，還要質的平等。

她們懷疑，性別歧視四處可見又牢不可破的原因之一，就是她們口中的「涵化」（encultured）；娛樂涵化了兒童的周遭世界，讓兒童認定男性應該是強大的英雄，女性應該是需要幫助的美麗女子。動態影像絕非年幼孩童生活中的唯一影響因素，但力量非常強大。兒童在人生中最易受影響的時刻，花費數百、甚至數千小時觀賞的故事，會產生累積性效應，教導他們行為舉止、教導他們何謂正常。一再曝露於帶有性別歧視的娛樂，會讓年輕人熟習於歧視，讓性別偏見就像呼吸一樣自然。

特定技能和品味是在人生的「敏感期」（sensitive period）形塑。兒童的早期人生是語言、運動技能和行為的發展關鍵；兒童比成人更能學習第二語言，在人生初期沒有學習手語的聽障孩童，就算練習數十年，也很難流利地使用手語。

品味可能也有敏感期。大多數孩童天生就討厭青花菜的味道；科學家相信，蔬菜製造口味不佳的甲狀腺腫素（goitrin）是演化的結果，以免被動物吃到滅絕。但一九九〇年的研究發現，讓年幼孩童愛上青花菜的苦味並非不可能——方法則是一次又一次地送上青花菜，同時搭配更討人喜愛的食物。好消息是，你確實有可能藉由重複曝光，讓孩子愛上青花菜。壞消息則是，讓孩童熟悉青花菜，對家長來說是個相當耗費心力的任務，最多需要為送上十五份青花菜，才能讓小孩接受這種帶有苦味的蔬菜。

不同的品味似乎也有不同的敏感期。一般來說，青少年會試驗各種各樣的認同、外表和藥用化學物。發展音樂品味的關鍵期，似乎介於青少年中期和二字頭初期；成人進入三字頭初期之後，大多會完全停止尋找新的音樂。二〇一五年的Spotify資料研究，明確點出了聽眾停止聆聽新音樂人的年紀：三十三歲。政治意見似乎也是在同樣的年齡固化；在高支持度共和黨政府時代成長的年輕人，例如德懷特・艾森豪（Dwight Eisenhower）執政的時代，一生都會偏向共和黨，而在富蘭克林・羅斯福（Franklin Roosevelt）時代成長的人，則會在接下來數十年裡傾向左派。二、三十歲之後，大多數人那原本有如柔軟黏土的品味和意識形態，就會開始固化。

吉娜戴維斯基金會（Geena Davis Foundation）相信，兒童時代的娛樂也會形塑成人後的預期。這正是心理學家口中的「無意識偏見」（unconscious bias）的核心；就算是懷有良善意圖的人，也會受到這種無需費心即有的、習慣性的偏見影響。媒體中的無意識偏見，可以像疾病一樣四處傳佈：製片者是帶原者，電影是傳染媒介，小孩則是受害者。觀賞太多女性人物擔任次要又溫順的角色，會教導一整個世代的女孩為自身的強勢感到愧疚不安。這些故事告訴一個個世代的孩子，女性的行事作風像男性，必定會受到懲罰；等到這些孩子長大之後，也會教導下一個世代同樣的錯誤想法，繼續推動這樣的惡性循環。

迪諾諾想要向製片者和導演展現，好萊塢的巨型神話已經變得多麼沙文。吉娜戴維斯基金會資助一項研究，分析二〇一〇年至二〇一三年中期的一百二十部美國、巴西、中國、英國等地的熱門電影。他們付錢請研究生針對每一位有台詞或有名字的角色，評估角色的族群、性化、職業和職涯，結果發現：

一、五千七百九十九位有台詞／有名字的角色中，只有不到三分之一是女性（美國則只有二九％）。

二、僅二三％的電影擁有女孩或女人扮演的主要角色。

三、樣本中總計有七十九位高層人員，其中只有一四％是女性（這幾乎精準地反映了二〇一四年的美國女性高層人員佔比，然而，在性別平等這個領域，我們會希望藝術是在指引而非模仿人生）。

四、僅有十二位女性位居地方或國家政府機構的最高層，男性則為一百一十五位，性別比例為九．六比一（柴契爾夫人在十二位女性中佔了三位，也就是說，在五千七百九十九位角色之中，僅有十位獨特女性角色展現了政治權威）。

五、擁有科學或科技領域工作的角色之中，八八％為男性。

最讓人擔憂的可能就是公然的、極度單面向的、遭到性化的年輕女性角色。女孩和女人穿著性感裸露衣服的機會，是男孩和男性的兩倍，被強調美貌的機會則為五倍。在電影世界裡，女性在勞動力的佔比不到三分之一，卻代表了三分之二的性物件。

這項研究並非例外。南加大（University of Southern California）的報告指出，在二〇〇七至二〇一五年的百大美國電影中，有台詞或有名字的角色之中，僅三〇％為女性；其中又只有二〇％的女性介於四十和六十四歲之間。看來，熱門電影中只有三種女性：有雙無辜大眼的愛人、嘮叨的母親，以及梅莉．史翠普（Meryl Streep）。

將電影中缺乏性別平衡和種族多元，怪罪於好萊塢的製作人、導演和製片廠高層中，充斥著白人、男性和異性戀，非常典型也相當合理。事實上，這正是#OscarsSoWhite這個活動的目標；這場公開抗議的起因，即為二〇一六年奧斯卡的演員獎項提名人全都是白人，就和前一年一樣。提名人部分反映了投票者的人口組合；根據《洛杉磯時報》（Los Angeles Times）在二〇一二年發佈的調查，美國電影藝術與科學學會（Academy of Motion Picture Arts and Sciences）的會員之中，白人佔九四％，男性佔七七％。

但文森．布魯澤塞（Vincent Bruzzese）表示，還有另一個族群悄悄地在反抗電影性別平等，也就是我們這些觀眾。電影觀賞者是用雙重標準看待電影中的男性和女性，如果女性太像男性，或是男性太像女性，測試觀眾就會抱怨，製作人也會依循而非對抗老舊的刻版印象。

以愛情喜劇為例。典型的愛情喜劇會有三幕。第一幕，伴侶探索建立關係的可能性；第二幕，他們似乎在一起了。但在第三幕之前會出現某種危機，威脅這段關係。這是敘述故事的關鍵，它是在為第三幕伴侶成功在一起的美好感受鋪陳。

在這個重要的分手場景之後，兩個角色會重回各自的人生、朋友或家人。布魯澤塞表示，如果男主角在這段分手期間和其他人上床，等到他與女主角合好之時，觀眾還是會原諒他。但如果女主角在暫時分手期與其他人上床呢？就連女性觀眾也不會繼續支持她。好萊塢的配方已經為愛情創造了無意識偏見。對電影中的男性來說，性和愛是分開的；但如果你是女性，與數人發生性關係，就會讓你失去擁有好萊塢式結局的資格。

這種雙種標準不僅限於愛情喜劇。最讓人擔憂的，或許就是電影中對企業高層的期望落差。布魯澤塞表示，「見到強硬又有效率的女性高層，觀眾對她的描述幾乎全都是負面詞彙，但如果你將同一個角色變為男性，他獲得的描述大多會是正面詞彙。」兇狠又強大的男性超酷，兇狠又強大的女性超惡毒。

他繼續說道，「見到強硬的女性，觀眾會希望相信那強硬的一面並非本性。」因此，劇本作家傾向於加入幾個女性高層強硬外表碎裂的場景，讓觀眾得以一瞥外表之下的柔軟脆弱。梅莉．史翠普在《穿著Prada的惡魔》（The Devil Wears Prada）中扮演的、精於權謀和操控的主編米蘭達．普瑞斯特利（Miranda Priestly），在電影中就因為婚姻問題而明顯崩潰，最終才克服了困難。相對地，另一位在道德上相當含糊的高層，亦即麥克・道格拉斯（Michael Douglas）在《華爾街》（Wall Street）所扮演的油腔華調金融家戈登・蓋柯（Gordon Gekko），即使這個角色是個殘酷無情又頑固不肯改過的騙子，仍舊擁有異教式的崇拜。在《大亨遊戲》（Glengarry Glen Ross）中，亞歷・鮑德溫（Alec Baldwin）那段「一定要成交」（Always Be Closing）演說，是影史上最耀眼的混蛋時刻之一，但根據布魯澤塞的研究，觀眾傾向於更不喜歡來自市中心、言語粗俗的女性。

如果布魯澤塞是對的，代表好萊塢的說故事人中了自己設計的陷阱。觀眾受到電影歷史的指示，亦即可愛的女人應該具有陰柔特質，因而期望且偏好脆弱的女性角色。打破這個循環的唯一方式，就是打破期望。具有前瞻思維的作家應該停止尋求觀眾的許可，寫個超酷超兇狠的女性主角。

社會正義議題上出現突然又快速的文化變動，確有前例。一九九六年，僅有二七％美國人表示支持同性戀結婚權；二〇一五年，三十五歲以下的美國人之中，七三％表示支持同性婚姻。也就是說，在不到二十年內，婚姻平權這個概念，就從荒謬激進變為新近主流，再變為顯而易見到有點無趣。最高法院最近在奧貝格費爾訴霍奇斯（Obergefell v. Hodges）一案中裁定，同性戀男性及女性的婚姻權，不只是無足輕重的文化偏好，而是基本憲法權利。就算是在此刻，或許還會有不少極度激進的想法，將在不到二十年內變得無比顯而易見，只剩少數人還願意公開質疑；單是想到這點，就讓人非常興奮。

值得一提的是，反同偏見下滑，是出現在青少年和二十多歲族群。一九九六至二〇一五年間，十八至三十四歲族群中，婚姻平權的支持度上升了二十四個百分點，高於任何年齡族群，更是嬰兒潮世代的兩倍以上。這也直指著瑪德琳．迪諾諾的論點：年輕人學習社會常規，比中年成人改變想法更簡單。

人在講「歷史」（history）之時，通常意指真實發生的某件事，而在講「故事」（story）之時，他們指的是某件虛構之事。然而，「故事」一詞出自拉丁文的historia；歷史必定是個故事，是同時提供虛構傳說正面效益——暫時性連結感、令人滿足的因果情節、有意義的戲劇性——與負面效益的敘事。事實上，許多歷史基本上就是「吸血鬼故事」——說服力十足、大多數人根本無意研究其真實性的敘事。

偏見是個故事，人類會從中學習世界運作之道；新世代也永遠可以學習觀看世界的新方式。十八世紀農夫想砍掉吸血鬼屍體的首級、避免他們殺害他的家人，與二十世紀農夫覺得這樣的行為愚蠢至極，本質上其實沒有太大的差異。某個南北戰爭之前在喬治亞成年的人，與今日大學校園中的自由派大學生，生理上也沒有差異，即使前者相信黑人和同性戀是次等人，後者認為這樣的看法可憎至極。毫無疑問，數十年之後，觀眾必定會覺得我們的當代熱門書籍和好萊塢電影，就像是出自穴居人類。文化會演化，並在孩子周遭形成反映其熟悉價值的環境。

頑固偏執是後天而非先天，但深度的同情需要教導，而優秀的故事也可以成為說服力十足的教訓。

幾年前，有個在二十一世紀福斯（21st Century Fox）工作的朋友告訴我一個故事——我也希望這個故事是真的。一九九〇年代後期，全球最大的電視製造商聯繫福斯新聞頻道（Fox News Channel），轉達了部分福斯電視網死忠觀眾的抱怨。成天觀賞保守派新聞台的年長美國人表示，福斯新聞的標誌烙上了電視螢幕，就算轉到其他頻道，福斯新聞的標誌也會像鬼影一般地浮現在螢幕下方的角落。今日，福斯新聞的標誌會在螢幕下方角落緩緩旋轉，部分原因就是為了避免電視螢幕上出現標誌的烙印。

事實上，許多人亦受制於意識形態「烙印」（burn-in）——故事和曝光帶來的不幸偏見印記。自由派將自己包在左傾網站形成的繭中；透過推特獲取資訊的人，可以設定一套完美貼合他們原有意見的新聞串流。智慧方程式主導著臉書、潘朵拉、網飛等媒體，根據個人的先前偏好、個人所屬團體的喜好，量身訂作意見宇宙。尋求熟悉感和親近感是天性，但也會讓人遇上各種危險的偏見。

新聞的力量不只是報導重要議題並提供判斷，還包括決定哪些議題值得報導。決定要著重於哪些議題，本身就有其後果。在新聞之中，令人熟悉的虛假之事，即使常常是以迷思（myth）的方式呈現，還是有可能被視作正確事實。在一項破除迷思新聞的研究中，年長和年輕的參與者會先閱讀幾個可疑說法，例如「鯊魚軟骨對關節炎有幫助」（並非如此）；讀完之後，大多數參與者都能正確地將虛偽陳述指為迷思。但在幾天之後，研究者再次找上參與者，結果發現，年長成人認定「是的，鯊魚軟骨對關節炎有幫助！」的可能性高出許多。暴力式的重複，讓人熟悉了鯊魚軟骨和關節炎的關係；年長參與者由於外顯記憶能力較差，無法區別熟悉（「這個說法感覺很對」）和事實（「這個說法是事實」）。

這代表透過媒體破除迷思，可能會不自覺地轉變為向某些人散佈迷思。有個經典有線電視橋段，會請兩位持相反意見的人針對某個主題展開辯論。這樣的做法雖然表面上看來客觀，卻也有可能產生混淆的效果。針對演化等在科學上已然確立的議題舉行辯論，就算揭穿了並非事實的論據，還是會一再地讓人曝露於這些虛假說法。單只是重複見到字詞或想法，就算已標明為偽，長期而言，仍有可能會混淆很多人，因為將熟悉與真相混為一談，實在太過容易。

紐約大學史登商學院（Stern School of Business at New York University）的行銷教授亞當・奧特（Adam Alter）表示，「將注意力想像成選擇購買某些資訊的預算，是個很有用的思考方式。熟悉感代表資訊的成本非常低，那通常是因為我們對某種相似的資訊形式已經十分熟悉。資訊成本高昂之時，就會產生陌生感——可能是因為我們得花費大量心力才能理解某個概念，或是我們對某個名稱並不熟悉、比較難念出那個名稱。」

如果熟悉感有黑暗面，與之相反的陌生感是否也可能會有光明面呢？奧托的研究顯示，確實有此可能。他在一項研究中，印出了簡單易讀的問題：「摩西在帶動物登上方舟之時，每種帶了幾隻？」許多參與者回答兩隻。但改用不易閱讀的字體印製這個問題之後，參與者發現建造方舟的是挪亞而非摩西的機會，提高了三五％。字體愈難辯識，人就會愈謹慎地閱讀。

奧托用幾種帶有陷阱的簡單提問重製了前述結果。試試這個：「一根球棒和一顆球總計一·一美元，而且球棒的價格比球多一百美分，請問球棒多少錢？」這是個小學算術問題，但它的用詞刻意誘導人快速答出錯誤的答案——球棒要價一美元，球要價十美分。一美元和十美分的差異是九十美分，不是一百美分。正確答案是球棒要價一·〇五美元，球的價格為五美分。奧托發現，如果研究對象看到的問題使用較難閱讀的字體，回答正確答案的機會也會比較高。

與單純的曝光效應——心理學史上最常被重製的發現之一——不同，我們並不是那麼了解陌生感的益處。但奧托的研究顯示，難以閱讀的字體，可以使人進行適量的思考，看穿問題中的陷阱。陌生感就像是微妙的警告，刺穿自動處理的平靜，喚起更高程度的專注力。

熟悉感有個黑暗面——對製造商和消費者來說皆是如此。創意十足之人對自己的專案太過熟悉，會傷害他們評估專案的能力。對於像我這樣的作家來說，其意涵十分明確：對自身的作品太過熟悉，讓我無法全心評斷它的品質。唯有遠離我的作品夠久、以全新的觀點閱讀它之時，我才是我作品的最佳編輯。

但觀眾面對的是最深度的誘惑。押韻格言誘人無比，倒置反覆法令人著迷；閱讀一篇探討你早已認定是正確論點的論述，讓人陶然欲醉，支持你對世界的看法的優秀敘事，讓人不禁想與朋友分享。它們全都是出自同一根源的分支，大多數人都想用輕鬆又熟悉的方式看待這個世界。區別吸血鬼故事和科學，是消費者和觀眾的責任。正因為優秀的敘事會誘惑我們，最棒的故事才會需要最高程度的質疑。

第六章

時尚的誕生

「我喜歡它，因為流行。」（"I Like It Because It's Popular."）
「我討厭它，因為流行。」（"I Hate It Because It's Popular."）

關於研究流行以及人們喜歡的某件事，它的複雜之處在於，至少會有三種無法擺脫的因素阻礙著你，那就是：選擇、經濟學、行銷。

選擇：假如我在福特T型車只推出黑色款的一九一八年寫這本書，顯然會在書裡註記說，每個人都喜歡黑色汽車，這麼一來就很難捍衛人們比較喜歡多色款汽車這樣的想法，而且幾乎沒有證據能夠支持這個想法。然而今日的汽車有幾百種款式、顏色、風格與天窗的選擇，車水馬龍的街上也充斥著各種大小的非黑色汽車，選擇改變了人們的品味，這樣一來，很快就會讓一九一八年的「品味解釋者」顯得相當愚蠢。

經濟學：二〇〇七年夏天，當A&F（Abercrombie & Fitch）還是美國最成功的時尚零售商之一時，看似精明地將自己提昇至青少年時尚解碼者的地位，然而，到了二〇〇八年末，美國陷入嚴重的經濟衰退，青少年失業率升高，家長們也丟了工作，或正處在丟工作的危險邊緣，於是關上了零用錢的水龍頭。A&F的股票在一年內跌了至少八〇%，學生們開始轉而購買不這麼有名的品牌服飾或特價商品，《時代雜誌》也稱它為「最慘的衰退品牌」。A&F的風格沒有改變，但是美國的經濟改變了，經濟學也改變了對酷的定義。

行銷：二〇一二年第四十六屆超級盃（Super Bowl XLVI）創下了美國有史以來最高收視紀錄（雖然這個記錄很快就會拱手讓給其他屆的超級盃轉播）。在相對破碎的媒體環境下，沒有什麼比國家美式足球聯盟（National Football League）的冠軍賽更能夠成為一股行銷熱潮，並且這場比賽確實至少造就了一項歷史性的流行，期間一支歡樂的雪佛蘭汽車（Chevy）的廣告以一首僅推出五個月，由紐約流行獨立樂團歡樂樂團（Fun）演唱的〈年少輕狂〉（We Are Young）作為廣告曲，隔周這首歌便上昇了三十八個名次，成為告示排行榜百大單曲的第三名，最後保持了六周的第一名，隔年告示牌排行榜將〈年少輕狂〉譽為音樂史上百大最佳演出歌曲之一。這首歌的成功與經濟環境無關，況且它的價格和實用性也從未改變，就只是行銷的力量——一首對的歌配上對的商品，放在超級盃的轉播期間這種對的地方，也就是最大的廣告平台霸主。

由此可知，選擇、經濟學、行銷永遠在形塑品味，但假使你能夠在研究市場中的流行時不遇上這些事——例如在一間有無窮選擇、價格親民，且沒有廣告的店呢？

舉例來說，想像一下有間全國性暢貨中心，裡面備有各種尺寸與設計的上衣、褲子、鞋子，這間全國連鎖商店沒有商標，或是放著只推銷其中一種風格服飾的廣告，所有服飾的文字介紹都僅僅是「放在那邊」，而且價格完全相同，那麼這家連鎖店就會是社會科學家的夢想，研究者們會用它來研究在沒有像廣告與銷售這樣殘酷的力量控制下，時尚是如何興起與衰落。

事實上，這樣的市場是存在的。它就是名字的市集。

選擇名字就像是在一間廣闊無垠，裡頭所有商品都標價零元的商店中購物。名字就像是音樂或衣服一般，通常是一種文化產品。父母替小孩取名有深層的個人原因（「瑪利亞是我祖母的名字」）以及美學上的原因（「瑪利亞聽起來不錯」）。時事也會帶來影響——一九三〇年代，取名為富蘭克林的人口激增，同時阿道夫這個名字則消聲匿跡，不過並沒有人直接宣傳說取什麼名字比較好。沒有一個組織或公司會因為更多小孩取名麥可、諾亞（Noah）或迪米崔（Dmitri）而獲得利益。

關於名字，有一件奇怪的事情，就是儘管可以自由取名且沒有範圍，大家還是會跟其他永遠無盡選擇、多樣化價格以及打了許多廣告的許多其他產品一般，遵循從熱門到冷門的熱潮循環來取名。就像衣服，名字也有一種時尚。儘管愛蜜莉（Emily）和艾瑟爾（Ethel）就跟他們一直以來的樣貌一樣，有著自己的風格，但有些名字在今天看起來很酷（愛蜜莉），同時有些曾經流行的名字，現在聽起來就有點過時了（艾瑟爾）。這些名字的品質並未改變，只是流行度變了。

二十世紀最後十年，女孩姓名排行前三名分別是潔西卡（Jessica）、艾許莉（Ashley）以及愛蜜莉，但一個世紀以前，這三個名字連前一百名都排不上，同時，現在也已經看不到一九〇〇年代早期熱門的女孩姓名了。露絲（Ruth）、瑪麗（Marie）、佛羅倫斯（Florence）、蜜德莉（Mildred）、艾瑟爾、莉莉安（Lillian）、葛萊蒂絲（Gladys）、埃德娜（Edna）、法蘭西絲（Frances）、蘿絲（Rose）、貝莎（Bertha）以及海倫（Helen），以上這些名字都是十九世紀末二十世紀初排行前二十名的名字，不過到了二十世紀末，這些名字卻一個也排不到前兩百名。

但這個現象並非總是存在，有好幾百年的時間裡，名字更像是一種傳統而非時尚，父母會從少數選項中挑選名字，通常是回收家族前幾輩人的名字來取名。一一五〇到一五五〇年之間，實際上每個英國男性君主的名字都叫做亨利（Henry）（八人）、愛德華（Edward）（六人）或理查（Richard）（三人）。一五五〇至一八〇〇年之間英國有半數男性的名字叫做威廉（William）、約翰（John）與湯馬斯（Thomas），半數英國女性的名字則取做伊莉莎白（Elizabeth）、瑪麗或安妮。

這個趨勢也擴散至大西洋彼岸。在一六〇〇年代中期的麻薩諸塞灣殖民地（Massachusetts Bay Colony），半數女寶寶出生後都被取名為伊莉莎白、瑪麗或莎拉（Sarah），而建立於一五八七年的洛利郡（Raleigh County），其早期記錄顯示，九十九名男性中，有四十八名叫做威廉、約翰或是湯馬斯。這並不只是英語人士的傳統，德國、法國與匈牙利也有類似集中取熱門姓名的情形。聖保羅（São Paulo）於一七〇〇年代晚期的洗禮記錄顯示，半數女孩的名字為瑪利亞、安娜或格特魯德（Gertrude）。

接著，在一瞬之間，十九世紀中期至晚期時，歐洲與美國兩地最流行的姓名清單都經歷了一段時期的加速翻轉，特別是女孩的名字，流行度的循環程度比夏天洋裝的樣式變化的還要快。艾瑪（Emma）與麥迪遜（Madison）這兩個過去十年最流行的名字，在三十年前連前兩百名都排不進去。

以上敘述導出了兩個關於名字的神祕問題，答案對任何趨勢——像是文化、經濟或政治問題，都帶有廣泛的意義。首先，一個東西是怎麼樣從一項傳統（其舊與新之間的區別幾乎不存在），慢慢成為一種流行（即新的習慣持續排擠舊的）呢？第二，即使是在一個擁有無數商品、沒有價格、也沒有廣告的市場中，東西是怎麼變得很酷的呢？

名字翻轉速度上升始於十九世紀中期的英格蘭，並擴散至西半球，史丹利．利伯森（Stanley Lieberson）在他那本關於名字的精采書籍《品味問題》（A Matter of Taste）中寫下了他的發現。這是一個熟悉的軌跡，一八〇〇年代，有件事始於英格蘭，之後又擴散至全世界。那就是工業革命（industrial revolution）。

工業化與名字之間，有幾個可能的連結。首先，工廠鼓勵工人從小農村的田地邊，遷移至人口稠密的都會中心，而都市化也引介給他們新的名字。第二，二十世紀初期受教育的比率陡然攀升，讀寫能力使得人們能夠接觸到書本中以及國際性新聞報導中更加廣泛且多樣化的名字。第三，當人們從整個家族同住的方式到遷徙至城市後，家人與整個家族之間的聯繫較為弱化。而人口稠密城市形成的大熔爐也重新強調了個人主義。在一個小型的家族農場中，有個家族性的名字會讓你成為這個家族的一部分，不過在城市裡，一個名字會讓你與其他文化、種族與階級產生隔閡。

這個階段的改變不只是抹除了一批舊名字，還用一批新的名字將他們給置換。這樣做就此改變了人們將名字視為身分的思考方式，創造了一種過去從未存在過的嶄新美德。名字的翻轉率不只是在美國與英國不斷攀升，在匈牙利、蘇格蘭、法國、德國與加拿大也有相同的狀況。一種時尚誕生了。

這種時尚的突然轉變有歷史前例可循。人類歷史大多數時間中，人們並不會年復一年，或者千年復千年的改變穿著方式。在歐洲，男性從羅馬時期至一二〇〇年代，都用一條及膝的長外衣包覆身體。[1]遲至中世紀，服裝「時尚」的概念，在世界上大部分地區都還尚未成形。在印度、中國與日本，以及歐洲各個地區，服裝與化妝風格如同時光凍結般，沒有太大改變。甚至在十七世紀的日本，幕府將軍的側用人會驕傲的宣布，這個國家的服裝風格千年來都沒有改變。

不過到了一六〇〇年代，時尚成了歐洲文化與經濟的主要部分。法王路易十四（King Louis XIV of France）穿著高跟鞋，趾高氣揚地走在凡爾賽宮，同時他的財政大臣宣稱「時尚之於法國，就如同礦業之於祕魯，祕魯之於西班牙」，時尚不只是那些花枝招展的貴族所玩的遊戲，還是促進經濟發展與國際出口的工具。根據時尚歷史學家金伯利・克利斯曼—坎貝爾（Kimberly Chrisman-Campbell）指出，路易十四統治時期，服裝與紡織產業一度雇用了全巴黎三分之一的工人。

服裝是在什麼時候成為時尚的呢，以及原因為何？歷史學家費爾南・布勞岱爾（Fernand Braudel）曾說過，貿易攪動了古代時尚「這灘靜水」。

---

[1] 注：我一些最好的朋友會很歡迎時尚品味保持穩定，這樣一個衣櫃裡的衣服就可以穿上好幾千年了。諷刺的是，他們都傾向於在科技產業工作，這個產業擁抱，甚至是推動生活中幾乎其他所有面相的改變。

真正的大改變大約是一三五〇年時發生的，男性的服裝突然間縮短了，從古人的角度來看，這就像是公然出醜……「那年前後，」紀爾曼・納吉斯（Guillaume de Nangis）的編年史中寫道，「男性，特別是貴族男子與他們的侍從，以及少數中產階級與他們的僕人，開始穿起非常短且貼身的外衣之後，讓他們透露出吩咐我們躲起來的羞愧。」……某種程度上，我們可以說時尚從這裡開始。從此之後，在歐洲，打扮的方式不斷地在改變。

歷史學家並不認同一二〇〇與一三〇〇年代是轉折點，有個可能性是貿易以及旅行讓歐洲接觸到更多風格，這讓貴族對服裝有新的想法。另一個理論是，紡織工業的茁壯讓衣服更便宜了，當更多歐洲人能夠負擔得起貴族的裝扮後，貴族就得更常改變造型，才能持續走在那些平民的前面。無論如何，歐洲文藝復興就是個風格錦標賽，義大利以過分裝飾與色彩鮮豔的刺繡，對抗西班牙黑色緊身上衣與披風。

時尚是由喜新者的規則加上恐新者的理解來統治：新就是好，舊就是壞（不過非常舊又會變成好）。這裡有個時尚態度要用多少時間來形塑的理論基準，又稱之為拉沃定律（Laver's law），此定律是用其創始者，英國時尚史學家詹姆斯・拉沃（James Laver）的名字來命名的。這個定律是這樣的：

不合時宜：此時十年前。
傷風敗俗：此時五年前。
荒誕出格（大膽）：此時一年前。
時髦：目前的時尚潮流。
過時：此時一年後。
醜陋：此時十年後。
可笑：此時二十年後。
有趣：此時三十年後。
古怪有趣：此時五十年後。
魅力：此時七十年後。
浪漫：此時一百年後。
美麗：此時一百五十年後。

大家可以對精確的說法吹毛求疵（我會說「過時」對於只過了十二個月的打扮來說有點太過隆重了）。不過拉沃定律有個更大的教訓，就是服裝、名字、音樂，或者可說任何東西，都不存在普世皆準與永恆的好品味，只有當下的品味、過去的品味，以及稍稍超前當下的品味。

就像金融投資，時尚就是品味與時間點的問題，無論是太晚發表正確的意見，或是遠在市場準備好認同你的看法前先做出預測，這兩種專業都無法讓你獲利。

很酷的名字是如何在一夕之間變得不酷了，且或許之後又會再次變得很酷的呢？阿道夫這個名字發生了什麼事並沒有什麼不可思議之處，幾乎沒有人會為這個名字的消逝哀悼。可是埃德娜或貝莎有對誰做過什麼事嗎？這就是愛荷華大學（University of Iowa）社會學家弗瑞妲・琳恩（Freda Lynn）與史丹利・利伯森共同調查的神祕事件，他們注意到名字在兄弟姊妹之間，有些值得玩味之處。

父母會傾向於替他們較大與較小的小孩取類似的流行名字，一對會為他們第一個孩子挑選獨特名字的伴侶，很有可能會為他們第二個孩子挑選一個類似的獨特名字。確實，假使你遇到一家人，他們的小孩叫做麥可、愛蜜莉與諾亞，那他們家的第四個小孩很少會取像是贊西佩（Xanthippe）這種充滿異國情調的名字。但假使你遇到三個叫做贊西佩、普蕾里—蘿絲（Prairie Rose）以及埃斯梅達（Esmerelda）的兄弟姊妹，那你可能會對他們最小的弟弟叫做巴布（Bob）感到十分訝異。正如利伯森與琳恩所寫的，這表示父母擁有特定的「流行品味」。[2]有些父母是基於流行而喜歡特定名字的。

文化上，流行品味是個強而有力的想法，在音樂巨星這裡，我們可以看到一個簡單易懂的範例。有些人會因為泰勒絲（Taylor Swift）很流行而喜歡她。有些人喜歡泰勒絲，但不是真的在意她流不流行，而有些人會想辦法挑泰勒絲的毛病，因為她的流行度傳遞出等同於她可能是假貨、劣質品，或兩者皆是的警示。以上三種群體都贊同泰勒絲的歌曲聽起來怎麼樣，然而有些歌曲本身以外的東西，像是泰勒絲的明星地位，會傳遞出從純粹的吸引力，到深度的懷疑論這樣大範圍的信號。

流行作為一種品味，可能會應用在許多範疇上，像是音樂、食物、藝術、房屋、服裝、髮型與政治看法。有些人會因為那個東西是流行商品而迷上它，有些人則會因為那個東西是流行商品而避開它。你可以想像有一個從趕流行的盲從群眾（「我只會因為它很流行而嘗試它」）到文青（「現在它變流行了，我再也不喜歡它了」）的光譜。雖然一個人可能會有喜歡新穎事物的傾向或對各種產品都有自己的喜好，例如喜歡看暢銷鉅作電影的人也喜歡購買蓋普（Gap），並且會吃巧克力冰淇淋，但更有可能的情境是，個人在不同類型產品間的流行品味也各有差異。舉例來說，我對看似太過流行的政治看法抱持著固有的懷疑論，但我也會讓主流雜

[2] 注：還有第二點，對「流行品味」理論站不住腳的防禦。正當名字使用上不斷興起與衰退，儘管這些名字都不相同，新一批流行名字與原來使用的名字，在比例有相對強烈的一致性。這表明了，年復一年，這個國家的文青父母、主流伴侶，以及普通父母的比例都差不多。換句話說，美國人對於特定名字的品味不斷在改變，不過整個國家在流行品味的轉變上較為緩慢。

誌的商品照告訴我該怎麼穿搭。[3]

假使我們想像大多數美國人都位於名字流行品味光譜的中間位置，這說明了大多數父母都會取些不冷也不熱的名字，就是那種蠻常見，但不會太古怪，也不是菜市場名的名字。不過一百萬個家庭不可能完美地協調好各自要怎麼幫小孩取名字，常見的狀況是，父母認為他們替他們的小女孩選了一個剛剛好又有點獨特的名字，不過等到小孩第一天上幼稚園時才知道，一起上學的好幾個小女孩都叫這個名字。

莎曼莎（Samantha）是一九八〇年代第二十六流行的名字，這樣的流行度讓許多伴侶覺得很放心，於是一九九〇年代，有二十二萬四千對父母將他們的小女孩取名為莎曼莎，讓這個名字成了那十年間第五流行的名字。然而，到了這種程度的流行，這個名字大多只會吸引到少數主動找尋極為常見名字的父母，於是前五名的名字攀上顛峰後，就會有很長一段時間持續下滑。確實，從一九九〇年代至今，取名為莎曼莎的小孩數下滑了八〇％。[4]

這張流行品味光譜地圖正好對到這本書第一個想法的一部分：儘管人們對熟悉的產品各有不同品味，但熟悉性強化了流行度。有些人喜歡古怪的名字，另一些人則偏愛常見的名字，而許多父母會在一大串名字清單中尋找不是菜市場名，也不是誇張的怪名字，而是聽到時有點小驚訝，但又能馬上記住的名字。

這些父母各自挑選了他們喜歡的名字。而他們集體的選擇創造了一股時尚。

社會心理學最重要的觀念之一，就是「社會影響」（social influence）或「社會認同」（social proof），這意味著其他人的品味通常會變成你的品味。在羅伯特・席爾迪尼醫師（Dr. Robert Cialdini）那部關於說服、影響的經典著作中，他將社會認同原則定義為「越多人認為那個想法是正確的，那個想法就越正確。」

這個理論在媒體與行銷上被廣泛地接受：這是最流行的東西，所以你會喜歡它。它意味著「暢銷冠軍」是普世通用的誘人敘述詞。它將「最多人讀過的文章」與最有趣的文章合併了。這意味著你會被高點閱數或是臉書按讚次數很多的影片給吸引。這個老生常談甚至鼓勵一些出版商與作者捏造高銷售數字，好讓書登上暢銷排行榜，或是指使遊戲設計者編造高下載次數，好讓遊戲顯得很多人想玩。

---

3 注：有個差異可能在於形塑個性的經歷方式：對我來說，重要的是在政治辯論中引人注目，因此我傾向於抵制那些對我來說太過熟悉的想法；但我不在意自己在時尚這一塊能否引人注目，因此我會讓《GQ》雜誌教我怎麼穿衣服。

4 注：莎曼莎這個名字是否也是得益於一九八〇年代晚期美國女孩娃娃中的莎曼莎・帕金頓（Samantha Parkington）大流行的關係呢？有可能。不過這個名字在這個娃娃推出前，就已經進入前二十五名了。（當《慾望城市》影集內出現了一個非常知名且對小孩不太友善的莎曼莎時，這個名字還排在前十名。）或許美國女孩娃娃對這個女孩名字的流行也推了一把。不過利伯森與琳恩認為這表明了，美國娃娃的老闆與數千對父母當時可能想的都一樣，也就是莎曼莎是個流行，但又不會太過流行的完美名字。

操弄流行度確實可以奏效，不過消費者不會一直都這麼笨，你能要把戲讓多少人喜歡某個東西是有限制的。

首先，像是在第一章提過的歌曲測試網站，你可以讓一首爛歌看起來好像很受聽眾喜愛，但這跟替這首歌創造出市場完全不同。女神卡卡的第三章專輯，在英國音樂測試網站聲音輸出公司的測試結果極差，但她的唱片公司仍然硬塞給ＤＪ與行銷人員，在廣播中大量播放給聽眾聽。儘管有這樣強大的行銷操作，這張專輯的銷售仍然比她之前的專輯差非常多。品質可能很難去定義，不過當聽眾聽到歌曲時，他們就會知道是好是壞了。經銷配置是一個讓好產品流行的策略，不過這不是讓壞產品看起來好的可靠方式。

第二，提高某個東西是流行的意識，可能會在不經意間造成負面影響。在《宣傳的矛盾》（The Paradox of Publicity）這篇論文中，研究員巴拉茲．卡瓦克斯（Balazs Kovacs）與亞曼達．J．夏棋（Amanda J. Sharkey）比較好讀網（Goodreads.com）上超過三萬八千書籍評論後，發現贏得有威信獎項的書籍評價，比那些在同一個獎項中僅獲得提名的書籍評價要差。在一個完美的社會影響世界中，這個現象毫無道理可言。假使一名權威人士告訴你一本書是好書，你就應當將這個建議內化，並喜歡上這本書。

不過真實的世界要更加複雜，而且有好幾個直觀的理由說明了為何一本書得獎後可能會導致糟糕的評分。獎項會自然地升高期待，而被拉高的期待通常會無法被滿足。再者，有威信的獎項會吸引更多不同的讀者，而更廣大的讀者組成中，會包含那些對這類型或風格的書籍沒有鑑賞力，只是因為得獎而讀的讀者，我們可以相信這些讀者會留下較差的評價。同時，在同一個獎項中僅獲得提名的書籍，可能不會吸引同一群參雜各式人等的讀者群，因此它的評分不會變糟太多。

不過調查者提出讓人最感興趣的解釋是，贏得獎項會讓評分下降，是因為其中有一群強烈反對它得獎的讀者。「在持續研究熱潮與時尚領域的情況下，我們發現受眾規模，或流行度成長時，這個現象本身會被視為一種反感，或是給予較低評價的理由。」論文作者下了這樣的結論。流行視為一種品味還有另一種說法：將名聲視為一種品味。有些人會受獲獎書籍的誘惑，有些人則不在意這本書有沒有得獎，另一群人則是迫不及待的對那些廣受讚譽的書籍大加撻伐，因為他們期待能對一本大家熱烈討論的書籍形成一種違反直覺的看法。[5]

羅伯特．席爾迪尼醫師在他的著作《影響力》（Influence）中講述社會認同的章節，以罐頭笑聲的例子來破題。早期的電視喜劇節目，執行人員會配上假的笑聲，因為研究顯示罐頭笑

---

[5] 注：這個看法接近，但不等同於「恨讀」（hate-reading）的概念，這是指閱讀一些你預期會痛恨的書籍，因為你迫不及待的想要讀完，接著就可以分享你對它的震怒。恨讀會提供一些類似情緒性確認偏誤（confirmation bias）的感受，也就是為了更確信自己先前的意見是正確的，你會閱讀一些與你想法對立的煽動性內容。

聲會讓人發笑。起初據說是聽到其他人的笑聲，會被視為達到跟一個真正幽默的笑話同樣的效果。

不過罐頭笑聲的歷史不僅僅是一個與社會影響有關的故事這麼簡單而已。它是一段創新的歷史，先創造一個趨勢、趨勢觸發了激烈反應，而這個激烈反應創造了一個新的主流。換句話說，它是一段時尚的故事。

一九六〇年代，美國電視圈最紅的巨星並非瑪麗．泰勒．摩爾（Mary Tyler Moore）或是安迪．格里菲斯（Andy Griffith）。純粹以播放時間來說，最常在美國家庭客廳中電視上表演才藝的，並不是演員，而是一位從未出現在攝影機前面的電機工程師，不過他在螢幕後做的工作，影響力大到你一個星期收看的四十個節目中，幾乎每分鐘都能聽到他的聲音。曾有一度因為他實在太過強大，而且工作方式太過私人，讓他獲得了「好萊塢的人面獅身」（Hollywood Sphinx）的稱號。他的名字叫做查爾斯．道格拉斯（Charles Douglass），他發明了罐頭笑聲。

道格拉斯於一九一〇年在墨西哥的瓜達拉哈拉（Guadalajara）出生，他的家人在他小時候，為了躲避政治動盪而搬到了內華達州。他想跟在內華達礦業公司擔任電工技師的父親一樣攻讀電機工程，不過第二次世界大戰後，他發現洛杉磯有個適合自己這種技術愛好者的熱門新媒體產業，也就是電視。他得到一個在哥倫比亞廣播公司擔任錄音師的工作。

一九五〇年代的情境喜劇傾向於拍成在現場觀眾面前表演的單元劇。娛樂通常是將把舊習慣硬塞進新格式，而一九五〇年代的電視基本上確實就是現場廣播節目，或是攝影機前的戲院。不過當演員忘記一句台詞，或是搞錯站位時，同樣的笑料拍到第二次或第三次，就沒辦法引發太多笑聲了，而當節目播放給坐在家裡觀賞的觀眾時，虛弱的笑聲會讓一個節目看起來有點呆板。這導致了藉由後製延伸或增強歡樂的聲音，來創造「變甜」的笑聲這樣的慣例。

道格拉斯對於有什麼解決這個問題的好方法很有興趣：他想發明一台模擬笑聲機器。用這種方法，節目就絕對不會被糟糕的編劇、差勁的演員、沒有反應的觀眾，或是變幻莫測的現場錄影狀況給毀掉了。一九五〇年代初期，他花了好幾個月聽好幾種劇場式表演與電視節目的笑聲、喘氣和拍手聲的錄音。[6]他將自己喜歡的歡笑聲用類比磁帶錄音機錄下來，這樣他就能用他從打字機拆下來的按鍵播放笑聲。

他這個發明被稱為「歡笑盒」（Laff Box），看起來像是台難看的假打字機，不過道格拉斯播放它時，看起來就像在彈奏風琴。笑聲鍵能夠像是按和弦一般同時按下，可營造出超過一百

[6] 注：有個迷人但未經確實的謠言指出，道格拉斯的機器使用在一九六〇年代喜劇中的大部分笑聲，是一九五五年法國默劇小丑馬歇·馬叟（Marcel Marceau）首次美國巡迴演出時錄下的。在默劇表現時發出的笑聲對道格拉斯來說特別珍貴，畢竟這些笑聲不會參雜演員的聲音。

種不同的觀眾歡樂氣氛。在道格拉斯的私人工作室中，他知道如何在後製時為正確的時刻堆疊笑聲。當情境喜劇的惡作劇來到了荒謬可笑的高潮時，道格拉斯會先播放忍不住發出的輕笑，再逐漸增強到會心的大笑，最後則會讓這些隱形的觀眾發出愉悅的尖叫。堆疊這些笑聲是門藝術，而道格拉斯是唯一的好手。

道格拉斯的技術剛開始面臨非常強烈的反對（而且高尚的質疑者自始至終都存在著），但最終電視台領悟到，罐頭笑聲有許多好處。首先，他讓導演可以先拍攝，之後再加入觀眾的聲音；節目統籌開始把電視當成電影來拍了——可以從棚內到棚外，用數台不同角度的攝影機多次拍攝。到了一九五四年，道格拉斯的客戶多到讓他辭去哥倫比亞廣播公司的工作，全職經營他的歡笑盒。他在機械歡笑上佔有壟斷地位，不過他是個仁慈的壟斷者，一集節目配音只收大約一百美元。

為何笑聲錄音最後會受歡迎的第二個原因，首先需要對人們為何笑，也就是什麼東西讓事情變得好笑這件事有更深的了解。

柏拉圖提出，在一個故事中，笑是一個人或角色表現「優越性」的方式。優越性顯然要用在動作幽默與猶太式笑話上。「我的醫生說我的體態糟透了。我跟他說，我需要第二意見。『好啊，』他說。『而且你也醜斃了。』」

不過這種優越性理論，無法解釋雙關語這種至少理論上來說很滑稽的笑話。「兩個原子走在路上，其中一個轉身朝向另一個原子說，『等等，我想我失去一個電子了。』第一個原子回說，『你確定嗎？』第二個原子大聲回說，『是的，我是肯定（positive，陽性）的！』」這個笑話與電力毫無關係。這個故事最後一句話達到了一種微小然而意義深遠的驚喜。不過要解釋這個笑話為何滑稽，需要一個更廣泛的理論。

二〇一〇年，兩位研究員提出了可能是最接近社會學中的幽默普遍性的理論。它被稱之為「良性衝突理論」（Benign Violation Theory），是由現任幽默研究室（Humor Research Lab）總監彼得．麥格羅（Peter McGraw）以及亞利桑那大學行銷學助理教授迦勒．華倫（Caleb Warren）所提出，即幾乎所有笑話都是規範內的衝突，或是不受衝突或情緒刺激威脅的期待。

- 「一位牧師與一位拉比走進一間酒吧，兩人各自點了一杯蘇打水」：這不是笑話，因為裡面沒有預期的衝突。
- 「一位牧師與一位拉比走進一間酒吧。他們坐下來點了一杯啤酒。接著他們就無解的宗教差異爭執到幾乎要把對方殺掉」：這種程度的衝突又太過危險，大家還是笑不出來。
- 「一位牧師與一位拉比走進一間酒吧。酒保說，『這是啥，笑話嗎？』」：無論你個人覺不覺得這樣好笑，它明顯是個笑話，因為它以一種不會太過針對性的毒舌或衝突的方式來顛覆期待。

「假使你觀察各個物種間最普遍的歡笑形式，像是當老鼠或狗歡笑時，牠們通常是在做侵略性的玩樂形式，像是追逐或搔癢笑顏逐開，」華倫對我說道（而且沒錯，老鼠會笑）。「追逐與搔癢都是一種攻擊威脅，但並沒產生實際的攻擊。」一個好的戲劇會憑藉這個理論做出追逐，再加上用雙關語製造錯誤用詞與笑料，但又不會傷到聽眾的社會習俗。

任何主流體系，像是社會行為，說話、身分，甚至邏輯的規矩，都能夠被威脅或產生衝突，不過人們會因此覺得好笑，大多是在他們意識到這個衝突是良性或安全的情況下，這樣一來，怎麼樣才會讓某個東西看起來是良性或安全的呢？那就是當其他人都跟你一起開懷大笑的時候。這就是道格拉斯那個盒子的魔力：它是一個讓大眾安全地產生一致性的有效工具。聽到很多人的笑聲，也能給予聽眾一種可以笑出來的指令。

但假使這種笑聲錄音是這樣一體適用的工具，為何它會消失無蹤？《影響力》於一九八四年出版，那年艾美獎最佳喜劇頒給了《歡樂酒店》（Cheer）以及其觀眾狂暴的吼叫。一九八四年每部獲得艾美獎最佳喜劇提名的節目，都有現場的笑聲或是播放笑聲錄音。回溯到一九七〇年代早期的所有贏得艾美獎最佳喜劇的節目，包括《一家子》（All in the Family）、《外科醫生》（M*A*S*H）、《瑪麗．泰勒．摩爾秀》（The Mary Tyler Moore Show）、《計程車》（Taxi）以及《笑警巴麥》（Barney Miller）都加入了同樣的效果。

不過二〇一五年時，每部獲得艾美獎最佳喜劇提名的節目都沒有使用笑聲錄音。[7]最後一部使用笑聲錄音並贏得艾美獎最佳喜劇的節目，是二〇〇五年的《大家都愛雷蒙》（Everybody Loves Raymond）。

一九六〇與七〇年代使用三面佈景加上幕前舞台方式拍攝的電視節目，看起來更像是在拍攝戲劇。不過到了二十一世紀初期，許多電視節目看起來與質感都像是電影了。既然影片裡沒有人造大笑聲，對這個類型的節目來說，笑聲錄音似乎就變得過時且不合適了。在二〇〇九年一份叫做《笑聲的語言》的研究中發現，笑聲錄音降低了那些更複雜精細、深具敘述性與電影形式電視節目的「歡樂行為」。[8]對於那些類似「相對於簡化過的戲劇性表演，更像是傳統電影的電視節目，」他們寫道，「笑聲錄音顯得像是一種製造幽默與觀眾樂趣的阻礙。」——笑聲錄音是中階人士喜好的象徵，不符合有地位的電視節目。於是許多喜劇都藉由全面少用罐頭笑聲來對它們的高階分眾示好，而道格拉斯也靠著幫助讓電視節目變得更像電影，為他這項發明創造了邁入死亡的條件。

7 包括《宅男行不行》（The Big Bang Theory）、《破產姊妹花》（2 Broke Girls）與《極品老媽》（Mom）等好幾部人氣喜劇仍然使用笑聲錄音。確實，廣播聽眾年紀偏高，而笑聲錄音為這些聽眾提供了傳統舒適食品般的熟悉感。不過在觀眾年輕化的頻道，實際上就是大多數有線電視網、精選頻道（例如HBO與Showtime），或是串流服務（例如網飛與Hulu），目前都沒有使用笑聲錄音。

8 注：這是笑聲所創造過，不是最好，就是最糟糕的術語。

這便是笑聲錄音的生命週期：在爭議中成形、成長茁壯變成一種社會規範，最後成為陳腔濫調，邁向死亡。換句話說，笑聲錄音是種時尚。用在讓大家發笑的其他人的笑聲，現在讓許多人覺得難堪生厭了。

二〇一六年，正當我在撰寫這本書時，我們正處於數種文化趨勢之中——大型電視台供過於求、超級英雄系列影集氾濫、嘻哈統治音樂界、新興的臉書嶄露頭角，這些趨勢絕對到讓我們感到無可改變，甚至會永久如此。不過過去好幾十年的時間，電視執行製作人員也都認定笑聲錄音就是解放笑話的最後解答，是永遠不會失敗的修復性逗笑法。正因為其魔力如此絕對，才會受到最多人讀過的社會心理學著作中其中一本的大力推崇，不過其歷史顯示出一些更加細微的概念。笑聲錄音的社會權力不像是一種鐵則，更像是夏季洋裝時尚，或是利用雙關語的敲敲門笑話（knock-knock joke）。它曾經有用，接著它會變老變舊。

文化並不會停止讓我們驚訝的腳步，事實上，文化從未停下腳步，萬事萬物都可以是時尚。

就拿名字來說吧，下個時尚是什麼呢？有什麼產業或風俗習慣是過去受到傳統統治，但我們現在卻擁有爆炸性的選擇呢？想想交談，這個人類其中一個最基本的活動吧。

人類這個物種到現在差不多存活了二十萬個年頭。不過最古早的史前藝術出現時間大約是西元前五萬年，這表示了與花在被藝術與寫作圍繞的時間上相比，現代人類花了很長的時間在不用文字表達想法的情況下，在這片土地上漫遊著。在古代的洞穴壁畫與圖畫符號（pictograms）後，還要再經過一萬年人類才發展出接近字母的符號。蘇美的楔形文字（Cuneiform）與古埃及的象形文字（hieroglyphics）都是在大約西元前三千年時出現的。在世界某些地方，語言是從表意文字（ideograms）進化而成，用形狀來表示想法，從語音學（phonetics）進化，則是用字母來表示聲音。不過這些早期的音標字母通常都是輔音，迫使外國人要猜這些字母要怎麼發音。（當我為了猶太受戒禮而學習希伯來文時，在需要研讀的《妥拉》經全由子音撰寫的情況下，我對於要牢記母音感到相當沮喪。）到了古希臘，才終於採用了母音的概念，這讓過去一些不可行的情況變得可行了：任何人都能夠靠著辨識出那些潦草的文字，而擁有發出一連串字母讀音的能力。

人類能夠使用由二十六個看起來很好笑的形狀所組成的密碼，來表達出近乎無窮無盡的想法與情緒，這種想法就像是一種魔術，不過這種法術慢慢成形了。從用符號表達想法，轉為用符號表達聲音的文化，這個過程花了好幾千年。

雖然母音讓語言變簡單了，但有千年的時間，寫字仍然是門專業，甚至還引發了許多爭議。西元前四世紀逝世的柏拉圖，在《斐德若篇》（Phaedrus）表達了他對寫字的蔑視，他在書中質疑寫作會使人的記憶逐漸枯竭。[9]無論反對「暴紅」的原因何在，這就是當時大多數人對寫字的看法，大家堅定不疑地拒絕理解它。在法國等歐洲國家，一直到一八〇〇年代識字率都沒有超過五〇%，且晚至一九六〇年，世界上仍有一半的人無法讀寫。

書面語言要真正民主化，需要一種能夠便宜散布書面文字的科技。不過第一個象型文字的誕生與約翰尼斯．古騰堡（Johannes Gutenberg）發明印刷機之間，又經過了四千五百個年頭，而印刷機，也造成了一件醜聞。這部機器使得負責抄寫經書的僧侶大驚失色，而這至少有部分原因是因為它挑戰了僧侶們生產經書的壟斷地位。在《抄寫員禮讚》（In Praise of Scribes）這本十五世紀修道院院長約翰尼斯．特里特米烏斯（Johannes Trithemius）所寫的小冊子中提到：「他對寫作的熱情已然終止，因為使用印製，就不是真心喜愛這份經文。」到最後，這台機器對神明明顯的褻瀆，還是敵不過它的便利性。最諷刺的是，特里特米烏斯這段「衷心呼籲」，最後還是使用他將之妖魔化的同一台機器來印製。[10]因此寫字這個一度遭到毀謗構陷，接著令人崇敬的存在，將任務交棒給書本，讓書本一度遭到毀謗構陷，接著成了令人崇敬的存在。

相對來說，一五〇〇年後，促進書面文字傳播的發明、制度與組織，以極快的速度不斷成長。一六三五年，英國的皇家郵政（Royal Mail）開放收信人支付郵資，成為歐洲最早的大眾郵寄服務。兩個世紀後，一名叫做山謬．摩斯（Samuel Morse）的畫家，收到了一封通知他，他的妻子死於非命的信。他隨即離開華盛頓，但在他抵達紐哈芬市（New Haven）時，她已經被埋葬了。根據報導，這個事件啟發他發明出更快速的通訊方式——電報。摩斯於一八四四年時發出他第一封長距離訊息，是從巴爾的摩傳到華盛頓。三十二年後，亞歷山大．葛拉漢．貝爾（Alexander Graham Bell）撥出第一通電話。

讓我們在這裡暫停一下，先讓各位知道，到了一九〇〇年，人類已經存在了有二十萬年之久，而通訊方式從許多方面來說，仍然維持古老的傳統，正如同名字直到一八〇〇年代時的處境。人們用交談來通訊，有時候他們會用唱歌來傳達。人們會閱讀書籍，但大多是宗教文本，有些家庭會寫信，近況可能會用電報來傳達，但就連電話看起來都像個對傳統交談方式的一種奇異侵擾方式，而且多年來美國人似乎也不知道要用它來做什麼。在美國，汽車、廣播、彩色電視、錄放影機、手機或網路，都花不到十年就從利基變成了主流（滲透率從一〇％增加到五〇％），電話幾乎花了四十年才走完了這段踏上主流中心的旅程。

一九九〇年代時，通訊科技出現了如同寒武紀大爆發般的快速進展。第一則簡訊的傳送與接收於一九九二年發生（內容是「聖誕快樂」）；八年後，全世界有半數人口擁有手機；一九

---

9 注：有趣的是，人們對於谷歌和手機軟體有著近乎相同的恐懼。

10 注：每次我看到數以千計的人，對責難像是臉書這種社群媒體網站有多麼邪惡的臉書發文「按讚」時，就會讓我想起這件諷刺的事件。我覺得奇妙的地方在於，假使這個被妖魔化的媒體創造並串起了一群爭論它妖魔之處的用戶，那它究竟能有多妖魔呢？

九五年美國有十分之六的成人說他們從未聽過網路，或是不確定那指得是什麼；五年後，整個美國有一半的人上網。

當通訊選擇比比皆是後，各種交談模式就變得時尚起來——然後又變得過時。一九九○年代，青少年靠著有線與無線電話互通有無，到了二○○○年代初期，線上聊天已是標準配備。跨過了一個世紀，社群媒體革命也開始爆發，二○○二年有Friendster、二○○三年有MySpace、二○○四年有臉書、二○○六年有推特、二○○九年有Whatsapp、二○一○年有Instagram，還有二○一一年的Snapchat。這些平台都加入了其他發明，像是Vine和Yik Yak，還有像是表情符號、動畫圖片以及貼圖這種現代使用文字發明前的圖畫符號這個意外轉折。這類應用程式與服務，都能在對話欄中添加許多基本的照片和文字。不過它們全都擁有各自獨特的行話與文化語境（cultural context），且每個都代表一種從過去支配性科技中突破重圍的時尚進展或是目的性的分歧。

通訊，一度是種千年來未曾改變過的純樸風俗，現在則是充滿了正在成為一種時尚的新選擇，無論是偏好的彼此交流方式、使用什麼科技，甚至連「交流」的意義，都不斷地在變化。MySpace和臉書讓朋友與朋友間的私人訊息公開化，變成大家能夠接受的事情；Instagram創造了一個圍繞著圖像打造的龐大社交網路；Snapchat的限時動態（Stories）讓任何人都能創造一部給朋友看的迷你直播電影。以上這些通訊管道，都跟用手機交談截然不同，而且對它們旗下數百萬使用者來說，都覺得這跟交談一樣自然，有時甚至更具優越性。

通訊成為一種時尚，是造就今日市場行銷人員在試圖攫取最新的模因與策略時，表現壞到如此糟糕的原因之一。他們獲得這項消息時，時尚已經改變。二〇一三年超級盃遇到了幾乎沒發生過的停電事件，而這時候奧利奧（Oreo）餅乾在推特上發了一張一片漆黑的圖片，邀請大家把他們的餅乾放在這片漆黑場景裡，造成了轟動。對一間表現得像是一個對推特很熟的小孩的公司來說，這是個合理的驚喜以及聰明的舉動，但那是二〇一三年。在幾年間，使用精準的社群媒體訊息大多已被宣判為令人尷尬的存在，並且受迫成為像是一位爸爸為了讓自己很潮，而錯誤引用一部新的青春電影的台詞一樣難堪。廣告電影仍然在時尚流行語的循環速度比他們想文案的速度還快的前提下，努力想抓住流行。

服裝，曾經是一種慣例，現在則是明確的時尚。名字，曾經是一種傳統，現在則遵循著時尚的熱潮循環。溝通現在彷彿也成了時尚的特徵，當選擇浮現且偏好改變，有時候看起來會是隨性而為，因為人們總是會發現新穎、更便利，且更有趣的方式來打招呼。

間奏

青少年簡史

青少年是二十世紀最不尋常的發明之一。數千年來人們都會歷經十三歲的轉變，但唯有在最近人們才認為這是件特別的事，或者說，這段從兒童到成人中間的過渡期有了屬於它自己的稱呼。「青少年」（teen-ager）這個詞可以回溯至一九〇〇年代早期，但當時這個詞並未被確立。甚至直到二次世界大戰，在公眾媒體上仍然少見任何與「青少年」（teenagers）相關的報導。

然而過去幾十年國內媒體用某種既非下流，也不完全健康的方式，利用青少年逐漸將大眾餵養成癮，媒體想盡辦法追蹤年輕人愛用的應用程式、愛聽的音樂和追逐的品牌——正確的寫法應該是：**#品牌**。近幾年成長最快速的公司都是一些軟體公司與科技公司，這些公司的創始人通常是熟於使用電腦、智慧型手機或虛擬實境應用程式的年輕人，如果說現代文化完全由年輕人的品味所領導，那麼屬於老人的，由老一輩的人主導的舊文化、舊腦袋便永遠扮演著被淘汰的角色。

二十世紀中期，多虧了教育、經濟和科技這三種趨勢的匯集，青少年出現了，校園提供了年輕人在家庭看管以外，另一個培育的空間，迅速成長帶給他們自己賺的或來自於家長給的收入，而汽車（另外還有其他更新的行動科技）則是讓他們獨立自主。

1.義務教育的興起（The rise of compulsory education）

美國的經濟由地方性的農業社會轉變為大量生產的工業模式後，許多家庭搬到了離市區比較近的地方——至少在一開始的時候——此外有許多人將孩子們送去工廠工作，形成了一種免於孩子被迫長途跋涉的反動。

解決之道：孩子們的公共義務教育。一九二〇年到一九三六年間，為這些青少年而設的中學數量由三〇%加倍成長至六〇%，只要青少年在學校待的時間越多，就越能在工作和家庭這兩種強迫他們社會規範以外的地方，發展他們自己的習慣，現在已經無法想像每個十六歲男孩，每週末都要與父親手把手在生產線上度過下的美國青少年文化會是什麼樣貌。

2.戰後的經濟繁榮（The postwar economic boom）

一直到二次大戰後，以青少年為重點的商業利益都尚未真的發生。要吸引商人們和青少年都需要錢，而這些錢的主要來源有兩種：勞動力和家長們。一九五〇年代見證了這段美國歷史上經濟擴張的偉大時期之一，當時加入工會的成年勞工與青少年勞工都享有能持續加薪的全職工作。

在這段時期，父母生的孩子越來越少，而且漸漸地只要是任何稀有的及珍貴的投資，他們都願意在每個孩子身上花錢。由於女性受教率提高及避孕藥合法化，二十世紀下半葉先進國家的生育率便下降了，一九七〇年代，美國前二〇%富有的家庭主婦花費了比日常開銷多雙倍的費用來「充實」孩子們的童年，像是在夏令營、各種運動及家教上，當現代婚姻圍繞在孩子身上，這些青少年便成為掌握家庭開銷的財務長。

3.汽車的發明（The invention of the car）

第一次約會這件事，過去曾經代表要和女方家長坐在客廳自我介紹的聊天，這種想法對今日的單身者來說應該很可怕，尤其通常會在一場美味又尷尬的家庭晚餐之後才聊天。

然而汽車讓戀愛這件事從家裡客廳裡做作的閒聊中解放。正當汽車戀愛的發明和常規化，讓每個單身的現代人認為在這樣的「約會」裡，所有事都有可能發生也都能被允許的時候，年輕人和開快車這兩件事開始讓浪漫的事本末倒置，人們的擔憂也開始蔓延，一九〇九年歐文・柏林（Irving Berlin）的〈離有車的傢伙遠一點〉（Keep Away from the Fellow Who Owns an Automobile）這首歌裡的歌詞就充滿了警告意味：

離有車的傢伙遠一點
他會開車帶你到很遠的地方
帶你到離爸媽遠的要死的地方
如果他的四十四馬力飆到時速六十英里
那就永別了，永別了

如果你認為交友軟體Tinder和其他約會應用程式摧毀了現代的戀愛，那麼一九九〇年代時你一定會痛恨汽車。汽車不僅加速了青少年由依賴轉為獨立的歷史變化，也促使校園次文化的成長，從前家裡就像只有一間教室的學校，而有了校車之後，便能將學生們遠從家裡帶到足以裝載這一大群青少年與他們荷爾蒙的大建築裡。

農業的衰落加上義務教育的成長所創造的青少年文化，顯示了美國人深層的焦慮，東西岸都對「少年犯罪」懷抱著擔憂，這樣的憂慮也啟發了好萊塢電影，像是《養子不教誰之過》（Rebel Without a Cause）和我們在下個章節會看到的《黑板叢林》（Blackboard Jungle），也激起了華盛頓小組委員會（Washington subcommittee）對於青少年這些嚴重問題有了解決的行動。

這些力量讓青少年以實驗來填補多出來的充足閒暇時間和短暫的空虛。「童工制度的廢除和正規教育的延伸，帶給我們大批有著野獸般活力，卻從不投入生產的年輕有閒階級。」一九五七年一則《紐約時報》的評論曾這樣寫道。即使在他們早些年的分類中，青少年也被認為是文化遊牧民族，比起融入美國社會已建立的儀式，他們寧願到處流浪尋找品味與行為的新國度。

一九五三年，在約翰．埃德加．胡佛（J. Edgar Hoover）出版的一本聯邦調查局報告中曾警告「在未來數年裡，可以預期在這個國家，青少年犯罪的數字將會有驚人的增加」。這項警訊在國會裡引發了一陣回響，艾森豪總統（Dwight Eisenhower）曾在一九五五年的國情咨文中，要求聯邦立法來「協助這項全國性的問題。」佛雷德里克．魏特漢（Fredric Wertham）的國際暢銷書《純真的誘惑》（Seduction of the Innocent）中以粗略的辯解與些微歇斯底里的方式，爭論漫畫就是少年犯罪的原因[1]，他將漫畫稱之為「謀殺、傷害、搶劫、強暴、自相殘

[1] 另一方面，魏特漢對於藝術對年輕人影響，有著崇高且抽象的看法，然而他獨特的建議極度地自負；例如他抱怨超人是法西斯主義者，以及神力女超人（Wonder Woman）讓女人都變成同性戀。

殺、屠殺、戀屍癖、性、虐待、被虐的速成課程，以及實際上它也是其他任何一種犯罪、墮落、殘忍行為與恐怖的形式。」

青少年一被發明，他們就開始害怕了，許多社會評論家無法區別劫車賊與漫畫讀者之間有何不同，就像某種杞人憂天的老說法，他們都擁有野蠻的吉普賽靈魂。

過去這六十年，青少年這個族群被區隔開來，但他們真的有那麼不同嗎？還是青少年其實就像成人一樣——只是沒有錢，少了一點責任、沒有抵押貸款而已？

正如許多家長暗自猜測的結論，有些證據顯示青少年情感上的化學變化與其他群體不同，他們特別受大腦的決策中心——前額葉（frontal lobes）與愉悅中心——擴大的伏隔核（nucleus accumbens）之間的鬆散連結所苦，因此當成人以高解析度看見冒險行為的後果時，青少年則是在IMAX螢幕加上環繞音響的方式看見這項行為可能有的獎勵，很不幸地，可以預期的結果會是：青少年冒了較多風險，也遭受較多意外，十五歲到十九歲之間的美國青少年死亡率，比五歲到十四歲青少年高出三倍之多。

勞倫斯・史坦伯格（Laurence Steinberg）在一份職業調查中，以共同觀測法調查青少年想法，最後的結果對於家長、老師或任何對中學時期有點記憶的人都是不證自明的：青少年間只會做出更蠢的行為。天普大學（Temple University）心理學家史坦伯格讓不同年紀的人進行一場有街道與號誌的模擬駕駛遊戲，成人在無論有沒有觀眾情況下，駕駛狀況都沒有變化，但青少年在朋友的觀看下，開快車的機會整整多出一倍——例如闖黃燈。青少年對於同儕的影響格外地敏感，大家對於真正酷的行為或許會從像是抽煙隨著時間改變成喝酒，但是深謀遠慮的生物就必須表現得不留痕跡。

然而到底什麼是「酷」（coolness）？從社會學的角度來看，有時候可以解釋為一種純粹的叛逆行為，這個定義聽起來或許煩人，但這個詞有它的用途。我就讀的中學會要求穿著，但如果你十四歲，違反那樣強制性的衣著制度，你絕對會漂亮地成為其他孩子們心中不順從的象徵。但這種行為並非總是適用，如果是在校園裡的戰爭英雄紀念碑前脫褲子呢？或者在全校最受歡迎老師的葬禮上驕傲地脫去上衣？同一群人要判斷某種是酷還是非常不尊重的外在行為，取決於他們對於違反這件事的合理標準，拜瑪雅法則所賜，「酷」的表現意味著最自我然而適當（Most Autonomous Yet Appropriate）。

在二十世紀末，許多青少年會被商標吸引，一九八〇年代到一九九〇年代的長期經濟擴張，賦予了他們花大錢在衣服圖案上的意義。例如雷夫・羅倫（Ralph Lauren）這個時尚品牌在校園裡流行的原因不僅在於衣服的品質，還有商標的加持，同時那些最受歡迎的網路和電視節目像是《玩酷世代》（The O.C.）和《拉古納海灘》（Laguna Beach），經常找來有著一頭蓬髮的漂亮加州青少年作為節目主角，洛杉磯文化橫跨了整個國家，也帶動了像是赫利（Hurley）、比拉邦（Billabong）與范斯（Vans）等衝浪與滑板品牌的知名度。

幾十年的商標熱潮在經濟大衰退中突然劃下句點，國內將近半數的家庭都歷經了失業、減薪、工時縮短的情況，青年失業率幾乎高達一九％，雷夫．羅倫馬球衫上那華麗的刺繡商標在經濟的低迷時期突然變得不受歡迎了，而緊接著像是H＆M、颯拉（Zara）與優衣庫（Uniqlo）這樣的「快時尚」（fast-fashion）零售商開始發展新的一章。

在新時代的酷裡，智慧型手機螢幕所顯示的東西就像那些刺繡商標一樣，是青少年的識別重點，那些商標曾經風行於校園，但今日的年輕人用來表演和觀看表演，評論與被評論的Snapchat、臉書和Instagram才是校園的流行重點。幾十年過去，汽車這種移動的工具發明了青少年，iPhone與同類型產品提供新一種用來表現自我、獨立與被記住的聰明方式。

就這樣在前半個世紀，青少年從一種代表著尷尬青春的創新分類到威脅美國安全的存在，最後成為珍貴的消費者統計與有研究價值的主題。青少年是市場的求新者，這群人最可能接受新的音樂、新的服裝時尚或新的科技潮流，對成年人來說，特別是那些擁有權力與財富的人，循規蹈矩是最安全的，然而年輕的時候，除非你能證明那是合理的，否則一切的規則秩序都是不合理的。的確是如此，他們不會有什麼損失，年輕人會繼續盡其所能成為一種新文化的動力。

這本書的第一章，我探索了熟悉性是如何狡猾地利用人們對藝術、音樂、故事和產品的渴望來創造驚嘆時刻，我試圖思考個體來理解熱門商品與流行。

然而那只是故事的一半，其中一個談論青少年文化的章節，是關於人們不會全由自己決定他們喜歡什麼，他們憑藉對一件事是否為主流的認知，來定義什麼是酷的事情；什麼是激進的事，什麼是合適的事；什麼是他們的社群正在做的事，什麼是其他小圈子認為酷的事，以這種方式來看，我們都是青少年。消費者不斷地學習、改變並回應周遭的人的決定。

這讓流行成為一種複雜的系統。一個人能夠完全理解雨的構成，卻仍無法預測接下來的暴風雨，天氣經常被認為是一種混沌系統，因此這也讓氣溫的推測和未來雨量的預測變得具有挑戰性，像是電影、遊戲、藝術、應用程式這類文化商品的市場也是一樣。

任何熱門商品的市場調查都應該從評斷這種不確定性開始。文化即混沌。

第二部

流行與市場

第七章

搖滾樂與隨機性

蟋蟀、混沌理論和搖滾樂史上最暢銷的熱門金曲

由比爾．哈雷與他的彗星（Bill Haley and His Comets）於一九五四年所錄製的〈（我們要）晝夜搖滾〉（〔We're Gonna〕Rock Around the Clock），是第一首登上告示牌排行榜的搖滾樂，擁有四千多萬銷量，目前統計是繼平．克勞斯貝（Bing Crosby）的〈白色聖誕〉（White Christmas）之後第二暢銷的歌曲。這首歌發表六年之後，它的魅力似乎更讓人著迷，如果你聽了十五秒後沒有隨著音樂擺動你的頭或輕踏你的腳，那麼你絕對能夠因為你的自制力得到米其林等級的獎項。

但綜觀〈晝夜搖滾〉整個歷史，這首歌比較不被認為是一首明顯能夠征服世界的熱門金曲，而是世界上最意外的成功。它的幸運緊扣著人們的輕信，而且顯示了就算是暢銷作品通常

也需要幸運之神的眷顧。

小威廉・哈雷（William Haley, Jr）[1]生長在一個貧窮的音樂世家，他的父親威廉一世（William Senior）是一位班卓琴技師，他的母親莫德（Maude）則是在他們的家裡教人彈鋼琴。小威廉自小左眼失明，因此生性害羞，就連成年後他那最耀眼眩目的一綹鬈髮，據報導指出都是為了要轉移大家對他眼睛的注意力。

哈雷十三歲時，他的父親送了他一把二手吉他當作聖誕禮物，他與吉他這段愛的故事就此展開。雖然視力不好，但他精通樂器，在青少年時期以約爾德唱法（yodeling）參與幾個鄉村樂團的演出，他的夢想是到全國演唱牛仔們的鄉村歌謠（hillbilly ballads），但這個夢還沒開始就破滅了。他二十幾歲時搬了家而且一無所有，當時被安排到賓州的一間廣播電台擔任音樂總監，並非真的從事音樂創作，然而當時透過職務之便見了許多創作者並且吸取歌曲的靈感。他開始組了幾個樂團，其中包括一個名為騎馬人（The Saddlemen）的西部搖擺（western swing）樂團。

他熱愛西部鄉村音樂（country-western music），他逐漸了解這是源自於童年的影響——鄉村的琴弦、鄉村牛仔的搖擺和新的「黑人音樂」（race music），會有這個稱呼，是因為它大多由黑人樂團所演奏，例如：金鶯樂團（The Orioles），他們將節奏藍調（rhythm and blues）推向了極致，當時一位電台音樂總監得知比爾・哈雷和騎馬人樂團時，他向樂團建議了一個更酷的團名，他建議何不和天上那顆隕石一樣，以「哈雷」這個名稱作為團名的開頭？於是樂團便改名為比爾．哈雷和他的彗星（Bill Haley and His Comets）。

他們在一九五二年的首部作品〈瘋子，瘋了〉（Crazy Man, Crazy），是一首很容易被遺忘而且曲調簡單的歌曲，距離成為告示牌排行榜上第一首搖滾樂還有很大一段距離，但哈雷急迫地加快腳步，在一九五三年帶著〈晝夜搖滾〉這首歌到他的唱片公司艾塞克斯唱片（Essex Records），但公司創始人戴夫．米勒（Dave Miller）不答應錄製。事實上，米勒非常確定這是一首會失敗的歌，於是在哈雷面前將歌曲撕毀，宣告這個計畫就此結案。

哈雷帶著這首歌到一間敵對唱片公司迪卡唱片（Decca Records），迪卡唱片有條件的同意錄製〈晝夜搖滾〉，那就是彗星樂團必須先錄另一首歌〈十三個女人（和鎮上唯一的男人）〉（Thirteen Women〔And Only One Man in Town〕），這是一首充滿遺憾的歌，講述一位男子在氫彈摧毀世界後，成為女子閨房看守人的故事。哈雷答應也錄製這首歌，錄音日期定在一九五四年四月十二日，於紐約市十七街一棟共濟會會所（Masonic Temple）改建的錄音室進行。

當時原定時程是上午十一點準時開始，但直到十一點半仍不見彗星團員們的人影，實際上他們根本不在紐約。

[1] 譯注：比爾（Bill）為威廉（William）的暱稱。

哈雷和他的樂團遠在北邊幾百哩外，德拉瓦河沙洲（Delaware River）口的查斯特橋港市（Chester-Bridgeport）港口，等到拖船從一陣混亂靠岸進港後，哈雷急忙地朝紐約市狂駛，就在下午一點剛過，整整遲到兩個小時才到達現場，一位製作人建議「下次我們約好要錄音的時候，請走橋過來」。

樂團在舞台上拿出他們的樂器並裝設完成，經過一個多小時的彩排後演奏了三輪〈十三個女人〉，但製作人並不滿意，於是他們又演奏了三次。

錄音室原定的預約結束時間是下午五點，但到了四點二十分他們的〈晝夜搖滾〉連一秒都還沒演奏到。後來〈晝夜搖滾〉第一輪的錄製演奏得非常響亮且有活力，將混亂掌控得恰到好處而產生愉悅感，但由於吉他獨奏就佔了至少兩分鐘，因此這首歌顯得非常短，吉他手丹尼．塞卓內（Danny Cedrone）也因為沒有時間將即興演奏的部分重新設計再定調，因此在第一輪演奏裡，他完全複製了一九五二年他在比爾．哈雷的〈搖滾關節〉（Rock the Joint）演奏過的十五秒獨奏裡的每個音符。[2]

製作人在第一輪的錄製結束後回放了他們的演奏，根本亂七八糟，彗星的樂器聲刺耳到將監控器的指針推向紅色的爆音區塊，幾乎聽不見哈雷的聲音，即使是大品牌的唱片公司，發行一首沒有主唱的流行歌也有很高的風險，但已經快要下午五點，錄音室安排的時間幾乎已經到了，也沒有時間再調整麥克風了。

製作人提供了一個解決方式：讓樂團再演奏一次並關掉所有樂器的收音麥克風，所有的錄音都集中在哈雷身上，他就能有最後一次機會讓聲音到位。

第二輪的錄音就沒有什麼明顯的錯誤，下午五點時間一到，哈雷和他的樂團便收拾起樂器，雖然彗星樂團不知道這次的錄音是否能用，但製作人已將這兩份磁帶同步混音，最後的錄製品也將在一個月內出貨，這對哈雷來說肯定像是個小奇蹟，花了好幾年懇求不同的唱片公司，他不屈不撓的毅力得到了回報，他的歌曲終於被放進黑膠唱片裡。

但安慰總是短暫的，〈晝夜搖滾〉被收錄在《十三個女人》專輯中的B面，而且被遺忘的速度就和他們錄這首歌的速度一樣快。

迪卡唱片寄了很多張〈晝夜搖滾〉的唱片給國內許多電影公司和製作人，並且在幾個較具影響力的雜誌像《告示牌排行榜》和《綜藝》（Variety）雜誌買了廣告，一九五四年五月，告示牌排行榜替這首歌寫了一則不怎麼樣的評語：「重拍且重複的藍調吟唱讓這首歌有著成為爵士樂（cat music）的強烈企圖，但是可以把錢省在對的地方」，這張唱片銷量沒有真的慘跌——它登上告示牌排行榜整整一週的時間——但是距離成為流行歌曲還有一光年的距離。一九

2 注：比較〈搖滾關節〉裡三十三秒至四十八秒間的十五秒吉他獨奏，和〈晝夜搖滾〉裡四十四秒至五十九秒間的十五秒吉他獨奏，基本上一整段的確每個音符都一樣。

五三年的〈瘋子，瘋了〉有七十五萬張的銷量，但〈晝夜搖滾〉只達到它的十分之一——僅售出七萬五千張。

某方面來說我們已經來到故事的結尾了，〈晝夜搖滾〉是一張普通唱片B面的一首平庸歌曲，它並非因為缺乏曝光而失敗，它是主流唱片品牌，得到了雜誌上的廣告行銷，到過許多電台DJ手上，一九五四年曾在許多電台播放，並登上告示牌排行榜上一週的時間，直到七月消失，如同流行文化史那些被塞在眾多不知名的小碎石中的那堆垃圾桶裡，被丟進其中一個垃圾桶的唱片之一。

〈晝夜搖滾〉曾經有過一次機會，但它失敗了。

鄧肯·華茲（Duncan Watts）不相信這種傳奇故事，比較認同混沌理論。身為微軟的網路理論科學家（network theory scientist），他相信透過詮釋的電腦世代，並且不太相信聽起來太有趣的傳聞軼事，如果你要試著寫一本在文化市場中成功的有趣範例，他會是最糟的聊天對象之一，而我決定約他見面幾個小時並奉上我書裡其中一章來詢問他的想法，所以不用懷疑，我就是個自我憎恨而且顯然有一點點被虐天性的人。[3]

華茲是前澳洲國防軍學員（Australian Defence Force cadet），長得高而且有著剛毅的下巴，鏡框下有著藍色的雙眼。為了探索自己為何對於人像是在混沌之中所感到的絕望，他在一九九

○年中期到康乃爾大學（Cornell）攻讀了混沌理論（chaos theory）的博士學位，他在詹姆斯．格雷克（James Gleick）發表關於混沌主題的名著後幾年就完成了他的計劃。「你知道的，在大眾市場中如果有人寫了一本關於這個主題的書，通常長得低的果實早就被拿走了。」他這麼跟我說，直達痛點。

由於在研究所時不得不從物理學以外的地方找符合混沌理論的主題，華茲開始對於我正想試著解答的大問題感興趣，例如為什麼人們會喜歡某件事，為什麼人們會一窩蜂去做某件事，以及流行是如何蔓延的。華茲想到了蟋蟀而不是設計師或詞曲創作者。

「我先是對生物學感興趣，然後我開始思考蟋蟀的社群網路（networks）和牠們如何同步鳴叫聲。」他對我說。華茲著迷於動物間的社群網路，但他正在探尋的更大問題是關於人類的社群網路，例如事情如何由小處開始發展——像是艾瑪（Emma）這個名字漸漸成為一種流行——然後演變成主流運動，就像田野間同步廣泛蔓延的蟲鳴大合唱。

當時差不多同一時間，華茲的爸爸在電話中問他是否聽過一個說法，就是在這個世界上的任何一個人只要和六個人握手，就能和美國總統有所連結。那是一九九五年的事，當時華茲尚

---

3 注：寫這本書的期間我與華茲聊過許多次，而且我試著在撰寫中的草稿裡，小心地設定用以說明那些已被建立並驗證過的普世法則的故事——例如曝光效應——而非相反地找些有趣的故事，接著從中搜尋主題硬塞進去。

未聽過這個理論，他不知道這論點是否絕對正確或絕對錯誤，但他開始認為蟋蟀和六度分隔理論（six degrees of separation）是同一個故事裡的兩個部分，他懷疑社會上的蔓延現象——例如蟋蟀鳴叫、服裝時尚和大眾文化流行——可能是被群眾行為法則（rules of mass behavior）所主導著，或許對於流行一開始的問題應該不是「我們為什麼喜歡某件事？」而是「你喜歡的如何變成『我』喜歡的？」

就算我跟華特見面聊天的時候他企圖質疑我的一些論點，但我仍然喜歡他的原因之一，就是他完全不帶感性來看待某些產品的成功，而且他非常擅於分析帶有個人情感詮釋的缺點，他對於那些過份天真想法的絕佳批評之一，就是某次對於《蒙娜麗莎》是世界最有名的畫作這個論點的評論。

達文西的肖像畫直至今日仍存在著某些令人懷疑的謎團，《蒙娜麗莎》目前看來確實是世界上最珍貴的畫作：它在金氏世界紀錄（Guinness World Record）裡創下所有藝術品當中，擁有最昂貴保險費用的紀錄。一九七三年一位藝術評論家肯內特．克拉克（Kenneth Clark）曾將《蒙娜麗莎》譽為「完美的極致典範」，並認為它值得擁有世界上最著名畫作的頭銜，但是在十九世紀時，這幅畫甚至不是其所在博物館羅浮宮裡最有名的畫作。歷史學家唐納德．薩松（Donald Sassoon）曾指出，一八四九年《蒙娜麗莎》當時價值九萬法郎，雖是一筆可觀的數字，但遠不及在同個博物館裡展示的提香（Titian）作品《以馬忤斯的晚餐》（Supper at

Emmaus）（當時價值十五萬法郎）或拉斐爾（Raphael）的《聖家》（The Holy Family）（六十萬法郎）。

《蒙娜麗莎》的名氣是拜當時的一位愚蠢小偷之賜。一九一一年八月十一日星期一這天，失業的義大利畫家裴路賈（Vincenzo Peruggia）走進羅浮宮並將《蒙娜麗莎》一起帶走，法國當地的報導對於這起竊盜案感到震驚，同時也憤怒地聲明這幅畫在歷史上的重要性，《蒙娜麗莎》失竊了好幾年，直到裴路賈企圖在佛羅倫斯（Florence）兜售這幅只要一賣就肯定會讓他被逮捕的昂貴藝術品時被逮個正著才重見天日，此外，《蒙娜麗莎》的修復和歸還在國際上曾轟動一時。

這幅畫修復完成幾年後，一九一九年現代主義學家馬塞爾・杜象（Marcel Duchamp）複製了一幅長了鬍子的《蒙娜麗莎》，他稱之為《L.H.O.O.Q》，如果以法文發音便會與某種形容色情事物的字同音。[4]惡搞《蒙娜麗莎》平靜的微笑激起了許多畫家產生無窮盡的創意點子，因此上個世紀一些著名畫家——包括賈斯培・瓊斯（Jasper Johns）、羅伯特・勞森伯格（Robert Rauschenberg）、雷內・馬格利特（René Magritte）、薩爾瓦多・達利（Salvador Dalí）和安迪・

---

[4] 注：以法文念出這些字母會是「ell-ahsh-oh-oh-koo」聽起來非常像「Elle a chaud au cul」，意思是「她的屁股很性感」。

沃荷（Andy Warhol），都曾發表《蒙娜麗莎》的諧擬作品，她的這張臉現今已無所不在——杯墊、雜誌封面、書封、電影海報和各種裝飾品上都有。評論家解釋《蒙娜麗莎》為何是歷史上最有名的畫作時，通常都不會說明這個事實，就是從畫作本身的歷史來看，它有很長一段時間並不有名。到最後大家便不再說出類似：「《蒙娜麗莎》之所以為世界上最著名的畫作，是因為它擁有一切《蒙娜麗莎》的特質。」這類的言論。

這種就是完全能逼瘋華茲的說法。他感嘆有許多分析家、趨勢家和文字工作者僅在所有人都認證某件事的成功後，才聲稱完全了解那件事成功的原因。他希望提醒我們小心那些聲稱能夠預測未來，卻只能透過回溯過去證據來證明這種能力的人。[5]

華茲是「資訊瀑布[6]」（information cascades）方面的專家，一道瀑布就是一種想法的地圖，一道全球的瀑布就是一種蔓延得很遙遠且廣泛的想法，就像由一顆小種子萌芽長成雄偉的大樹一般。在現實世界裡，全球的瀑布可以包含出乎意料的流行產品，例如像是豆豆娃（Beanie Babies）這樣的填充小玩偶，以及眾所皆知，可預期的流行，例如《星際大戰後傳三部曲》（Star Wars sequel）。流行與瀑布有不同的大小，但它們的共同點就是：皆從零開始。

為了能夠看到想法如何從零發展至百萬，華茲設計了上面有上千人——或者他稱之為節點（nodes）——的宇宙模型，模型上的人與人之間彼此連結，且稱它為華茲世界（Watts World）好了，在華茲世界裡每個人或每個節點有兩種變數：弱點（vulnerability）（每個人出現新行為的可能性）和密度（density）（相互連結的人數），華茲以弱點和密度反覆觸發數百萬次，讓這些網路產生變化，觀察這些的波動如何擴散至數百萬人，或者在大多時候完全沒有擴散。

首先他意識到弱點和密度有著適居帶（Goldilocks zones），也就是對一個基本上從來不會改變習慣的老人家來說，廣告宣傳是無效的（「低弱點」〔low vulnerability〕），或者對一個西伯利亞的隱士（「低密度」〔low density〕）來說也是無效的。然而位置相對的兩極也會是問題所在，假設你對布魯明黛百貨（Bloomingdale's）、蓋璞（ＧＡＰ）的廣告，或對你所看到其他任何服飾特賣都同樣容易受影響，那麼對所有品牌來說，你就會是可怕的賭注，因為你不斷地在改變想法，一個高弱點（hypervulnerable）的消費者，比起對所有影響力完全無動於衷的消費者顯得更加無法信賴。

華茲在他的網路裡發現一個特殊之處，有個地方的瀑布數量意外地稀少但卻特別巨大，在

5 注：二〇〇四年的一部電影《辣妹過招》（*Mean Girls*）裡，由亞曼達・賽佛瑞（Amanda Seyfried）飾演的傻妹凱倫・史密斯（Karen Smith）聲稱她擁有「ＥＳＰＮ」（原對白）（譯注：劇中角色想說的應該是「ＥＳＰ」（車身動態穩定系統）。），因為她的胸部總是能夠預測何時將要下雨，為了證明她的這項天賦，她說：「是這樣的，下雨的時候它們（胸部）就會知道。」或許像華茲這樣的科學家會認為許多據說有遠見的作家有相似且令人懷疑的天份：他們只有在衣服濕了之後才能預測何時下雨。

6 譯注：也稱作「資訊串流」。

特製的華茲世界，這一千次的觸發裡面有九百九十九次什麼事都沒發生，然而就在那一千次裡的唯一一次，整個網路就亮了起來，成了一大片的全球瀑布。

「呵，這真有趣。」我說。

「這其實是數學。」他回答道，假設觸發器有〇．一％的機率能使其形成全球瀑布，那麼只要觸發數千次，就至少能形成幾道全球瀑布，數學就是這麼運作的。

然而想像一下身處那〇．一％的世界裡會是什麼情況，想像一下像我這樣一位作家，裝作自己能理解為何在那〇．一％的世界裡什麼都能發生，我就能預見一堆意外的成功，例如獨立電影《我的希臘婚禮》（My Big Fat Greek Wedding）或是那首韓國流行歌曲〈江南style〉（Gangnam Style），而且會企圖把某個難以置信的事件解釋得像是它必然會發生那樣。

「作家們總想在某個產品成功的時候去解釋它成功的那些必然條件。」華茲說，「他們會問『這件事有哪些成功的特質？』接著他們便認為這些特質肯定非常獨特[7]，或者嘗試找出引領潮流的零號帶原者（patient zero），因為他們會認為這個人一定很特別。」這類的想法造就了毫無意義的成功聖經，華茲說。假使有一部恐龍題材的電影在五月的時候成功，那麼就會有上千篇關於恐龍有某些特別魅力的文章（即使恐龍題材的電影早在一月時就失敗了）。如果二〇一六年有一位來自貝里斯（Belize）的音樂家獲得廣大的成功，有些作者就會認定貝里斯的音樂裡肯定有某些吸引人的地方（就算這首歌是本世紀唯一一首在貝里斯的熱門金曲）。

然而用機率來思考十分抽象，通常也不可能這麼做。預報員可以說今晚有百分之五十的降雨機率，或者一部電影在上映第一週有一〇%的機率能創造一億美金的票房；重點是這些是可以被建立在投入智慧後的前提下計算出來的，但最終還是只有下雨或沒下雨，這部電影創造了一億票房或沒有沒有創造一億票房。機率本來就是用在發生很多次的事件上，你可以擲一枚硬幣直到手指麻木，但正面與反面出現的機率終究會接近五〇%。但生命就像一組巨大的輪盤，每個人只有一次轉動的機會。

大部份的人並不用百分比來思考，他們透過經歷來體驗這個世界——動作與反射；原因與結果；後此故因此（post hoc, ergo propter hoc）。任何經歷都好過混亂，實際上可能有人會說生命中的混亂是一種長期的狀態，所以經歷就是為了彌補這些混亂用的。

在華茲世界，同一件產品在幾乎相同的環境下會成為最佳之作或失敗品，就只是取決於數學運作法則、時機和運氣。

例如有時候一首搖滾歌曲在一九五四年問世，而數以萬計的美國人只聽歌卻不買專輯，這個例子就是〈晝夜搖滾〉。

---

7 注：在此華茲所描述的情況可以歸類於好幾種範疇，並曾經在丹尼爾・康納曼（Daniel Kahneman）《快思慢想》（*Thinking, Fast and Slow*）一書中的後見之明這項被討論到：「我早就知道了」、「如果真的發生，結果應該會如此」。

而後在一九五五年，為了少部分與以往不同的觀眾，這首歌又重出江湖，於是故事翻轉，一連串不可能發生的反應出現了，這首曾經被這個國家無視的歌如今成了搖滾樂的國歌，就像是〈晝夜搖滾〉。

在七萬五千張〈晝夜搖滾〉專輯購買者中，其中一位是住在比佛利山莊（Beverly Hills）名叫彼得．福特（Peter Ford）的年輕男孩，他來自擁有極佳音樂天份和五花八門品味的家庭，他的母親是著名的踢踏舞者艾蓮娜．包威爾（Eleanor Powell），平時都聽「搖擺樂之王」（King of Swing）班尼．古德曼（Benny Goodman）的演奏與爵士樂，他的父親是熱愛夏威夷音樂的電影演員格倫．佛特（Glenn Ford），年輕的彼得則是埋首在黑人樂團和「黑人音樂」中尋找他的歸屬。

很少有朋友踏進他們五英畝大的私人土地前往拜訪，只有音樂是他的庇護所，深夜獨自蜷縮聽著洛杉磯ＫＦＶＤ和ＫＦＯＸ電台，由杭特．漢考克（Hunter Hancock）主持的節目，他是第一位在電台播放節奏藍調的ＤＪ，他的母親也經常開車帶他到比佛利山莊的唱片行，隨心所欲地抱走一堆黑膠唱片，幾乎都是黑人的作品，還有節奏藍調以及搖滾樂的創始者：節奏之王（Kings of Rhythm）、約翰尼．埃斯（Johnny Ace）、金鶯樂團（the Orioles）、烏鴉樂團（the Crows）、佛朗明哥樂團（the Flamingos）、雲雀樂團（the Larks）……等。「只要是鳥類的名字，那就是我的唱片。」福特告訴我。

福特一家人住在比佛利山莊一棟裡面有二十個房間的房子，前一任屋主是曾經為《卡薩布蘭卡》（Casablanca）和《亂世佳人》（Gone with the Wind）創作電影配樂的作曲家馬克斯·史坦納（Max Steiner），這間房子的至寶是瓷屋（China Room）：由史坦納為這四百平方英尺的房間所裝飾，有著許多最新高科技的音樂室，牆上閃爍著金色葉子的光芒，其中一整面牆上滿佈著河流蜿蜒於青山間的中國壁飾，三英尺高的喇叭座落在房間的兩個角落，彼得·福特就坐在綠色印花的棉布沙發上聽著他的那些鳥兒樂團。

九歲大的男孩彼得·福特，在一九五四年他無數次的比佛利山莊唱片行之旅中，某次買下了一張A面有〈十三個女人（和鎮上唯一的男人）〉這首歌的七十八轉黑膠唱片，他討厭這張唱片。

「我覺得它太可怕了，」福特一邊笑著對我說，「我說，我真的真的很討厭它，但後來我將唱片翻面發現〈晝夜搖滾〉這首好歌，我覺得鼓的部分很棒，但它仍不是我最喜歡的歌之一，我當時比較喜歡金鶯樂團。」

幾個月後，他的父親格倫·福特正在拍攝一部與市中心學生題材相關的電影，名為《黑板叢林》，這部電影接近拍攝尾聲時，導演理查·布魯克斯（Richard Brooks）某天下午前往拜訪福特家，格倫替導演準備了點喝的之後他們開始討論起這部電影的配樂，布魯克斯說他正在找一首歡樂的歌當作電影的片頭曲，一首可以吸引年輕世代的搖擺曲調，格倫告訴布魯克斯說他兒子之前買了一些前衛的音樂，或許有些唱片可以分享。

「我帶狄克．布魯克斯（Dick Brooks）[8]和我父母到音樂室，然後狄克問『你有些什麼？』」福特說道。「我給了他幾張唱片：有一些是喬．休斯頓（Joe Houston）、喬．特納（Joe Turner）的〈搖滾，嘈雜，和滾動〉（Shake, Rattle and Roll）和比爾．哈雷與他的彗星的〈晝夜搖滾〉。」

接著發生的一切，在福特的記憶中和全國人的心中同樣歷歷在目；綜觀來說，這可說是搖滾樂成為美國主流運動的一天，「二月二日，就在我十歲生日的前三天，《黑板叢林》在恩希諾戲院（Encino Theater）辦了一場試映會，」他說，「我和我爸都在那。」這部電影的開頭是一段在鼓聲中的序言：

> 在美國，我們很幸運地有學校體制這個禮物，能獻給我們的社區和我們交付在美國青年身上的信仰。
>
> 如今的青少年犯罪和我們息息相關——無論是它的原因和他的影響。尤其是在這犯罪滲透校園的緊急關頭。

然而，我們相信公眾意識是補救所有問題的第一步。

這正是《黑板叢林》製作的精神和信念所在。

就在這時候，比爾．哈雷最有名的那段開始了：（叭噠）「一、二、三點鐘、四點鐘，搖滾！」第一個節拍一下，《黑板叢林》這幾個字就在在螢幕上閃爍，這個小男孩被震懾住了：他買的唱片在好萊塢主流電影裡揭開序幕前進了。

「〈晝夜搖滾〉能成功，完全歸功於它被放在《黑板叢林》這部電影的開頭，」曾出版《晝夜搖滾：掀起搖滾樂革命的唱片》（Rock Around the Clock: The Record That Started the Rock Revolution）的作家吉姆．道森（Jim Dawson）說道，《黑板叢林》引發了歇斯底里般的反應——不僅僅在青少年身上，甚至也影響了他們的家長和政治人物，孩子們會在電影院走廊上跳舞而且在車裡大放這首歌。一九五五年五月十七日，根據《費城詢問報》（Philadelphia Inquirer）的報導，普林斯頓大學（Princeton University）的宿舍裡還舉辦了一場競賽，看誰能盡可能地從房間裡將這首歌播放到最大聲。到了午夜，學生們在街頭巷尾流竄，一面放火燒垃

---

8 譯注：狄克Dick為理查Richard的暱稱。

圾桶一面沿街高喊，當時曼非斯市（Memphis）的市長曾經下令禁止青少年觀看這部電影，一位住在亞特蘭大（Atlanta）的老婦人也說這部電影「讓這座城市的和平、健康和良好的秩序受到了威脅。」

《黑板叢林》招致的種種惡名替它的片頭曲做了宣傳，從此激發了搖滾樂的流派，就像當年拉法葉．卡耶博特透過流言蜚語建立了印象派的神聖性。一九五五年七月二日，《黑板叢林》上映三個月後，〈晝夜搖滾〉成了全國最暢銷的單曲，同時也是第一首榮登告示牌排行榜的「搖滾樂」，到最後他的實體唱片銷售量超越了貓王（Elvis Presley）、披頭四、瑪丹娜（Madonna）或麥可．傑克森（Michael Jackson）的任何一首歌。[9]

初始行徑中的一點細微變化，就能導致未來結果的巨大改變，這是混沌理論的其中一項定律；一隻在巴西的蝴蝶震動牠的翅膀，就能讓印尼的海岸形成颱風。一九五四年和一九五五年最受歡迎的旋律是動人的華爾茲（waltzes）和一九五〇年代後期流行的快節奏歌曲，在告示牌排行榜上，〈晝夜搖滾〉前後一次的冠軍分別是感傷的〈奔放的旋律〉（Unchained Melody）和聽起來可能是一八五〇年代寫的吟遊民歌〈德州黃玫瑰〉（Yellow Rose of Texas）。

哈雷短暫地奪下了排行榜這件事便預告了這個體制將被推翻。十年後搖滾樂征服了流行音樂，也帶來了文化和政治上的轉變，首先，流行音樂的重心由歌曲轉移到歌星身上，例如以演唱平易近人的歌曲而聞名的法蘭克．辛納屈（Frank Sinatra）和平．克勞斯貝，只要有樂譜就能在家演奏他們的歌曲，他們是詮釋的專家。然而一九六〇年代的流行明星則是自己寫歌、演奏的樂團和創作者，像是披頭四和滾石合唱團，他們本身就代表著他們的音樂，這波搖滾革命不亞於當今流行明星剛興起的年代。

再者搖滾樂的興起動搖了十年來已疲軟無力自滿的美國文化，眾所皆知白人樂團使黑人音樂家所創造的曲風成為主流，但對於黑人創作者的剝削利用卻更加明顯：一九五〇年代絕大多數原來由黑人音樂家所演出過的熱門歌曲，經常由白人翻唱，例如麥瑰爾姐妹（McGuire Sisters）的〈真摯地〉（Sincerely）（原唱為月光樂團〔Moonglows〕）、派瑞．寇摩（Perry Como）的〈科科莫〉（Ko Ko Mo）（原唱為金與尤妮斯〔Gene & Eunice〕）。一九五五年，告示牌排行榜終於宣告了「唱片界出現黑人流行歌手」；然而比起像告示牌排行榜在一九九一年對嘻哈樂所做的儀式，對於已經真實存在十年以上的事做這樣的動作顯得相當拖延。

---

9 注：一九五五年九月二十一日，迪卡唱片在《綜藝》週報雜誌的一則廣告中感謝電台ＤＪ們為「晝夜搖滾」帶來「超過兩百萬」的銷量，唱片公司還在頁面的底部拜託ＤＪ們播放公司的新作品〈眼花撩亂〉（Razzle Dazzle），抱怨新歌「完全被〈晝夜搖滾〉給蓋過了」，正如我們在第三章所提到，二十世紀的流行歌曲在排行榜上的排名通常會迅速上升或跌出榜外的原因，是由於唱片公司會傾向於影響和鼓勵ＤＪ們多播放新的作品，這裡便是個絕佳的例子：一九五五年九月，就在《黑板叢林》上映幾個月後，迪卡唱片就立刻開始抱怨——一整頁針對比爾．哈雷的廣告，就是這麼多！——說他的暢銷曲把其他的新歌「壓得喘不過氣」。

即使搖滾樂萬神殿因為有貓王、查克・貝里（Chuck Berry）和巴迪・霍利（Buddy Holly）而變得擁擠，評論家依舊將它比喻為「叢林音樂」。《True Strange》這本雜誌在一九五七年的封面放上了哈雷和幾個裸體的非洲部落族人一起跳舞和打鼓的插圖，這並非只像是成人們對吵鬧的音樂發出噓聲或把轉身把屁股對著它的表現，這種音樂本身預示著美國白人即將失去在文化上的壟斷權，以及那些中產階級家庭必須被迫面對他們原本不願承認的黑人文化元素。

我很難想像一個《黑板叢林》從未出現，搖滾樂也從未有機會對大眾有貢獻的世界，倘若真如此，流行音樂在一九六五年——或在二〇一五年聽起來會像什麼樣子？某些產品開始流行時不單只留下痕跡；它們會將景色分離，改變氛圍，在舊秩序消失後成為領導者。〈晝夜搖滾〉像是一個文化的小行星，它不僅聯結了地球，也讓恐龍滅絕。

〈晝夜搖滾〉有非常好的詞曲創作，是一段顯示電影影響力的故事，與一九五〇年代青少年文化的試煉，然而它也是一段擁有不可思議幸運的故事。每個聽〈晝夜搖滾〉的人都能聽到的相同的音符、歌詞和切分音，但一九五四年的聽眾聽到的卻是一首容易被遺忘的歌，一九五五年的聽眾卻聽到了這個世紀的流行。一首歌，透過兩種稍微不同的傳播管道，產生了兩種極端的結果。聽起來像是混沌理論學家會唱的曲調。

一九九六年經濟學家亞瑟・德・瓦尼（Arthur De Vany）與大衛・沃爾斯（David Walls）為了找出觀眾的行為模式，研究了大約三百部在一九八〇年代上映電影的票房，然而他們所找到的比較像是模式以外的現象。「電影是複雜的商品，」他們在隨後的文章中寫道，「一部電影的上映期間，影迷間的資訊瀑布形成了許多條路徑，不可能將一部電影的成功建構在其中的單一起因上。」

簡言之，好萊塢就是一片混沌。

好萊塢的成功，不是照著一般的發行分布，以很多部電影來達到票房平均數字，相反的，電影是依照冪次法則分配（power law distribution）的，這表示大部份的成就都來自極小部分的電影。以樂透來想像冪次法則（power law）市場最合適，那就是少數人贏得數百萬元，其餘的多數人什麼都沒得到，因此樂透的「平均」中獎結果便有點合理了，在好萊塢也是如此。好萊塢六大電影公司在二〇一五年共發行了超過一百部的電影，最成功的五部電影就佔了該年百分之二十二的總票房。

什麼才是用來理解一個同時充滿著因流行的失敗與流行帶動趨勢的市場最好的方式？

一位福坦莫大學（Fordham University）的行銷教授兼研究圖書出版的學者艾伯特・格雷科（Al Greco）如此歸結娛樂商業：一種複雜的（Complex）、具有順應性（adaptive），與帶有玻色——愛因斯坦分布動力學（Bose-Einstein distribution dynamics）與帕累托冪次法則（Pareto power law）雙面不確定性特質的半混沌產業（semi-chaotic industry）。」雖然念起來音節多而且繞口不流暢，但值得逐字拆解其意義：

- 「**複雜的**」（Complex）：每年上映的的幾百部電影中都有著數十億的潛在觀眾透過收看廣告、閱讀評論與相互仿效來決定接下來要買哪部電影的票，短期看來，本週的電影銷售量是下週電影銷售量最好的跡象評估，但要是每個人持續不斷地互相影響，預測遙遠的未來票房就像預測撞球台上的十六顆球相互交錯、撞擊之後，最後停下來的位置沒什麼兩樣。
- 「**順應性**」（adaptive）：當某種類別的書一旦成功——例如情色文學、給年輕人的反烏托邦小說，或非小說類的大眾心理學書籍——其他的產業便會順應並複製趨勢，然而積極的仿效者，最終會等到一些趨勢產品在市場上流行後驅逐該潮流導致流行無效。砸大錢在一線明星身上似乎是好萊塢一九八〇和一九九〇年代最佳的投資賭注，而當時超級巨星的薪水進入了一段通貨膨脹時期，直到幾次的失敗後，其中像是一九九三年由阿諾史瓦辛格（Arnold Schwarzenegger）主演的《最後魔鬼英雄》（Last Action Hero）粉碎了超級巨星能夠帶動所有電影票房的好萊塢神話，觀眾最近在電視上也見證了這類黑暗不安男性角色的反英雄（antihero）流派，此時漫畫英雄就顯得更加不朽，而漫畫卻不可能是電影最後的革命。如此看來，重複地仿效終將導致潮流過時，所有的流行都能諷刺地散播他們自己的死亡種子。

- 「**玻色—愛因斯坦分布動力學的半混沌產業**」（Semi-chaotic industry with Bose-Einstein distribution dynamics）：一百年前，科學家薩特延德拉·納特·玻色（Satyendra Nath Bose）和亞伯特·愛因斯坦（Albert Einstein）推論了在密閉容器中的氣體分子會無法準確預期地在某個時間與地方積極地聚集，以流行文化作比喻，假設消費者扮演分子的角色，因為非預期地購買同一本書或看同一部電影而在某個時間點聚集在一起，回想一下鄧肯·華茲的偉大點子：他們依舊無法在某些震盪、某些「全球瀑布」照著數學原則必然出現之前更提早預測發生的時機。
- 「**帕累托冪次法則特質**」（Pareto's power law characteristics）：一個國家所得是依據「冪次法則」呈現，也就是百分之八十的財富都掌握在百分之二十的人口手上，這個論點的發現要歸功於義大利經濟學家維弗雷多·帕累托（Vilfredo Pareto），這個帕累托法則（Pareto principle）已被沿用在解釋百分之八十的銷售金額通常來自百分之二十的產品中。在德·瓦尼研究的電影案例中，有五分之一的電影佔了五分之四的總票房，百分之九十的書籍出版收入來自百分之十的書，數位市場的結果更加可怕：應用程式商店中百分之六十的收入僅來自於〇·〇〇五%的公司。出版銷量非常好與非常糟的一年可能僅歸因於某個極小的因素。

- **「雙面不確定性」**（Dual-sided uncertainty）：電影編劇與製作人並不知道觀眾兩年後會想看什麼，而觀眾也不知道兩年後會有什麼電影，關於他們想看的電影也沒有足夠的資訊，然而好萊塢就是投資在觀眾在未來想看的電影上，儘管你詢問觀眾想看什麼，他們也無法確定。

如果這讓流行產品的投資顯得絕望，那沒錯。給那些不知道自己想要什麼的人們複雜的產品——還有給那些只要他們的某些朋友都消費相同的商品，自己就會轉而消費古怪大眾商品的那群人——是一項不可思議的艱難工作。懂得看好一位創作者、企業家、音樂公司、電影公司、媒體公司本身著重的地方是很重要的事，大眾充滿神秘而且市場是混沌的，有什麼驚喜能比失敗這件事更有創意？

要馴服混沌的方法之一就是掌握分布的途徑。如果能夠收買電台播放你的歌曲，那麼做音樂的風險就會少許多，一直到聯邦政府由聯邦通信委員會（FCC）頒布了「賄賂條款」將這樣的行為視為違法以前，過去幾十年來唱片公司的確曾經這麼做，如果你有屬於自己的電影院可以放映，拍電影的風險就會少許多，過去幾十年來電影公司實際上擁有許多家電影院，直到最高法院在一九四八年決定對反競爭的寡頭壟斷（anticompetitive oligopoly）制定一項法案，才結束好萊塢電影公司的這種模式。掌握太多分布的這種方式並非不可行而且還非常有效，但問題就在於這是違法的。

另一個絕佳的解決方式之一，就是將廣告散佈在可能會對新商品有興趣的每一位消費者周遭，確保他們都能看到，在一九四〇年代，每個美國人平均一年買了三十張電影票，現在一年平均只買四張，電影公司該如何對這些新一批冷淡的人們叫喊，讓他們走入戲院？就必須要將電影轉換成票房大片的全國性活動——闊氣地以龐大的行銷預算來支持電影製作，在國內的每一寸角落放上廣告與海報。德．瓦尼在一九九七年一篇談論經濟的文章中提到，電影公司能夠透過「空前的宣傳費用」來降低失敗的風險，而這也正是他們所做的。當行銷費用劇增，大公司的電影數量在這二十年間就減少了，一九八〇年這些大公司花費不到二十分美元的廣告費就能賺到一美元的票房收入，如今要花上六十分才賺得到。

最後好萊塢從這本書的第二章學到了一課，並基於知名度來創造原創商品——那就是續集、原著改編、重拍知名電影。近二十年好萊塢的中心策略已轉向多部續集的電影授權，特別是以超級英雄為核心的作品。一九九六年的十部大片裡還沒有任何一部續集電影或超級英雄電影（例如：《ID4星際終結者》〔Independence Day〕、《龍捲風》〔Twister〕和《大老婆俱樂部》〔The First Wives Club〕），以漫畫為背景的電影只佔了票房的〇．六九％。在近十年間，每一年大部分的最賣座電影都是續集電影、前傳或重拍電影，二〇一六年上映的前三百七十一部電影中，光是四部超級英雄電影——《美國隊長3：英雄內戰》（Captain America: Civil War）、《惡棍英雄：死侍》（Deadpool）、《蝙蝠俠對超人：正義曙光》（Batman v. Superman）和《X戰警：天啟》（X-Men: Apocalypse）——就佔了總票房的一九%。好萊塢已經從老式的系列（或電視劇）汲取教訓：如果你發現有個故事受歡迎，就趕快推出新的系列作。

電影授權策略是商業上對於混沌本質的解決之道，它的費用取決於知名度和對角色、故事的「已知性」，然而它也是電影全球化的直接反饋，自電影出現以來，比起其他時期，這十年間美國人已經步上了越來越少買電影票一途，與此同時，整體的票房成長正發生在東亞和拉丁美洲，這種全球性票房人口數的成長，鼓勵了這些電影公司製作如同視覺的羅塞塔石碑（Rosetta Stones）[10]那樣能夠翻譯成多國語言的一個故事。這世界上沒有比英雄在各種爆破中摧毀壞人更普及的語言了。

授權策略或許是一種謹慎的方式，它能夠減輕電影製作過程中不確定性，但也會帶來某種在創意上與經濟上負面的結果，作家們觀察到好萊塢陷入了將超級英雄故事授權轉移到電視上的熱潮，並帶入了巧妙且複雜的劇情。這並非一種「電視的黃金年代」遇上「電影授權年代」的巧合，電視影集的數量（包括在串流網站網飛和葫蘆〔Hulu〕上的）由一九九〇年代的一百部，到二〇一五年已經增加至超過四百部，透過教導觀眾只看那些擁有最大行銷活動電影的方式，電影公司冒著窮困的危機製作較小型的電影，同時鼓勵他們未來的導演投入電視台主管準備迎接的雙臂之中。此外，賣座巨片的策略保證會導致徹底——而且對電影執行者來說——毀滅性的失敗。

正如棒球運動中所說的：成也長打[11]，敗也長打（Live by the long ball, die by the long ball）。混沌遲早勝出。

惡名昭彰的電影《黑板叢林》票房令人印象深刻，但他並不是一部賣座鉅片。這部電影在一九五五年的票房排名在《西涅拉瑪假期》（Cinerama Holiday）、《羅伯茨先生》（Mister Roberts）、《火海晴天》（BattleCry）、《奧克拉荷馬!》（Oklahoma!）、《紅男綠女》（Guys and Dolls）、《小姐與流氓》（Lady and the Tramp）、《戰略空軍》（Strategic AirCommand）、《明月冰心照杏林》（Not as a Stranger）、《火海浴血戰》（To Hell and Back）、《海上追逐戰》（The Sea Chase）、《七年之癢》（The Seven Year Itch）和《鐵漢嬌娃》（The Tall Men）等片之後，成為該年最受歡迎的十三部片之一，如果你曾經聽過這十二部中的五部，你

---

10 譯注：一塊製作於公元前一九六年的埃及古老石碑，此石碑由於擁有三種不同的語言版本，使得考古學家得以對照解讀出失傳的埃及象形文隻意義與結構，因此也衍生有用來解決某種謎題的關鍵事物。

11 譯注：長打（long ball）為打擊距離深遠的球。

就打敗我了，然而他們都比那部擁有史上最暢銷歌曲的電影還受歡迎。

世界上沒有一種統計模式能預測這首在一張普通專輯B面中被遺忘的歌，受到肯定被收錄在最受歡迎的十三部電影之一後，會自然而然成了史上最受歡迎的搖滾樂。

創意這門生意是一場機會遊戲——一種複雜的、具有順應性，與帶有玻色—愛因斯坦分布動力學與帕累托冪次法則雙面不確定性特質的半混沌遊戲，你是這個遊戲的創造者，正在替觀眾創造某種尚未存在而且無法預知他們喜歡與否的事物。

應付這種未知不僅需要好的點子、出色的執行力與有力的行銷以外的條件（雖然通常也需要這幾項條件），也得從既有的失敗中找尋不屈不撓的信仰，就像鄧肯．華茲所說的：假設觸發器有一％的機率能使其形成全球瀑布，那麼至少必須製造好幾次的觸發——如果能有幾百次的機會的話。在多變的市場中，面對混沌沒有什麼靈丹妙藥，只能像野獸般地頑強忍耐。

比爾．哈雷就是這種野獸。從各方面來說，如果他從未去過那間唱片公司，而是一個在電視迅速發展的時代中，不合時宜的約爾德胖牛仔歌手，他的唱片公司拒絕了這首歌，他搭的拖船卡在港口，他的那場錄音會議是一場災難，如果是正常人應該就放棄了。

但哈雷並非常人，他離開他的公司，他珍惜每一分鐘與其他公司交涉的時間，飛奔至紐約的錄音室然後花了好幾個小時錄製他不喜歡的歌，只為了完成他所愛的，那一百三十秒的歌。

因此當你想到哈雷，你應該會認為他非常走運，但如果你緊接著想起愛因斯坦、帕累托和機率，你也會這麼認為：一個自學吉他的半盲小子，帶著他的西部牛仔夢，歷經一千次的失敗嘗試只為了一九五四年四月十二日輪到他踏進共濟會那棟建築裡，在那裡他總共只有「一次」機會召回他疲累的聲音唱出這首四千萬張唱片銷量的歌曲。

第八章

爆紅迷思

《格雷的五十道陰影》及某些熱賣商品掀起風潮的原因

全球最熱門的女性情色網站「FanFiction.net」，與絕大多數人們對於性愛網站的認知截然不同。FanFiction.net就像是網路上的一團巨大營火，許多業餘寫作者便圍繞在此分享取材自熱門故事，偶爾在原始情節裡穿插一些性幻想的改寫作品。《哈利波特》系列、日本動漫《火影忍者》，以及電視影集《歡樂合唱團》、《超時空博士》是極為熱門的同人小說（fan fiction）取材靈感，但該網站對於流行文化最為人知的貢獻則是始於《暮光之城》系列小說。

許多年來，同人小說的作者們不時以《暮光之城》裡那充滿抑鬱氣息的年輕女孩貝拉．史旺（Bella Swan）與癡情的吸血鬼愛德華．庫倫（Edward Cullen）之間的愛情故事為基調，再混入各種題材，最後呈現出以火辣性愛為主軸的情節元素。猶如一顆小宇宙的網路同人創作是新時代暢銷之作的標誌，它擁有成千上萬的創作者與讀者，但卻也幾乎隱形於外在世界。然而，這顆小宇宙可不會永遠沉寂！

居住在近倫敦西北部的伊靈（Ealing）郊區，身為兩個孩子母親的家庭主婦埃麗卡・萊昂納德（Erika Leonard）是《暮光之城》同人小說的人氣作家之一。她在二〇〇八年十一月看了《暮光之城》的電影改編版後深深著迷其中。之後不僅購入整套四集原著小說，更在聖誕節的五天假期裡一口氣讀完，「這是我人生中最美好的一段假期。」她向我說道。

說來有點讓人害臊，埃麗卡在三十歲初之際是個愛情小說的嗜讀者。她在過去前往倫敦市中心的火車路途上，閱讀過「數百本」愛情小說，且會故作整理手邊的外套，以遮掩住書本封面——大多是衣不蔽體的妙齡女子，孱弱依偎在姿態誇張的肌肉猛男的臂彎裡。近年來，她的偏好轉向《陽蠻淫貨》（Macho Sluts）（派屈克・卡利非亞〔Pat Califia〕於一九八八年出版的短篇集）描繪女同志愉虐性愛的這類情色小說。

二〇〇九年，埃麗卡在FanFiction.net網站註冊，為此她得為自己取個筆名。由於中意的代稱都已有人使用，她忽然想起童年時期最喜歡的英國卡通節目《Noggin the Nog》以及那隻性格和善的冰龍「Grolliffe」，於是她在鍵盤敲入「雪后冰龍」（Snowqueens Icedragon）的名稱，順利完成註冊。

《暮光之城》的同人小說世界匯集了各種樣貌的改寫風格與類型，男主角愛德華被重塑為沉默寡言的阿呆、廢柴老爹、強勢的性愛之神、溫順的藝術家、渾身刺青的流氓，或舉止優雅的牛津劍橋大學的系主任⋯⋯，埃麗卡則是著迷於皮繩愉虐（BDSM）的題材書寫，又特別是發生在辦公室的場景。接下來的幾個月內，被同人小說網站的讀者們暱稱為「Icy」的埃麗卡，所具有生動描繪煽情淫穢故事的天賦展現無遺。她在原名為《宇宙的主人》（Master of the Universe）的創作中，把愛德華塑造成具有奴役癖好的企業執行長。

就如同喬治．盧卡斯在一九七〇年代的作品表現手法所示，一個成功的說故事者往往是善於拼貼的藝術家，他們總是能別出心裁地組合運用各種典故材料，從而打造出令人同時感到新奇又熟悉的故事。埃麗卡改寫的小說一炮而紅，她在FanFiction.net網站上不僅獲得五萬則以上的留言，也吸引了超過五百萬名的讀者閱覽其作品。

一位名叫阿曼達．海沃德（Amanda Hayward）的澳洲作家是埃麗卡的超級書迷，她與埃麗卡在二〇一〇年初開始透過推特互留訊息給對方。同年十月，阿曼達設立於澳洲新南威爾斯州的網路小型出版社「作家咖啡館」（Writer's Coffee Shop）成立後，便提議要出版埃麗卡的作品。埃麗卡一開始婉拒了，但隨著《宇宙的主人》在整個同人小說的網路世界日益發燒竄紅，埃麗卡漸漸擔心自己的作品會遭不肖人士剽竊、發表成書，因此她左思右想，最好還是將這部作品出版吧！

二〇一一年五月二十二日，她離開了同人小說的網路世界。三天後，《宇宙的主人》換上了新的書名與創作筆名「《格雷的五十道陰影》，作者E．L．詹姆絲（E. L. James）」，由作家咖啡館以電子書及紙本書的形式出版問世。

阿曼達的出版社規模極小，且名聲並不響亮，同人小說社群之外的人幾乎不曾聽說過，然而，有成千上萬名始終追隨著阿曼達與「Icy」文字足跡的讀者們，在二〇一一年五月詹姆絲的處女作甫一發行就旋即購入。詹姆絲過去投注心力逐一瀏覽回覆書迷和其他改寫作家的網上留言，長期在同人小說圈裡的深耕參與，造就出的景況對一個初次創作的作家來說非常罕見：她擁有踴躍回饋意見的廣大讀者群與共同創作的同好。

至二〇一一年末，倫敦和紐約的大型出版社才漸漸聽聞這本書，或是知曉這位神秘的化名作者為何許人也。任誰也想不到，詹姆絲的作品會在接下來的半年之內締造出亮眼的銷售佳績，更形成了一股席捲全球的文化現象。到了二〇一二年夏天，諸如《紐約時報》、《哈芬登郵報》、CNN、CBS等一些美國新聞機構都一致認為這本書不只交出了漂亮的成績單，更如同「病毒感染」般瘋狂散播。

把想法當作疾病一般來探討的方式漸趨風行。某些流行歌曲**具有感染力**，某些商品會**傳染蔓延**。廣告商與製造商早已建構出一套「病毒式」行銷理論，認為口耳相傳能迅速成為碎片訊息的傳播載體，進而讓內容漸漸演變成一種現象。這也是話題行銷此一熱門概念的論調根本；換句話說，企業主不需透過複雜的宣傳策略，也能讓商品變得炙手可熱。若企業主能端出本身就具有感染力的事物，那麼他們就能老神在在，坐等訊息內容像是病毒般迅速蔓延。

「病毒感染」在流行病學裡具有特定意義。它是指病菌或宿主在死亡之前，將疾病傳染至兩個人或以上，而這樣的疾病也具有以指數增長的快速散播潛能。一個人傳染給兩個人，兩個感染者傳染給四個人，四個感染者傳染給八個人……，不久就會演變為大範圍的流行病。

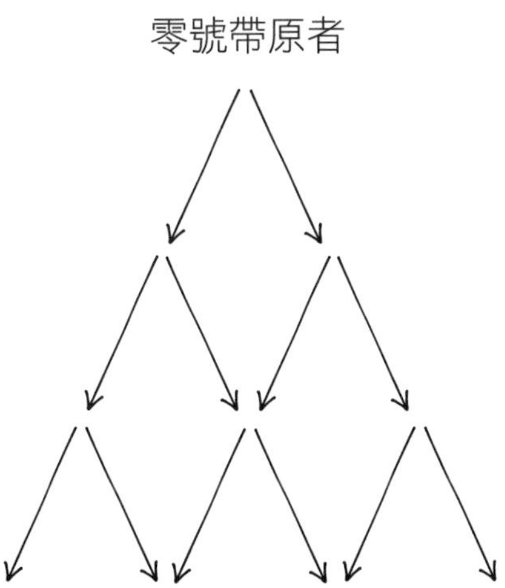

概念想法也會以相同的方式瘋狂散播嗎？長久以來始終沒人能拍胸脯掛保證。畢竟，要精確記錄口耳相傳的話題或風靡一時的潮流（像是緊身牛仔褲），或某個觀念（像是普選權）在人與人之間的散播情況著實不易。因此，「這東西爆紅」逐漸成為「這東西不知為何轉眼之間流行起來」的時下說法。

不過，概念想法的散播會在某一場域留下有跡可循的線索——那就是網際網路。當我在推特張貼了一篇文章，這篇文章接著又經過了他人的分享與再分享，那麼這一連串延續的步驟就具有追溯性。科學家們可循著電子郵件或是臉書貼文的記錄，追蹤訊息於全球傳播的情況。在數位世界裡，科學家們最終能揭開「**概念想法是否真的會如同病毒般瘋狂擴散？**」的謎底。

答案似乎是不會。二〇一二年，雅虎公司的幾位研究人員研究了上百萬則推特訊息的散播情況，結果顯示百分之九十以上的訊息完全沒有擴散開來，只有極少的比例、大約百分之一的訊息經過七次以上的轉傳。即便是最具人氣的分享訊息都難以堪稱是「如病毒般蔓延」的程度。人們在推特看見的絕大多數消息（近九成五），都是直接出自原始的消息來源或是途經一人的中介傳播。

如果網路上傳播的概念想法和文章，基本上不會瘋狂全面擴散，那麼為何有些事物仍能迅速竄紅呢？根據研究人員解釋，病毒傳播並非讓一則內容成為眾人皆知的唯一管道，還有另外一種稱作「傳播擴散」（broadcast diffusion）的機制，亦即許多人從單一消息來源獲知訊息。研究人員寫道：

> 傳播的力量無遠弗屆——美式足球超級盃吸引一億人以上觀賞，而家喻戶曉的新聞網站首頁每日的瀏覽人次也是接近這個數字。因此，僅僅是從表面感受到的人氣度，甚或是從瞬間的竄紅來看，並不足以斷定訊息都是以相似（病毒）的方式散播。

在一切事物彷彿都會一夕爆紅的網路世界裡，或許只有極少數，或甚至根本不存在如病毒般的擴散傳播。研究人員得出的結論是，網路人氣是「受到最主要播送來源的規模大小所驅動」。網路爆紅並非經由無數次單向傳播促成，而是透過少數幾個來源一次傳播到無數受眾的瞬間打造而成。

放眼全球的熱門商品，根據這一新的研究結果而論，瞬間竄紅的文章、歌曲和商品的散播樣態，並非如前一張圖片所示；相反地，幾乎所有風靡一時的商品及想法，都是從單一來源同時傳播至許多個體的瞬間爆紅——這個過程並不似病毒擴散，而是如下圖的樣貌。

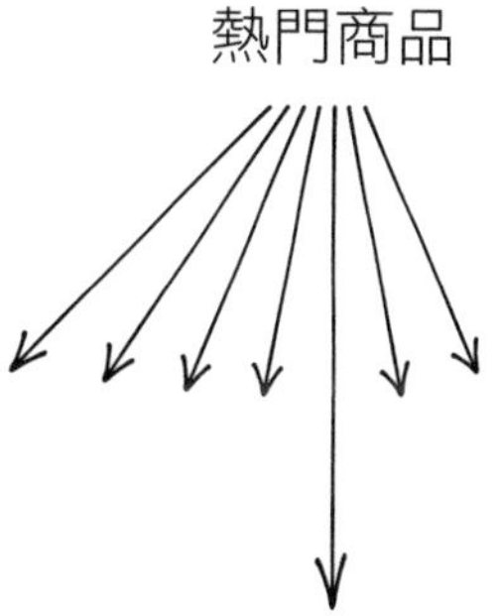

假想某個星期一上班日，某位同事和你分享一則她在《紐約時報》上讀到的酪梨醬創意食譜。幾小時之後，與你共進午餐的另一位同事也問你是否知道《紐約時報》刊載的酪梨醬創意食譜。下班回到家，你的另一半告訴你今天聽聞了同事推薦《紐約時報》上的酪梨醬食譜。從表面上來看，你會認為「這篇文章簡直是一夕爆紅啊！」但實情是它根本談不上是如同病毒般擴散竄紅。我們只能說，這篇刊登在國際大型刊物上的食譜專欄文章有許許多多的人看見，而有少數幾個人恰巧談論了這篇文章。

若要以疾病來比喻，應符合具有傳染性才恰當。為了破除爆紅迷思，我們有必要修正這一流行病學的類比說法，改為足以解釋概念想法是如何能頃刻散播給許多人，就像是有一千個人全都從某個單一來源染上流感。

有一過往片段恰能在此適切運用。那就是在疾病研究史上極為著名，不僅是醫學院裡的課堂教材，也是熱門的紀實文學作品，像是史蒂芬．強森（Steven Johnson）的《死屍地圖》（The Ghost Map）裡的探索題材——於一八五〇年代在倫敦蘇活區爆發的流行病事件。

兩百年前的人們對於疾病的普遍理解為，如幽靈般隨風飄蕩的隱形毒素「瘴氣」（miasma）是導致人們生病的原因。「瘴氣說」之所以流傳，是因為它就如同吸血鬼及病毒傳播一般，是一個表面上看來毫無破綻的亙古傳說。疾病的散播曾猶如口耳相傳的話題一樣難以追蹤，且當時人們對病菌、細菌、病毒也所知甚少。

十九世紀中葉，倫敦是全世界最偉大繁盛的都市，但同時也宛如一座臭氣瀰漫，疾病叢生的巨大巢穴。一八五四年爆發的一場霍亂侵襲了這座城市，三天就奪走一百二十七條人命，也導致一星期內有四分之三的居民搬離勞工階級的大本營蘇活區一帶。市政官方當時仍認為該疾病是經由空氣傳遞，民眾是吸入有害氣體才會染病。

但科學家約翰．史諾（John Snow）無法苟同這般見解。他秉持身為一名醫生具有的記者本能直覺，探訪了居住在蘇活區的上百戶染病及未染病家庭，並將個案情況標繪在地圖上，其

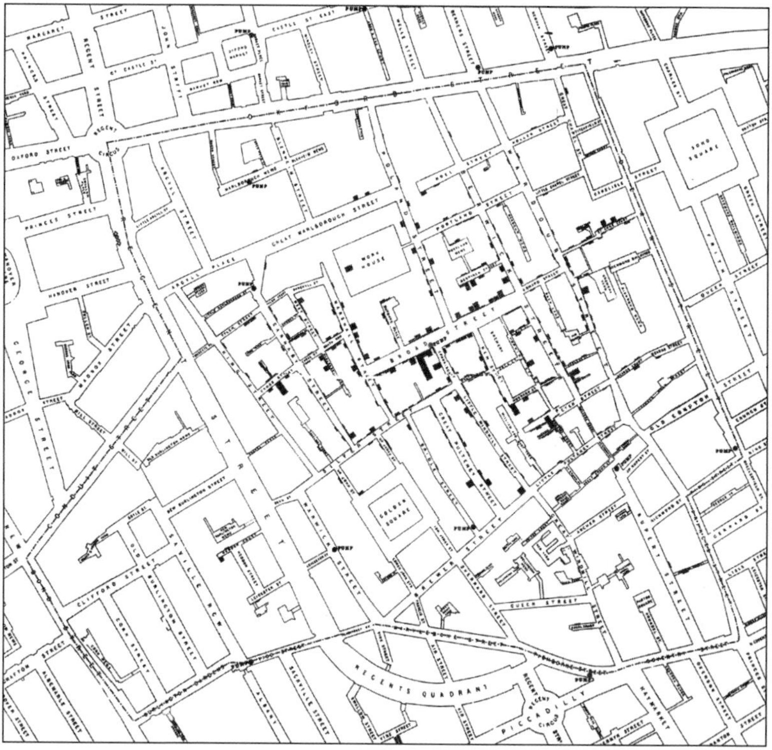

他的追查結果揭示出幾項關鍵線索：

1. 染病居民的住所都叢集在相鄰街區。

2. 在上述範圍之外，幾乎沒有疫情傳出。

3. 位於染病範圍中心的釀酒廠廠內工人都未染病。

中黑色的粗線條代表同住在一幢房子裡的人都染上了霍亂。

不妨想像自己現在是一名握有這張地圖與以上線索的警探。就疫情的擴散模式來說，你或許會先排除掉「瘴氣傳染」的可能性。但另一方面，你仍不免猜想這場流行病是否像病毒散播那般，是從一戶住所傳染至另一戶住所，又或者是從某個單一來源散播至許多戶人家。此外，啤酒為何能讓處於這場城市危機之中的釀酒廠工人幸免於難呢？

史諾先生在地圖上詳盡標註出餐廳、公園、供水幫浦……等的所在位置，進而有了新發現——取水來源最靠近布洛德街（Broad Street）抽水站的街區，霍亂疫情層出不窮；而住在較有可能從其他抽水站取水的居民，染上霍亂的案例寥寥無幾。感染霍亂的家庭具有一個共通點，那就是他們都從同一處來源汲取飲水。

「距離其他供水幫浦明顯較近的住家，爆出的死亡病例僅有十例，」史諾先生在寫給《醫學時事和公報》（Medical Times and Gazette）雜誌編輯的一封信裡說道，「這其中有五戶死者的家屬提及，他們長年取用布洛德街的水源是因為地點鄰近的關係。另外三起案例的死者則是就讀於布洛德街供水站附近學校的孩童。」那麼，置身這場浩劫中央地帶的釀酒廠工人又為何沒有受到感染呢？原因是他們是一群幸運的酒鬼。釀酒工人們付出勞力來換飲麥芽酒，而麥芽酒的製造發酵過程需將水煮沸，因而殺死了有毒微粒。

霍亂並不是經由空氣散播，也不是以挨家挨戶的傳染方式擴散。許多感染案例都是從單一來源（也就是受到汙染的供水幫浦）染病。這場霍亂是猶如播撒種子一般擴散而出。

人類是群居動物，因此會相互交流、分享及傳遞消息。然而，與真實的病毒擴散不同的是，個體會選擇吸納某一特定想法，且絕大多數的人們不會宣揚自己並不認同的事物。病毒疾病通常是以緩慢、層層延續不斷的方式傳染散播，但「資訊瀑布」（information cascades）的傳播樣態正好相反，往往是短暫突發且迅速消退。把病毒傳播奉為信條的行銷人員深信，引發話題與病毒式擴散是打造高人氣的不二法門，但他們實則過分高估了口碑行銷的持續效用。

一般人所謂的病毒傳播，其作用結果大多是出自「地下傳播中心」——某群人或某企業將訊息一次散發給許多受眾，但對於無法看見整體播送脈絡的人們而言，未必能辨識出地下傳播中心的影響力。舉例來說，某人在讀了一八五四年於倫敦爆發的霍亂統計資料後，可能會認為霍亂病毒是挨家挨戶蔓延開來。唯有透過仔細分析整體事件，才能釐清這場疾病的真實散播方式主要是來自某個單一傳染源。

錯把「地下傳播」當作「病毒擴散」的情況很常發生。二〇一二年，YouTube上有一支關於烏干達反派軍領袖約瑟夫．科尼（Joseph Kony）的半小時紀錄片，僅僅六天就累計了一億人次瀏覽，堪稱「史上最熱門瘋傳的影片」。在不到一星期內就達到好萊塢賣座片的觀影人數，這支紀錄片無疑締造出不同凡響的紀錄。然而，這樣的結果真的是純粹藉由病毒式散播，也就是憑藉數百萬個平凡鄉民，將影片轉傳給一人或兩人而帶動的嗎？並不盡然。這支影片是經過了流行歌手蕾哈娜（Rihanna）、泰勒絲（Taylor Swift），電視紅人歐普拉（Oprah Winfrey）、萊恩・希奎斯特（Ryan Seacrest），以及推特上的高人氣「大咖」，包括當時擁有一千三百萬及一千八百萬跟隨者的金・卡達夏（Kim Kardashian）與小賈斯汀（Justin Bieber）的分享。這並不是一般鄉民將資訊如同病毒般，轉傳給兩三人所造成，而是地下傳播中心在密集連結的網絡之中，將影片頃刻傳送給數百萬人引發的結果，縱然有許多觀賞了影片的人並不曉得這些名人是成就了這支影片竄紅的主要推手。

還有另外一則例子。在二〇一二年四月二十四日的世界瘧疾日（World Malaria Day），某音樂廠牌的媒體公關崔西・查莫特（Tracy Zamot）在推特上發布了一則附有和瘧疾相關、背景歌曲由搖滾樂團「the Kin」演唱的內嵌影片訊息。這支影片瞬間在網上爆紅，共計有逾一萬五千次的轉推。然而，崔西張貼的原始訊息卻只有一次的分享紀錄，那便是透過該樂團的官方推特轉載。說到底，這支影片是如何掀起轟動的呢？簡單來說，是因為擁有像是國際報社的讀者群那般，粉絲數量龐大的一些知名人物分享了這支影片。

若要獲知事件發展的全貌，也不妨深入到網路世界搜查脈絡。雖然YouTube的影片留言區向來以出現不堪入耳的意見和令人費解的拼字著稱，但就上述瘧疾影片竄紅的例子來說，閱覽其影片底下的留言，可讓人難得窺見「資訊瀑布」的運作樣貌。在九十六則留言裡，有超過半數的網友談到自己是如何發現這支影片——四十一人感謝或提及偶像明星小賈斯汀，十三人說到了歌手葛瑞森（Greyson Chance），五人提及演員艾希頓・庫奇（Ashton Kutcher）。以上這三位名人都利用推特，把這支影片傳送給一百萬名以上的跟隨者。「如果你是從艾希頓・庫奇、小賈斯汀、葛瑞森，或是別人的引薦才點閱這支影片的話，給你按個讚（大笑）！」某位網友在轉推文中寫道。

追查這件人氣影片現象的微軟研究院（Microsoft Research）科學家也持相同的見解。這支影片的知名度並非如流行病毒般，經由層層推介而散播至四面八方；資訊瀑布的傳播樣態，更像是炸彈的導火線——與幾處爆破點（名人的推文）緊緊相連的一系列分支。這支瘧疾影片如同「病毒」擴散般爆紅嗎？你或許可以這樣說。但它走紅的原因並不是來自一萬五千個人一對一的分享，而主要是這三位名人具有彈指之間把訊息傳送給一百萬人的力量。熱門商品是地下傳播的結果；在這支人氣影片的例子裡，YouTube留言為我們照亮出真實的傳播秘徑。

誠如本書第一章所言，在曝光管道不多的環境背景裡，個別的播送來源具有較強大的影響力。比方說，假設電視頻道只有三台，那麼要實現高收視率並非難事。然而，展現在眼前的未來顯然是一個資訊充盈的時代，擁有許許多多的頻道、全球傳媒網站、播客（podcasts）、電子報、推特與臉書專頁、社交應用程式……等。各個來源媒介都有可能在一天觸及到數十億人。這些發布者是散播資訊的中心，但他們發揮的作用並不具病毒傳染性。若說某個觀點刊登在《紐約時報》的網站首頁後，就瞬間像「病毒流竄」般爆紅的說法，幾乎等同於以下的荒謬敘述：某支廣告在美式足球超級盃期間播放，所以就引發「病毒瘋狂擴散」般的高人氣，抑或是，許多人吃了同一間餐廳的食物而感到身體不適，所以大腸桿菌就「瘋狂流行」。字詞具有所屬的意義，即便是最廣義的病毒傳播也和這種一次傳送給一百個人（或一億人）的歷程無關。

熱門影片的散播主要不是藉由病毒傳播，但也不全然是播送的結果。根據社群網站的研究報告指出，絕大多數的爆紅事物都具有一個或數個大眾感染事件，其樣貌如下所示。

在此之中，臉書的一則貼文，或呈現在新聞整合網站「卓其報告」（Drudge Report）上顯眼位置的文章，或是福斯新聞頻道（Fox News）播出的一節備受關注的報導片段，**瞬間**觸及到成千上萬的人，緊接著當中有一小群「受感染」的群眾再把訊息傳遞出去。

幾乎沒有所謂病毒蔓延般爆紅的事物，實則是某些想法和產品本身就具有較強的渲染力，

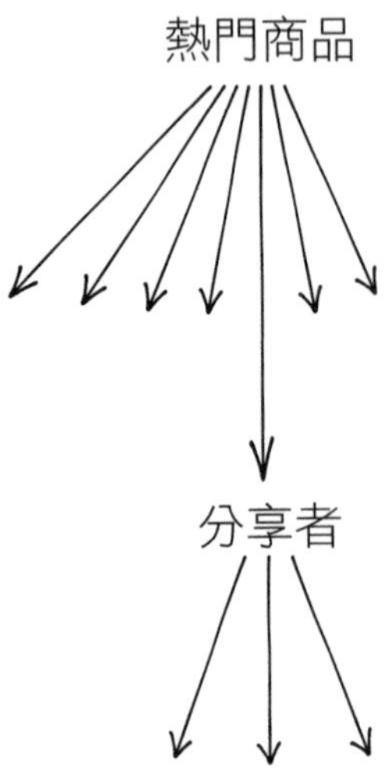

因此被分享和討論的速率相對較快。但若要進而掀起一股熱潮，則需透過播送——沃爾瑪（Walmart）的上架，金卡達夏（Kardashian）的推文……等眾所周知的幫浦，將內容推送到人們會看見和分享的主流位置。

《格雷的五十道陰影》這部小說於二〇一一年末呈現的樣態是：這是一本地下人氣作品，但其廣大的讀者群幾乎不為主流市場所看見。這本書並未佔據任何暢銷書排行榜，也不曾在報章媒體上露出。然而，它本身就具備了感染力，只是欠缺一顆更強大的幫浦推動。

二〇一二年一月六日，當時擔任蘭登書屋（Random House）旗下的佳釀出版社（Vintage Books）發行人的安妮．米西特（Anne Messitte），收到了在公司所屬的另個出版社的企劃及編輯部門傳閱的《格雷的五十道陰影》按需印刷書。那天是星期五，她在隔天就把這本書一口氣讀完了。

米西特對於這部小說知之甚少，僅聽聞它在紐約的上東城，以及往北、主要以上層中產階級為主的威斯特徹斯特郡（Westchester）的「師奶圈」造成轟動。「那天晚上我和朋友去吃晚餐，他們閒聊問我今天一整天在做些什麼？」米西特向我說道，「我說我讀了小說《格雷的五十道陰影》。其中一位朋友立刻接話，表示她有幾位住在威郡的友人也看過，而且瘋狂著迷。」在接下來的一星期，米西特讀完小說的二部曲《格雷的五十道陰影：束縛》（Fifty Shades

Darker）後，萌生了要與作者碰面的強烈念頭。只不過，「E．L詹姆絲」是首次出版作品的作家筆名，米西特一時之間也不知該如何與她聯繫。

與此同時，有另一位具有影響力的紐約「師奶」也察覺到這部作品的存在。麗絲．史坦（Lyss Stern）是「酷媽網站」（Diva Moms）——專為時尚婦女量身打造，充滿紐約上東城媚麗風格的網站創辦人。她在某位友人的建議下，前往位在聯合廣場的邦諾書店（Barnes and Noble）旗艦店尋找《格雷的五十道陰影》小說。然而，邦諾書店在二〇一二年一月，甚至還未將「E．L詹姆絲」的作者名稱建檔。「櫃台的女店員望著我，彷彿我的詢問是瘋言瘋語。」史坦說道。

於是，她只好上網購買這本小說的電子書。就和米西特一樣，她欲罷不能似地在一天之內讀完，並深深沉迷其中。她不僅在自家的「酷媽網站」電子報裡讚揚推崇，更邀請作者蒞臨於紐約雀兒喜（Chelsea）的大廈頂層所舉辦，以「E．L詹姆絲」之名為號召的書友派對。

米西特正好是「酷媽網站」電子報的訂閱戶。她寫了一封郵件給史坦，希望能參加這場活動，也表明自己身兼讀者與出版商的身分。史坦回信告知活動門票已售罄，一方面也將米西特的來信，轉寄給負責處理詹姆絲作品版權的經紀人瓦萊麗．霍斯金斯（Valerie Hoskins）。

二〇一二年一月二十四日，三位女性——出版社發行人米西特、經紀人瓦萊麗，以及作者詹姆斯，共聚在位於曼哈頓的佳釀出版社辦公室，討論重新出版《格雷的五十道陰影》紙本書的可能性。詹姆絲在過去一段時間裡，常常聽聞讀者、書商及圖書館館長反應這部小說的取之不易，所以她也非常渴望能讓自身作品更廣為流通。

詹姆絲對於重新出版的作品該如何呈現，抱有特定的自我主見，比方說，在外觀上要破除愛情小說一貫的表現俗套。她親自設計了書封——即目前市面所見的版本，以一條具象徵意義的銀灰色領帶，既隱隱透露主角為企業人士的設定，也暗指愉虐性愛的主題。「我覺得這是很高明的手法，」米西特說道，「就人們的傳統想法而言，這本書最好還是包裝成愛情小說的樣子比較妥當，但埃麗卡希望可以跳出既定框架。我認為最後呈現出的獨特封面，使得更廣泛的讀者願意捧起這本書閱讀。」

當時，米西特對於這本書的想法並不侷限在是愛情或情色文體，說穿了，她對既定的題材慣例並沒有預設立場。她們三人在會談中討論到，要將這本書打造為頭號暢銷書，而非只是一本如過江之鯽的愛情類小說。她們的共識是，希望能推出一本超越體裁框限，以引發文化現象為目標定位的書籍。

我和米西特女士於二〇一六年在她的辦公室見面。我想知道更多關於《格雷的五十道陰影》的發展歷程，也想更深入瞭解這套熱銷書籍的出版者。二〇一二年一月，這本書就像是出現在出版偵測雷達上的一粒光點；再過幾個月，它將掀起一股轟動全球的流行文化熱。在這本書成為世人的注目焦點之前，米西特究竟從中看見了什麼特別之處？

她顯然未見到熱銷的有力證據。根據坊間公布的資料顯示，二〇一二年初《格雷的五十道陰影》平裝本在全美的銷售量只有幾千本。

然而，米西特密切關注著網路形成的話題討論。她相信，持續攀升的熱度勢必迎來不同凡響的銷售成績，而《格雷的五十道陰影》觸動的讀者群著實非比尋常。紐約市至近郊一帶，具高知識水準、人脈廣闊的女性族群對這部小說格外推崇。「出版這一行業，總歸來說就是憑藉直覺及知曉風險，你得察覺到某樣事物正隱隱醞釀爆發。」她說道。在都會人口眾多的紐約、紐澤西、佛羅里達州……等地的谷歌搜尋趨勢中，「格雷的五十道陰影」成為最熱門的搜尋字。

二月十日，經過了兩星期的郵件與電話聯繫，米西特代表佳釀出版社向經紀人提出出版《格雷的五十道陰影》三部曲的正式邀約。緊接著在作者本人、「諾普夫—雙日」出版集團（Knopf Doubleday Publishing Group）及「作家咖啡館」出版社之間為期一個月的交涉磋商，最後於二〇一二年三月七日，由佳釀出版社簽下出版權合約。三月十八日，《格雷的五十道陰影》首次登上《紐約時報》紙本及電子書小說暢銷榜的冠軍寶座。三月二十五日，二部曲《格雷的五十道陰影：束縛》也躋身暢銷榜，奪下第二名。環球影業（Universal Pictures）與焦點影業（Focus Features）在隔日宣布將共同製作《格雷的五十道陰影》電影版。四月一日，最終曲《格雷的五十道陰影：自由》（Fifty Shades Freed）也現身暢銷榜第三名位置。

假使一本書籍的總銷量達一百萬冊，或可謂史上暢銷書。但在二〇一二年春夏，蘭登書屋是每週印刷《格雷的五十道陰影》套書一百萬本，至今累計銷量已超過一億五千萬冊，寫下該出版社最熱銷書籍的紀錄。

這套書掀起的市場狂潮是一則悖論。在「事物實際上並不會如病毒瘋狂擴散」的世界裡，它怎麼會爆紅蔓延開來呢？

假想我們此刻正在研究室裡觀察自二〇一一年的某個時間點起，《格雷的五十道陰影》系列書籍迸發的資訊瀑布現象。其傳播樣態是如下圖，藉由一個人分享給另一人或兩人，如此經過幾千次的層層推介，像是傳染感冒病毒那般嗎？

抑或是像下圖的樣貌，透過某個具有社群分享支脈的傳統媒介散播，再由幾位接收者將訊息傳遞給身邊的朋友？

研究人員或新聞工作者很難清楚掌握非網

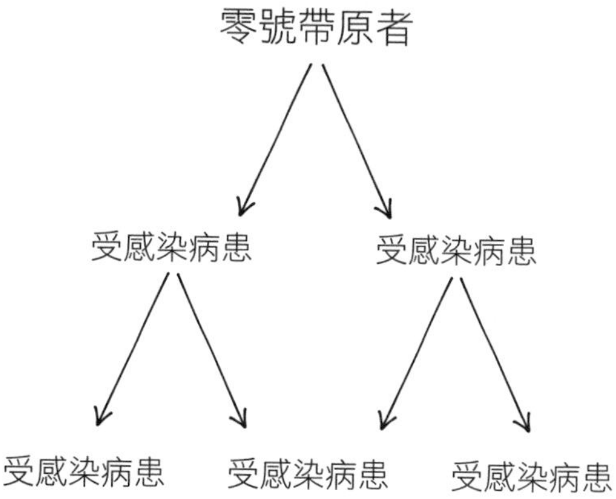

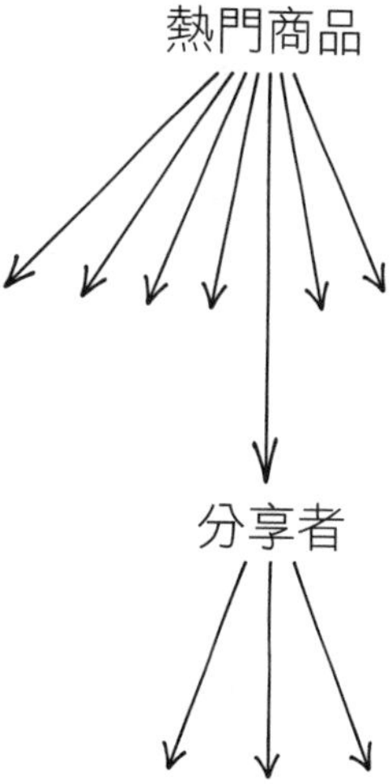

路世界裡的影響作用，以及社群傳播的整體脈絡，因此不免會做出一些論斷。然而，經過了與出版人米西特、「酷媽網站」創辦人史坦、「作家咖啡館」執行長阿曼達及作者詹姆絲的聯繫後，我開始相信儘管《格雷的五十道陰影》為爆紅現象的典型代表，但事實上，它引爆的熱潮主要是由三個具有將信息散播給百萬受眾能力的傳播媒介打造而成。

第一，來自於一個典型的地下傳播中心——在《格雷的五十道陰影》仍尚未轟動之前，似乎已在此受到高度關注。「我與作家咖啡館合作出版後，一些書迷在『好讀網』（讀者書評推薦網站）給了這部作品五顆星的評價。」詹姆絲向我說道。「好讀網」每年都會頒發讀者精選大獎，由於《格雷的五十道陰影》獲得了眾多的五星好評，是以在二〇一一年十一月入圍最佳愛情類書籍。

《格雷的五十道陰影》最後累計的讀者投票數為三千八百一十五票，在愛情類小說裡僅屈居暢銷作者沃德（J. R. Ward）的《脫韁戀人》（Lover Unleashed）。第二名次的票選結果不僅讓其他愛情小說的讀者對這本書產生好奇，更引來好萊塢製片商的關注。詹姆絲回憶起，她在次月就接到了電影公司洽詢購買版權。「『好讀網』是讓讀者注意到這本書的重大功臣」，她說。正如同某位明星利用推特訊息把一支影片發送給其他的名人，網站的讀者票選獎項將這本小說傳播給數千位讀者及娛樂產業的投資者。

在關於《格雷的五十道陰影》系列是如何迅速引發風潮的神話裡，這是一件微小瑣碎，但卻又極為關鍵的過程片段。在此之前的數個月，幾乎所有在美國或歐洲的非同人小說一般讀者，就已聽說過這本書或是作者「E．L詹姆絲」這號人物，讀者數量儼然已相當可觀，因而能在同年出版的愛情小說裡脫穎而出，獲得線上票選第二名的成績。

若說《格雷的五十道陰影》在二〇一一年十一月之際並未廣為流傳而造成轟動，那為何有如此多人早已知道這本書呢？

這就要讓我們談談第二個不易讓人察覺的傳播中心，那便是同人小說網站「**Fan Fiction.net**」。在蘭登書屋與之聯繫之前，詹姆絲已是個擁有五百萬讀者，頗負知名度的同人小說作者。她最初以「雪后冰龍」之名創作，猶如一個地下傳播中心，為一群數量龐大到連紐約的傳統出版社都難以預料或衡量的讀者群書寫。廣大的讀者購買了這位作家的電子書，進而在「好讀網」上給出五星評價，並票選這本書為年度愛情小說，在此之後，整個出版業才意識到這股方興未艾的現象。詹姆絲於二〇一一年將作品出版時，並不需透過病毒式的串流傳播來觸及成千上萬的死忠讀者。因為**她早已擁有**。

第三，為了觸達全球受眾，且成為家喻戶曉的暢銷作家，詹姆絲需藉助像是蘭登書屋這般大型出版社的傳播及行銷力量。《格雷的五十道陰影》獲得的知名度與成功，絕大部分都是始自二〇一二年三月二日，也就是她與佳釀出版社達成合約共識之後。過了一星期，三月九日，《紐約時報》以頭版報導蘭登書屋買下版權的消息，並透過印刷報紙及新聞網站傳送給數百萬人。四月初，詹姆絲的訪談內容登上了發行量近兩百萬份的《娛樂週刊》（Entertainment Weekly）封面故事。四月十七日，她接受美國廣播公司（ABC）《早安美國》（Good Morning America）及國家廣播公司（NBC）《今日秀》（Today show）的專訪，這兩個晨間節目合計有近一千萬名的收看觀眾。隔天，全國讀者數超過千萬的《時代雜誌》以封面故事呈現，將詹姆絲封為全球最具影響力的百大人物。

《格雷的五十道陰影》的成功毫無疑問地，有很大一部分是一般的口耳相傳所致。米西特之所以會關注起詹姆絲的作品，在某種程度上確實是因為有許多人都熱烈討論著這本書。但同樣無庸置疑的是，《格雷的五十道陰影》引發的空前熱潮是由數個單一來源傳播至百萬受眾的瞬間打造而成。最初發行的電子書觸及了許多同人小說的讀者，就像是一顆保齡球一次擊倒了預先擺好的一組球瓶。而許多傳統媒體機構將書籍訊息傳送給數以萬計的報紙讀者及電視觀眾，使得這本書更廣為人知；接著《紐約時報》、《華爾街日報》等其他媒體組織又更進一步以封名盛讚的方式，將這本書推波助瀾散播至數百萬受眾。

這就是在流行病學與文化之間病毒傳播的差異。真實的病毒只會在人與人之間流竄。然而，「具病毒性」的想法事物卻會**在傳播中心之間**散播。大部分所謂爆紅的構想或產品之所以引起巨大熱潮，幾乎都是藉由單一來源散播至無數人的數個瞬間構成。這種情況並不像是流感，反倒像是引起霍亂的布洛德街供水幫浦。

猶如培養皿般培育出《格雷的五十道陰影》這部作品的同人小說，正如同現代文化，是一種實現既有功能的新方法。廣義來說，同人小說或許和文學一樣淵源久遠，更可謂是某些歷史名作的書寫基礎。莎士比亞著名的戲劇，像是《羅密歐與茱麗葉》、《第十二夜》便採用古老傳說作為詩歌創作的輔助鷹架。但丁（Dante）的《神曲》（The Divine Comedy）則富含聖經與經典古籍典故；但丁就像是一位狂熱粉絲，是以他在書中遇見了偶像維吉爾（Virgil）與荷馬（Homer）時，彷彿紅著臉害羞地描述這些詩人是如何「讓自己加入他們的陣容」。

儘管小說家未必會自稱是誰的「粉絲」，或稱其作品是「同人創作」，但他們絕不可能未受任何影響。《格雷的五十道陰影》的取材來源《暮光之城》也是一部改寫作品，它大致上是以珍奧斯汀（Jane Austen）的《傲慢與偏見》情節為原型，只不過把達西先生的沉著穩重，修改成近乎冷酷的形象。珍奧斯汀的經典之作是權力逆轉的超凡神話裡，最具代表性的歷史傑作。許多愛情故事都依循同樣的「戲劇弧」（dramatic arc）開展：強大的男子對弱小女子產生強烈佔有慾，墜入愛河後，漸漸拋下自我固守的版圖，最後才讓彼此圓滿結合。這就是《美女與野獸》裡弱小女子馴服龐然怪物的故事結構；也是《簡愛》裡，冷漠多金的貴族為家庭女教師融化心動的敘事脈絡。「除了性之外，這世上所有事情都和性有關，性關乎權力。」王爾德（Oscar Wilde）曾如是說。《格雷的五十道陰影》也是一場權力之爭，「性」在此之中就是權力的逆轉核心。

從某種程度上來說，經典文學具有專橫特質——存在一位文本的作者與數百萬名僅能恭敬追隨的讀者。這些經典作者就像是遠方諸神，也誠如約翰．厄普代克（John Updike）寫道，「上帝是不回信給人的。」然而，在實行直接民主的同人小說領域，讀者即創作者，創作者亦為讀者，此外他們都樂於回信。在這場溫柔推翻作者主權的行動中，讀者們互相成為彼此的觀眾，而有時甚能創造出更大影響力的藝術品。

更重要的是，受歡迎的同人小說作家是天賦異稟的讀者——對取材來源，對其他創作者的演繹方式，對書迷們的反應——就算在同人小說網站以外的世界，不曾有人掏錢購買詹姆絲的作品，她顯然在這三大面向始終懷抱熱忱。她會花好幾個小時瀏覽自己的創作在網站上的留言串，不僅從中吸納褒揚讚美，也記錄下各種建議，樂於接受回饋。據詹姆絲本人所述，她是竭心投注在與書迷保持互動。

自始至終，《格雷的五十道陰影》就是一場在「埃麗卡與其他同人小說作者之間、『雪后冰龍』與成千上萬的線上讀者之間、詹姆絲與全球大批粉絲之間，最後是粉絲群之間」展開的對話。「對話是銷售書籍最有力的方式，這本書開啟了女性渴望與其他女性共有的對話。母親與女兒、甚或是十五年來幾乎沒有閱讀習慣的人都在談論這本書。」米西特說道。

有許多人想要閱讀《格雷的五十道陰影》是因為它紅遍大街小巷。就出版社為這本書精心策劃的所有行銷策略來看，最成功的宣傳效果無非是其掀起的高知名度。過往對於綁縛性愛主題和愛情小說沒有太大興趣，或甚至是對書籍提不起勁的讀者，由於好奇想踏入這股文化現象裡一探究竟，於是都紛紛購入了《格雷的五十道陰影》系列書。他們想擠進人滿為患的狂歡俱樂部裡，純粹是因為裡頭人聲鼎沸。

知名度是如何引發滾雪球般的超強人氣呢？鄧肯・華茲（Duncan Watts）在深入探究了「全球串聯」（global cascades）之影響力的幾年過後，與哥倫比亞大學的兩位研究人員馬修・沙加尼克（Matthew Salganik）及彼得・達德斯（Peter Dodds）共同設計出一項研究暢銷歌曲現象的實驗。

他們在新架設的數個音樂網站（或稱音樂世界）裡都分別放上了同樣的四十八首歌，並讓訪客下載他們喜愛的單曲。如此，研究人員就能彷彿置身在平行宇宙中，觀察同一首歌曲的人氣變化過程。

這當中具有巧妙的設計：有些網站顯示出熱門歌曲的排行榜，另些網站則無。雖然研究人員打造的這些音樂世界都是從下載次數為零的起點出發，但各自的發展結果卻大不相同。在一號音樂世界裡的下載冠軍歌曲為「Parker Theory樂團」演唱的〈她說〉，但這首歌在四號音樂世界的人氣度卻僅位居第十。

最重要的是，排行榜就像是暢銷歌曲的專用類固醇；瀏覽了排行榜的網站訪客，往往會去下載人氣前幾名的歌曲。排行榜的存在——簡單代表受歡迎程度的信號——使得最有人氣的歌曲變得更夯。

華茲與他的科學家同事們在後續的實驗中，決定來點小惡搞。他們將排行榜的名次顛倒過來，也就是說，有一些人在音樂網站上所見到最受歡迎的冠軍歌曲，實際上是人氣吊車尾的歌曲。你或許能猜到結果變得如何。沒錯，原本乏人問津的歌曲人氣竄升，而先前火紅的歌曲則失去注目光環。僅僅相信（即便是誤信）某首歌具有高人氣，就能促使許多訪客選擇下載聆聽。就算是不實的排行榜也能打造出超級巨星。

有些消費者購入商品的原因並非是這些商品在某一面向「較優」，而單純是它們「很紅」。是以這些人購買的不只是商品，也是人氣。

當今的文化市場是一座人人都能看見這個世界此刻正在觀賞、遊玩與閱讀些什麼的大眾文化圓形監獄（Panopticon）。在如此的環境下，大批受眾必然會簇擁少數幾個引發全球熱的商品，像是《格雷的五十道陰影》，或更近期的擴增實境遊戲「精靈寶可夢」（Pokémon Go）。這就是上述音樂實驗揭示的重點：當人人都能看見其他人當下瘋迷於何物，文化商品的散播速度和範圍就會更快、更廣泛。這說明了許多打造熱賣商品的市場未來，將會呈現出全面開放、徹底透明且極度不平等的樣貌。

歸根究柢，這或許就是形成《格雷的五十道陰影》現象的關鍵機制。正如同爆紅影片的竄紅是同時受到傳統傳播中心（《今日秀》節目與《紐約時報》）、地下傳播中心（同人創作的廣大群體及臉書社群）和日常分享（讀者之間口耳相傳）的齊力推動。這本書讓無數人陷入狂熱與迷惑不解，然而，市面上存有成千上萬的書籍也具有如此的爆發元素，但它們的銷量卻無一能突破一億冊。《格雷的五十道陰影》之所以能脫穎而出，正是因為其高知名度成為了一項獨特商品；甚至不愛看書的人也趕緊跟風，不願在這波流行風潮裡落伍。

因此，「E．L詹姆絲」的傳奇故事兼具特殊和典型的色彩。就許多文化上的成就來看，藝術本身並非唯一的消費價值；為了獲得這一談話資料而實際去觀看、閱讀或聆聽藝術的過程經驗就值回票價。這一類的消費者不只是購買商品，他們真正購買的是進入這場流行對話的入場券。換言之，**人氣即商品**。

自從《格雷的五十道陰影》征服全世界後，一些研究流行現象的社會學學者開始試著解釋其成功的原因。某些說法指出，愛情文本的銷量在經濟衰退時期屢屢攀升，因為女性族群會在情慾故事裡尋求慰藉。另種看法則認為，電子書的出現意味著，即便是看來嫻靜文雅的女性也能不畏外界眼光，在公眾場所放心閱讀情慾作品。

若能借鏡《格雷的五十道陰影》，簡單學會如何打造史上最熱銷的商品，那真是皆大歡喜啊。可惜的是，正因為它身為異數，所以不僅是特殊的例外，也是理論建構的對象。這本書無疑獲得了傳統媒介的幫助，但如果一間出版社的傳播力量強大到足以引爆全球轟動，那麼每年應該有成千上萬的書籍銷量會突破一億冊。然而，《格雷的五十道陰影》反而值得出版社、作家，以及像我一樣試圖探究其成功原因的人都帶著心悅誠服的心態看待。

若要瞭解為何某些熱賣商品掀起風潮，不能僅是單方面觀察特徵（例如，熟悉度／親切感）或行銷策略（比方說，一次觸及一百萬受眾）。每年必然會有少數幾樣商品大量流行，理由很簡單，這些商品一旦烙印在民眾腦海裡，話題就會止不住的延燒。

因此，你該如何讓人們主動談論呢？

第九章

我的受眾的受眾

集群、小團體和異教組織

在金融海嘯肆虐、前景一片黯淡無光的二〇〇八年，文森．佛瑞斯特（Vincent Forrest）半工半讀完成了大學學業，而就和許多受不景氣影響，面臨就業窘境的年輕世代一樣，他最後在自己的家鄉密西根州的大湍流市（Grand Rapids）裡的一間販售禮品的獨立小店，從事乏善可陳的工作。由於店裡生意慘澹，平時喜愛畫漫畫的文森只好隨手翻翻賀卡的型錄來打發時間，接著他會以超然和精闢的幽默妙語改寫賀卡裡的雋永句子，並與同事分享。

這基本上是百無聊賴的店員自找的小樂趣，而非是要藉此追求事業的一片天。但有時候，正是無聊空洞孵化出創意。文森的改寫作品逗得同事們樂不可支，他們都深信這小子擁有絕妙的才華。二〇〇九年五月，他在獨立藝術家群聚的網路市集平台「Etsy」開設了一間販售幽默徽章的店鋪。初期設計的十八款徽章吸引來一小群買家支持；他持續創作，並與身邊朋友分享他的笑話作品，藉此獲得回饋，再將頗受好評的佳作製成徽章。他嘗試了政治幽默（通常不受買家青睞）、流行文化圈的幽默（受到喜愛）、無厘頭的文字造句（受到喜愛）……，他不斷學習、調整內容，再製成一件件商品。

文森的徽章賣場目前有五百件以上的設計商品，銷量突破十萬件。此外，他在二〇一一年至二〇一四年間，蟬聯Etsy網站手作商品區裡銷售件數最高的紀錄，他的賣場至今仍名列該平台的超高人氣店家。

文森．佛瑞斯特這號人物的成功之所以吸引我的關注，原因有二。第一，他是一個傳播聲量游絲，缺少大聲公助勢的無名小卒。我們在前一章提到，根據學者研究網路熱門事物的演變結果顯示，打造成功最可靠的途徑是憑藉單一來源傳播給百萬受眾的爆發力，而不是人們所謂的「病毒式」散布。但如同文森這樣的普羅大眾，並未有機會取用諸如蘭登書屋這般大型企業的行銷力量。就此來看，這些人很難達到爆紅的境界，但若要實現這一目標，他們首需建立屬於自己的傳播中心，而這通常是指他們得要創造值得分享的內容。

文森從小型的曝光平台起步，初期的成功主要是依靠那些素不相識，也可能永遠都不會相見的網友們。他必須讓這些陌生人喜愛及傳遞他的笑話創作。這就是文森的經歷吸引我的第二原因：他的故事核心並不是徽章，而是人們為何喜歡分享只有「圈內人」才能領會笑點

（inside jokes）的這類專屬內容。

「圈內笑話的特質是使人們有機會認識彼此，」文森告訴我，「如果徽章上寫著『我喜歡閱讀』，那麼這之中不存在對話，因為很多人都喜歡閱讀。但，笑點出自《簡愛》的一則笑話就只會引起喜愛這本書的一小票人察覺，從而能藉由產生的共鳴來拉近距離。」一小幫密集連結的受眾，勝過一大群分散的群體。

這本書前半部分的重點在於探討一道簡單的問題：**人們為什麼愛其所愛？**然而，從後幾章節的內容看來，我們發現單有此一提問是不夠的。人們不會自己單獨做決定；人們不僅會受影響力左右（「因為流行，所以我買」），也會表現自我（「因為這代表我，所以我買」）。人們購買與分享各式各樣的事物，理由是**希望別人看見自己擁有這些事物**。文森販售的是公開佩帶的徽章，亦即，代表自我認同的三．一七五公分大小的飾物。

當有人在網路上發佈一篇文章時，人們大多會稱這是一篇「**共享**」文。**共享**是一個很有趣的用法，因為在現實世界裡，人們分享的往往是具有排他性的物品。比方說，若你與人共享一條毛毯，那你擁有的保暖面積就縮減了；若你與人共享一打餅乾禮盒，那你可吃到的數量就會少於十二片。然而，訊息的共享卻不是那麼一回事，訊息是不具排他性的資源。當你在網路上分享某內容時，你並未割讓出任何事物；事實上，你反而贏得了寶貴財產——閱聽眾。「共享」套用在訊息的層面來說，其實不算是真正的與人分享，反倒更像是「談述」。

因此，當人們分享一則文章、笑話或徽章……等的訊息內容時，他們是實際為他人付出些什麼嗎？抑或是，他們只不過是在談述代表自己的事物？

文森．佛瑞斯特出生、成長、求學於密西根州的大湍流市。他在高中時期是個隨身攜帶素描簿，且喜歡測試玩笑分寸的搞笑人物。「我向來喜歡嘗試各種笑話，但我的搞怪創意也會取決於對方的接受程度。」他說。「假如你被我逗笑了，我的認知是，這個笑點是個嶄新原點，於是我會再更進一步。但若你沒笑，我就明白這一笑點是臨界點，於是會在此收斂。」

高中畢業後，他先在社區大學度過了幾年時光，接著進入位於密西根湖大道正下方的河谷州立大學（Grand Valley State）攻讀藝術。開始獨自在外租屋後，他找了份精品店的工作以賺取房租和生活費，然而，面對一週四十小時排班與學校密集課程的雙重壓力，讓他身心俱疲。「我患上了嚴重失眠，」他說道。「也常惡夢連連，但做惡夢倒是還好，因為它至少讓我知道剛才有睡著了。」經過一學期後，他轉主修英語。

文森在禮品店服務的那段時期，以幽默改寫賀卡型錄，作為暫時脫離收銀員無聊工作的神遊方式。然而，二〇〇九年，一些風馬牛不相及的事情兜在一塊兒，給了他以販售笑話創作來賺錢的信心——來自聯邦政府的退稅金額剛好足夠買一台徽章製造機；接著，他在Etsy網站上以「Beanforest」的名稱開設了賣場。「起初就只是沒多想，把我的搞笑作品丟上平台而已，」

他說。「有些笑料沒人捧場，但有特定幾件竟然銷路不錯。網友們甚至還在臉書上分享和標記（tag）他們的好友。」就在生意漸漸火熱之際，他和女朋友分手了，於是文森決定趁此時機、放手一搏。二〇〇九年七月，他辭去原本的工作，轉為全職的徽章創作者。

文森的許多創作笑點是針對一群奇特的小眾市場：在特定領域具有豐富知識、性格內向的人；他們很有可能會引用內容摘自諸如莎士比亞的《奧賽羅》，或是史壯克與懷特（Strunk and White）撰寫的《英文寫作風格的要素》（The Elements of Style）的網路文字圖片。不到兩年，文森的賣場搖身成為Etsy網站上最暢銷的手工商店。他迄今最有人氣的徽章創作包括：

- 「……**這隻**小豬窩在家裡大啖培根，沒有意識到自己的殘忍行為。」
- 「我在書店掏出信用卡的舉動使我失去店員的信任。」
- 「早上起床伸懶腰，我發出了恐龍寶寶的哈欠聲音。」
- 「人生如果是一場大型歌舞劇就太棒了！」
- 「我必須要說的是，我**非常**擅長誤解外界暗示。」
- 「做好拼字檢查，以免招致自我毀滅。」
- 「倘若我在烈日當空下睡著了，請別打擾我。我正在進行光合作用。」
- 「我將永遠消失了。（被一隻熊追趕著離場）」（取自劇作《冬天的故事》〔The Winter's

Tale」的一段台詞，也是他最受歡迎的的莎士比亞徽章作品）

「我從不認為我的作品應該要盡可能迎合廣大群眾，」文森說道。「我想為那些僅有少數熱愛興趣的人創作。基本上，我編寫圈內笑話的目的在於創造相互理解的吸引力。」

我向文森問道，對於某些笑點的成功，他是否抱有一套個人哲學？他回答或許有，但答案可能得要以書面回覆。幾天後的早晨八點三十四分，我收到他寄來的電子郵件，開頭寫著：「太陽升起了，而我從五個半小時前就一直埋首於這些問題。」

這封郵件足足超過千字。不過他向我保證，有許多思緒尚未釐清透徹的段落都在書寫過程中刪除了。說來諷刺或恰如其分，一個以在三．一七五公分的版面上書寫趣味小語為生的人，絞盡腦汁努力說明過去幾年來，他自一枚枚印著短小語句的徽章，以至累積擴大的成就上領悟到些什麼。

我反覆讀了這封郵件好幾遍。內容完美無瑕，猶如喜獲「好傢伙玉米花」（Cracker Jack）裡附贈的洞察語句，讀著讀著也不禁讓我的思緒飄回到本書第一章的字裡行間，讀著讀著也彷佛是在驚喜、熟悉，與充滿力量的精煉詩句之間穿梭舞蹈。

以下是他敘述對於徽章創作的熱忱原動力。如行雲流水概述了審美頓悟、獨特性與共鳴感之間的衝突，而這些總歸來說正是為人們打造出嶄新的意義核心。

徽章的尺寸大小限制了可表現的字數，且同時要兼具清晰易讀性……。我達成任務使命是方式是，確切表達出自己有切身經歷，或與我形影不離的人事物（無論是我的所學專長、存在恐慌，或是我的寵物……等）相關的內容，並以足夠具體的描述方式，讓人感覺不僅代表自我個性，也能與具有相同興趣愛好的人產生共鳴……。成功就在於與我的支持者建立有意義的連結。

意義來自於：

「鮮明度」及「熟悉性」很重要。細節往往決定了某件事物感覺起來是出自經歷（因此有意義）或只是籠統和被動的敘述。我希望我在特定主題上不斷深厚的知識，足以讓人感覺我傳達的是真實或新鮮的想法。買家們向我提過各種主題的設計需求，即便我喜歡某個主題，但對此更拿手的強者如雲，再說，能夠簡單達成的成果大部分都已經有人嘗試過了。所以結果極有可能是，某個笑料對我來說像是發現新大陸，但對於會買單的觀眾而言，這已不是新聞。雖然知識和個人興趣並無法保證我的所有創作都充滿新意，但卻可以大大避免老調重彈。

關於那些能引發共鳴的人氣作品：

人們的接受度幾乎沒人能說得準。至今我創作了甚多熱賣作品，但同樣地，碰壁的作品也有一籮筐。是以就大部分的情況來說，我實在難以解釋為什麼某件作品熱銷，而另些作品則徹底失敗。

不過，最讓我感到饒富興味的問題答覆是，為什麼他認為人們會掏錢買他的笑話徽章。「最暢銷的作品都具有非常鮮明的笑點，以至於帶給他們專屬感。」他告訴我。「我想，人們看上的就是這份既細微、又恰好代表自我個性的驚喜。」文森在這封郵件的後段也提到，他的笑話作品能作為一種「傳達身為同類親切感的簡單途徑」。

文森說人們會購買他的笑話徽章是因為能從中獲得心理上的專屬感，接著又說人們藉由笑話徽章與同伴交流溝通。這兩種說法乍看之下似乎矛盾。有誰會購買具有個人專屬意義的物品，目的是為了與其他人分享共有呢？

但這之間的鎖鑰或許就在於：圈內笑話是彼此理解的專屬網路——它是內團體（in-group）的一股凝聚力，也像是某種溫和的異教組織，是每位獨特信徒獲得歸屬感的一片天地。文森創造出的實體商品是徽章和磁鐵，然而，他真正販售的是極具個性輪廓的情感態度，因而讓人忍不住想加入話題討論。

每當你在社群網路（無論是網路線上或離線空間）傳遞一則訊息，那麼這則訊息的擴散程度取決於你的聆聽對象是否會將它再轉述給其他人（**他們的**聆聽對象）。你曾面臨一道簡單的問題：「這則消息適合我的聽眾嗎？」接著，你的聆聽者也思量相同的問題來決定是否要將訊息傳布給身邊朋友：「這則消息適合我的聽眾嗎？」而他們的聆聽對象（亦即，你的聽眾的聽眾）在傳述消息給另個群體之前，也經過了同樣的判斷：「這則消息適合我的聽眾嗎？」如此這般，訊息透過每一階段的延伸，從原始來源漸漸遠播。

「要創造受歡迎的內容，光是掌握你的朋友或訂閱戶是不夠的，」於史丹佛大學研究網路行為的電腦科學家萊斯科夫（Jure Leskovec）表示。「更要能掌握你的朋友的朋友，或你的訂閱戶的訂閱戶。掀起廣泛討論的必要條件之一，就是要讓直屬受眾以外的人——即，你的受眾的受眾——也感興趣。」

若我們會與具有連結關係的人分享訊息，那麼針對「**人們為什麼選擇與別人分享那些訊息？**」的這一提問，也可以同義抽換為「**使人們產生連結的事物為何？**」

在人類的組織型態裡有一個由來已久的恆常準則稱作「同質性」（homophily）。雖然它的字母拼法看來古怪，但傳達的觀念卻很簡單：你與身邊的人（你的朋友、另一半、網路社群、同事……等）具有許多相似之處。此外，還有另一個名為「接近」（propinquity）的相關理論，意指對於那些見面次數頻繁的人（通常是由於他們工作或居住在附近），你會產生出喜歡的情感且彼此會愈來愈相像。綜合而論，這兩者就近似於社會層面的流暢性，以及單純曝光效應（mere exposure effect）的心理狀態。我們都明白，個體往往會被吸引到熟悉的人事物周遭，因而成為所處環境的產物。群體也是同樣的情形。若總是得解釋自己的一言一行，並引來爭鋒相對的衝突，那真是讓人筋疲力竭。相反地，與那些能理解我們的人同行為伍更能帶來無比的喜悅。

從表面上來看，同質性顯而易見，根本就不足為奇。就像舊金山的工程師喜歡和同一區的工程師打成一片，或是信仰天主教的年輕媽媽與其他的少婦教友感覺投契，都是再自然不過的事情。許多關於同質性研究揭示的結果，也似乎都是不折不扣的常識。比方說，二〇一一年，一項針對七千名年齡介於十五歲到十七歲的英國青少年進行的調查發現，在許多中學生的朋友關係裡，「學業成績」是讓彼此產生緊密連結的關鍵紐帶。哦，一點都不意外。不需要社會學家告訴你，你也能知道書呆子會和書呆子膩在一起。

然而，同質性帶來的影響可不簡單，且非全然無害。它或會成為種族隔離或社會偏見背後的強大力量。在種族較多元的社區及學校環境下成長的孩童，朋友的組成背景可能較多樣化。但就整體上來說，社群裡呈現的種族單一樣態令人吃驚。平均而言，美國白人的交友組成裡，白人與非裔（亞裔或拉美裔）的比率為九十一比一。美國黑人的社交結構一般則是，非裔與白人的比率為十比一。關於不同種族之間的社交來往，以下的統計數據或許更令人咋舌：美國絕大多數的三歲幼童都非白種人，而有高達百分之七十五的白人，朋友圈裡連一個「少數族裔」成員皆無。

兒童最早進入的社群會深受他們最初居住的社區影響（這是幼兒無法掌控的事情）。在他們為人父母後，此種地域的影響力又將再次發揮強大作用。學童父母彼此之間往往會成為要好的朋友，而這些家長社群就很有可能深具同質性。大多數的小學在很大程度上是依據地域因素（顯示出相似的收入與人口組成）、孩童天資（某種程度反映了父母的基因、價值觀及社經地位）分類。地域及學校形塑了家長的社交網絡，而在三十或四十年前，同樣的因素也影響了他們本身在兒童時期的第一個社交網絡。

人們渴望成為志同道合的團體一份子，但當這一團體是遠離文化中間值的少數幾個標準差時，情況很可能會變得駭人聽聞。一九八四年，英國社會學家艾琳・芭克（Eileen Barker）出版了《統一教的形成》（The Making of a Moonie）——根據與教徒的訪談，歷時七年研究美國知名異教組織「統一教」（Unification Church）的學術著作。雖然大多數的異教組織被認為是以來自破碎家庭的窮人，以及知識水準低的人為吸納對象，但芭克卻發現，統一教信徒（亦稱「文使徒」（〔Moonie〕」）往往是擁有大學學歷與穩定家庭的中產階級。外界確信文使徒們是蒙受了睡眠被剝奪、催眠與其他邪門歪道的引誘。或許，外界是想藉此相信，唯有操弄高深複雜的洗腦伎倆，才有辦法把『正常人』改造為狂熱的統一教信徒。但實際上，這個異教組織教化新成員的手段樣貌相對純真無邪：週末度假小屋、長時間交流對話、共享飯食、充滿愛與支持的環境。外界迴避去深思這種可能，即這些身為平凡人的信徒也許享受著信仰帶來的安心慰藉[1]。實情也許會更令人感到驚詫：參與文使徒活動的民眾可以自由退出（多數人不到一個禮拜就選擇離開），而留下來的信眾則純粹是從中獲得了一種回到家的自在感。

異教組織的特徵之一在於，成員們會團結對抗在他們看來是充滿了壓迫或不合理的主流文化。但若你試著回想先前的章節，你也許會想起「拒絕接受常規」正是社會學領域對於「酷」（cool）的定義。那麼，人們認為的「異教膜拜」與「酷」之間有什麼差別呢？就相同點而言，這兩種群體都圍繞著不為世人理解的想法核心自我組織而成，且都發展出專屬於群體的價值信仰。或許，異教組織是同質性的極端變化形式。然而，就某層意義上來說，所有社交網絡都算是一種溫和的異教組織——說來諷刺，都是人們可以藉由歸屬於團體，來感受到自我獨特性的一處所在。

數位新聞媒體「趣聞網」（BuzzFeed）上有許許多多關於性格內向者的文章，像是「性格內向的三十一個確證」、「內向者會產生罪惡感的二十三件事」、「內向者拿手的二十一種超有用技能」、「關於婚禮規劃，性格內向的你不可不知的十五件事」、「內向者未曾察覺擁有的十一種天賦」……等，族繁不及備載。為什麼一貫刊登「可共享」內容的這間媒體公司，會花這麼多的篇幅、大書特書這群理論上不喜歡與人打交道的族群呢？理由不單是性格內向者（如同所有人）喜歡在網路上閱讀到描述自己的內容，更包括了性格內向者（如同所有人）喜歡在棲身的小團體裡分享他們有別於主流的證據。事實上，每個人的個性裡都有那麼一點孤僻內向的因子。是以反過來說，若內容是「你的內向其實和一般人沒兩樣的十四種常見作風」就不會有人感到特別或與眾不同了。

史丹佛大學的學者萊斯科夫（Jure Leskovec）指出，每一個社交圈裡都存有兩種基本的回饋循環機制。其一是，人們會找出喜歡自己的人，社會學家稱此為「分類」。其二，個體會轉變得更相似於周遭的團體，這個過程叫做「社會化」。分類與社會化的影響作用在城市的研究領域裡非常普遍。但放眼網際網路，它也像是一個全球大都會，樣貌就猶如各式各樣的社區鑲嵌而成的馬賽克，當中有許多社區實行嚴密的隔離制度，或至少會開放給志同道合的使用者遊走通行。有些網路街角的尋訪足跡幾乎全是來自白人或黑人、白人民族主義者或女權主義者、

---

[1] 文使徒（以韓國統一教的領袖「文鮮明」命名）是受「洗腦」入教的說法，或許也具有種族上的意義。「brainwashing」一詞直譯自中文「洗腦」，於冷戰時期衍生出新義；而這一單字正式收錄進英語辭典則是在韓戰的時空背景下，人們恐懼美國戰俘被釋放回國後會形同殭屍般，就像電影《諜網迷魂》（The Manchurian Candidate）裡描述的那樣。

東西岸傳媒（bicoastal media）電台的健談聽眾或綠灣包裝工隊（Packers）的球迷。

以下簡短說明「分類」與「社會化」在推特社群網路上的可能運作方式。假設我在推特上發佈了一篇講述中國歷史的文章，而有成千上萬的網友都看見了這篇文章。當中有些人對中國歷史並不感興趣，所以他們或許會藉由「取消追蹤」（unfollow）離開我的社群網絡；但有另些喜愛中國歷史的網友透過「轉推」（retweet）將文章傳遞到了他們的網絡，因而有時候，看到這則轉推內容的人，亦即我的受眾的受眾，就可能會加入我的社群。

這是訊息於網路傳播的極簡模式，卻也隱含了兩項重要意義。第一，社群網路通常會透過匯聚志趣相投的人們，而達成本身的分類。第二，要在推特、臉書或是Instagram等社群網路上拉高人氣與知名度，就不僅要吸引現有受眾的眼球，更要讓現有受眾的受眾也感興趣。

還有一件發生在這些數位社群網絡的趣事。經過一段時間後，我逐漸掌握出哪種類型的訊息能引發最多關注，於是我開始嘗試以最能成功獲得正面評價（例如，得到「轉推」或「跟隨者」）的意圖與書寫風格發文。我發現張貼生動的圖表或搞笑圖片的效果很管用，且能使觀眾原本抱持的既定想法獲得合理的應證。我也瞭解到，針對某些名人發表過度的酸言酸語會令人產生反感，以及我對「酷玩樂團」的個人看法不得人心，還有以全文使用字母大寫的方式提出誠懇的政治見解會讓人讀來極為吃力。似乎是潛移默化，我漸漸學會以網路世界的特有語言溝通。

簡言之，相似性在社群網路裡是交互影響的。我的社群變得更相似於我，而我本身也變得更像我的社群。

文森．佛瑞斯特直覺領會到這種漸漸趨於一致的雙向影響。據他所言，他最出色的徽章作品就出現在彼此聚合的過程裡，所交會出最緊密的圓圈之中。人們渴望分享最能代表自我個性的訊息。但他也從受眾的反應評價中學習，他發現Etsy網站的買家喜愛那些取自流行文化的戲謔語句，以及典故冷僻的語意幽默。因此，他之後的創作內容更偏重在流行文化裡融入閱讀和句法上的笑梗。文森為自己打造出一個擁有數萬名買家的社群網路，但有趣的是，他並非藉由同時迎合這幾萬人的口味來實現這個結果，而是一次僅瞄準當中的少數人。

深受全球用戶喜愛的手機應用程式在實踐自我表達的形式上各不相同。iPhone手機歷來下載量最高的非遊戲類應用程式是臉書、臉書即時通、YouTube、Instagram、Skype、WhatsApp、尋找iPhone、谷歌地圖、推特、iTunes U。換言之就是：地圖、影音和一大堆的交談工具。若你認為下載量不足取信，那不妨看看獨立市調怎麼說吧！根據利基公司（Niche.com）於二〇一四年所做的一份調查結果顯示，青少年最常使用手機的功能是傳送簡訊、臉書、YouTube、Instagram、Snapchat、潘朵拉、推特及電話撥接。這八項用途的其中六項（傳送簡訊、臉書、Instagram、Snapchat、推特及傳統的電話功能）說穿了，就僅是在視覺、文字和聲音上實現自我表達的各種工具。

這些社群網路唯有在規模龐大的前提下，才能真正發揮效益[2]。有一概念稱作「梅特卡菲定律」（Metcalfe's Law），意指「網路的效用與使用者數量的平方成正比」。以約會軟體為例，假如用戶僅有五人，那毫無價值可言，就算有一百名使用者，還是不夠吸引人。但若在一英里的範圍之內就有一萬名用戶，那麼要讓第一萬零一名使用者加入軟體的使用行列可謂不費吹灰之力。當某個社群網路已達關鍵多數（critical mass）時，要獲得邊際使用者的青睞是唾手可得。然而，若你希望有成千上萬的人註冊使用某一產品，但在還未有人感受到產品帶來的好處之前，你該如何招攬首位用戶上門呢？

熱門的約會軟體 Tinder 在漸漸拓展之際，該公司的實質營銷執行長惠特妮・沃爾芙（Whitney Wolfe）就面臨著這道問題[3]。她亟欲達成的目標是讓各個城市裡的大批單身人士同時加入這個約會軟體（畢竟，就算該軟體在加州擁有十萬名單身用戶，但對於居住在巴爾的摩的人來說，它卻可能效用不大）。

乍看之下，沃爾芙面臨的問題和文森著手販售圈內笑話的挑戰似乎毫無關聯性。不過，她最後的解題辦法會把我們帶回到同質性的主題。試回想華茲（Duncan Watts）及萊斯科夫（Jure Leskovec）對於人氣提出的通則：散播想法最可靠的方式是搭上**現有緊密連結網路**的順風車，以及借助**目前關注者**的推波助瀾。換句話說，若你想引發群體的興趣，那就去找出起始交會點。為了建立初期用戶群，沃爾芙得探尋數百個、甚至數千個單身者已相互連結的所在；也因此，她重新踏入了校園。

沃爾芙畢業於位在達拉斯，以酒神節文化聞名的南衛理公會大學（Southern Methodist University）。她對於自己口中所謂的「南方大學經驗」瞭如指掌。為了找尋用戶，她首先走訪了姐妹會（sororities）。「我進到她們的會所後，拜託她們就當作是幫我一個忙，去下載Tinder，」她說道。「我說我是一個亟需獲得她們支持的職場年輕女性，此外我也告訴她們，校園裡的所有帥哥在接下來的二十分鐘內也會加入這個軟體，因為等會兒離開之後，我就會直接前往他們的會所。」

在說服了姐妹會的成員註冊後，她接著去拜訪兄弟會（fraternities）。她告訴那幫小夥子，她親眼確認了住在那棟會所裡的每一位女孩都下載了這個應用程式。「女孩們正殷殷等著你

---

2 並非所有的手機應用程式都能從網路效應獲益無窮，而是僅限於產品的人氣度使得手機應用程式變得更加實用的情況下。舉例來說，如果臉書上只有你孤身一人，那沒什麼樂趣，但新聞或是音樂應用程式可能就非常適合數百萬人獨自使用。

3 雖然這與網路理論（network theory）或同質性的主題不相關，但既然提及了Tinder軟體的發展歷程，得要附註說明的是，沃爾夫後來對公司提起性騷擾訴訟，雙方在庭外和解後，她利用部分的賠償金創建了交友應用程式Bumble，成為老東家的競爭對手。

們上線，可別讓她們期待落空啊！」她對他們說道。你猜男孩們會怎麼做？「他們就立刻下載了。」

沃爾芙散播這套軟體的方式，並非找出擁有神奇影響力的少數個體，而是一次拋出套索，圈住整個群體。她借助既有的網路，亦即在這所大學參與希臘生活的集群裡，彼此之間相互連結的兄弟姐妹會。

Tinder公司指派她以同樣的推廣模式走訪全國的著名大學，根據協助該公司設置網路後端代碼的工程師喬．穆諾茲（Joe Munoz）所述。「她的簡報提案簡直是天才等級，」他向彭博新聞社描述道。「沃爾芙前往自己所屬姐妹會的分會做簡報，並讓現場的所有女孩安裝這款應用程式。接著她又會前往性質相似的兄弟會——男孩們打開程式後，就看見這些他們熟悉的俏麗女孩們都在裡頭。」在沃爾芙行遍全國推廣之前，Tinder的用戶不到五千人，而在她完成這趟任務後，用戶人數約有一萬五千人。「雪崩似的力量已開始釋放了，」穆諾茲說道。

臉書早期的成功也是依循類似的模式。該公司創始於二〇〇四年，初期為僅供哈佛大學及其他特定大學的學生使用的通訊錄。很快地，它在那些透過課堂、住宿及課外活動等原因，原本就具有連結關係的年輕人之間快速散播。就如同Tinder，臉書的擴展依靠「保齡球策略」——產品被一群小眾、一個密集連結的既有網路所採用，就猶如一顆保齡球猛烈擊倒排列整齊的保齡球瓶。假使某社群網路的使用者是隨機分布在世界各地的一千人，那麼它可能就不會產生太大的效用。但反觀當時的臉書，與其說它試著創造新的人脈連結，不如說它更渴望將數百萬名學生之間早已存在的人際關係數位化與深入化。

沃爾芙利用相同的策略來拓展她後來創建的約會應用程式Bumble（主要特點在於僅限由女性來開啟對話）。「我重返南衛理公會大學，然後站在姐妹會的招生攤位前懇求人們下載我的應用程式，」她說道。這一次她準備了商業增強物——印有Bumble黃色商標的大量獎品，並允諾傳訊息給最多朋友的女孩將會得到超級好禮。

猶如射發彈弓般，Bumble以強勁的力道飛馳拓展，用戶人數在創立十五個月後遽增至超過三百萬人。我和沃爾芙在二〇一五年進行訪談時，據她所說，她目前仍持續投入在大學校園裡推廣。然而，她的招數已不那麼吸引人了。姐妹會早已心知肚明自己僅是扮演通往大學網路的門戶，是以對於新創公司緊巴著她們散播新產品的懇求也漸感厭煩。「我深信人們是頻繁經歷了如出一轍的推銷手法，才會開始懷疑對方別有用心。」沃爾芙說道。「這段時間我始終走向人們認為我只是想推銷產品的地方。走訪姐妹會的做法長久以來都很管用，但我想現在該做的是，必須找出在各個網絡裡能夠作為我的代理媒介的合適目標。」

全球串聯的關鍵要素並非神奇的病毒因子，也不是具有影響力的神秘人物。相反地，是要找出一群容易受影響的人，如此也能顛覆對於具有影響力者的提問。別問「誰具有影響力？」而是要思考「誰容易受影響？」在華茲（Duncan Watts）的電腦模型中，全球串聯的發生在於觸動扳機、射向一群密集連結、匯聚在某個共同點周圍的受眾（亦即，溫和的異教組織）。對此，沃爾芙英雄所見略同。「我常問我的團隊，你們會選擇在穿梭於紐約市的計程車上打廣告，還是印製貼紙讓人黏貼在後背包上？」她說道。「紐約計程車可以讓廣告曝光在成千上萬人的眼前，而貼紙可能只會觸動少數幾個人的好奇心。」然而，沃爾芙也如同文森一樣，寧願選擇較細微的自我象徵，以及能作為朋友之間展開對話的起點。「我達成任務使命的方式是，」文森曾向我說，「以足夠具體的方式描述確切事物，進而讓人感覺能代表自我個性，也能與擁有相同興趣喜好的人產生共鳴。」

世界並非由如同一顆顆水珠般一致串連的人群所組成，而是包含了十億個集群、小團體和異教組織。華茲、沃爾芙與文森分別在他們的模型、應用程式及顧客之中看見的是，當他們找到了一群不認為自己歸屬於主流，且因某個彼此認為特別的想法或共同點而緊密結合的小眾網路時，宛如量身打造的成功產品就勢必會擴展開來。人們有太多機會訴說自己的平凡之處；事實證明，人們渴望分享自己「異於常人」的特點。

間奏

帽子上的白羽毛

雖然我在大學時期是主修新聞學和政治學，但我也從事戲劇表演，且大致上來說，比起新聞編輯室，我更喜歡舞台。事實上，我想我始終熱愛寫作的原因，是因為寫作和演戲的感覺很相像。這兩種工作都需要培養出一種內外兼具的直覺敏銳度，像是感受之於姿態、想法之於台詞。在我還是大學新鮮人那年，我觀賞了一齣由學生製作的一八九七年愛情舞台劇《風流劍客》（Cyrano de Bergerac）——由一群大一新生籌辦，演出地點在校園裡那棟惹人嫌棄、從外觀看來像是破爛廢棄工寮的黑盒子劇場。整齣戲沒有華麗佈景，倒是結合了刺眼燈光、廉價座椅，以及一座與學生製作等級相稱的臨時舞台。儘管如此，我仍看得入迷。雖然在那之前，我深愛著莎士比亞、史達帕（Tom Stoppard）、庫希納（Tony Kushner）的劇作，但當時十八歲的我內心強烈感受到，這是我歷來看過最機智慧黠的一齣戲。

《風流劍客》的故事主角是一位名叫西哈諾（Cyrano）的貴族，他不僅是劍術絕倫的劍客，也是才氣橫溢的詩人，從而這個角色也被認為是創造「panache」（鳥類羽毛）這一單字的始祖，直譯雖是如此，但代表的意思較接近於「傲氣」。臉上長著一顆醒目大鼻子的西哈諾愛上了美若天仙的羅珊（Roxane），但他心知肚明，如此貌美的女人絕不可能會愛上像他這樣長相醜陋的男子。因此，當英俊瀟灑，實則為一個大草包的克里斯坦（Christian）請求西哈諾代筆寫情書給羅珊時，他默默答應了。到了劇末，羅珊發覺自己迷戀上那充滿文采的愛慕文字，她真正愛的是情書的作者——是其貌不揚的西哈諾，而非外表英俊的克里斯坦。

某天晚上，當我在為這本書準備研究資料的過程中，我突然想起了這齣戲。我那時正著手撰寫下一章節，而內容有很大一部分就是關於西哈諾所擁有的無與倫比天賦——取悅受眾。

「媒介即訊息」，麥克．魯漢（Marshall McLuhan）此言一出，眾人自此跟著複誦了一百萬遍。網際網路，以及棲息於之中的社群網路是擴大增強的力量，使得我們的訊息得以延伸到更多雙眼睛和耳朵裡。然而，我很好奇的是，當人們想著自己是對著一大群人說話（如同很多人經常在臉書、Reddit和推特上從事的行為）時，他們是否會改變自己的談論內容呢？若媒介主宰訊息，那麼受眾的**規模**是否有可能會影響訊息的主題？

我無法確定人們在晚餐的餐桌上會聊些什麼，但我知道在網路世界裡大家都在談論些什麼，因為網際網路會留下數據足跡。社交內容分析公司「NewsWhip」每年都會公布出臉書上最具人氣的報導排行；以下是二〇一四年的前十大熱門內容：

1. 他在納粹大屠殺期間拯救了六百六十九條孩童性命……他不曉得這些獲救的人現在就坐在他身旁——出自「LifeBuzz」
2. 你是哪種動物？——出自「Quizony」
3. 你的觀察力有多敏銳？——出自「Playbuzz」
4. 別人能猜出你的實際年齡嗎？——出自「Bitecharge」
5. 你其實適合居住在哪一州？——出自「BuzzFeed」
6. 你散發的氣場是什麼顏色？——出自「Quiz Social」
7. 你的心理年齡為？——出自「Bitecharge」
8. 你的行為年紀為？——出自「Bitecharge」
9. 妳是屬於哪一種類型的女人？——出自「Survley」
10. 你在前世的死亡原因是？——出自「Playbuzz」

觀察這些內容得出的共同點是，它們都**能夠引起共鳴**；每一則內容都切合讀者們尋常的焦慮和好奇心，而每一份焦慮和好奇心就像是一小片發癢的肌膚，渴求獲得短暫的搔癢。然而，重新瀏覽一遍這份名單之後，我不得不這麼想：實際上根本不會有人談論這些話題！

以下是人類史上不曾被講過的句子：

- 「親愛的，在我們去睡覺之前我想問你，你其實適合居住在美國的哪一州？」
- 「嘿，媽媽，我想知道您散發的氣場是什麼顏色？」
- 「奶奶，您是屬於哪一種類型的女人？」

這些問題，頂多是屬於你發現自己與初次約會的對象沒有共同話題可聊的時候，你也許會提問的那類題目。若這些內容是可以引發共鳴的主題，那它們的共鳴點在於你未說出口的好奇心，與通常具有特定性及日常性的面對面對話——**你今天過得好嗎？親愛的，我們需要買一支新的拖把。是你要帶她去練足球，還是我？你和珍妮談得如何？**——毫無任何關聯。

哈佛大學於二〇一二年所做的一份調查結果發現，人們使用大約三分之一的私人對話來談論自己。而在網路空間裡，這個比例則躍升至百分之八十。當某人打開電腦或鎖定螢幕時，他的自我主義程度會比平時高出兩倍以上。不妨回顧那份臉書的熱門文章名單：十則標題裡有九則包含了「你」或「你的」字眼，而對每位讀者來說，這就意謂「我」及「我的」。在離線空間裡，是以一對一的方式，即我和對方說話。在網路上，則是一對一千的型態，我說著（及閱讀）和我有關的事情。

所有的溝通都包含了受眾，但受眾的規模卻可能會影響溝通的樣貌。二〇一四年，巴拉斯克（Alixandra Barasch）（當時為賓州大學華頓商學院的博士候選人）、博格（Jonah Berger）（華頓商學院行銷學副教授）共同執行了一項研究以檢驗當中的影響結果，其做法是讓受測者完成一項簡單任務：向一個人或一群人描述你的一天生活。

研究人員提供給參與者假想的日常情節，裡頭包含了幾項開心的活動（像是和朋友一起去看了一部新上映的精彩電影）和一些掃興的事情（像是在麵包店買到一份難吃的地雷甜點）。接著再讓參與者以一位朋友或一群人為閱讀對象，寫下自己的一天生活。當人們想著傾聽對象僅有一人時，會較坦率訴說生活裡的不如意；但抱持著要向一群人發表的心理時，他們就會為自己的書寫內容噴上一層光彩奪目的亮漆。

以下是選自該研究中，僅向一位朋友分享的筆記內容：

> 我的一天從一開始就很不順利。結束與老師的簡短會談（順便一提，我遲到了）後，我和莎莉會合一起出發去看電影……，看完電影，我帶她去「起司蛋糕工廠」吃點心，但店裡竟然打烊了，所以我們只好勉強去了一間附近的麵包店。運氣真的很差！

以下則選自寫給一群人的筆記內容：

嘿，大家好！我度過了一個很棒的周末！我和幾個朋友一起去看了《鋼鐵人三》，超級精彩！我真的、真的很喜歡！我覺得遠比第二集好看太多了。

這就是群眾的虛榮心——僅是感知自己正與一大群受眾說話，就會影響我們所分享的訊息及描述事情的方式。前幾年，一些社會評論家始終納悶著，為什麼社群媒體上的大頭貼照成為了自戀的展示？或許，與其說臉書讓我們變成自我感覺良好的人，倒不如說是臉書喚醒所有傳播行為本身具有的自戀心理。由於是一對多的對話模式，所以我們會雕琢美化自己的生活故事；哺乳動物之於哺乳動物，所以我們更有可能理解共鳴。

在《風流劍客》裡，西哈諾和克里斯坦是相互烘托的對比角色。然而，在現實世界中，大多數人的身體裡都同時住有舌粲蓮花的西哈諾，以及笨口拙舌的克里斯坦。在鍵盤或紙本前，他們信心飽滿、妙語如珠；但若不帶劇本地面對朋友、戀人或主管時，他們會傾吐、會談述自身在婚姻關係裡的愁緒，或是一路上糟透的通勤過程。

網路線上與線下，兩者之間會產生溝通差距的原因之一僅僅在於時間。講話是一場直接交手的戰鬥，就像是劍術比武，包含了快速的來往應答、以嘲諷刺向對手、出於本能的迴避閃躲，且幾乎不太有機會能放下你的武器單純去**思考**。講話者會與講話對象保持緊密的協調一致，因而對話過程會產生一種常見的拍子記號、即談話行進的正格終止（standard cadence）。根據心理語言學家研究，在許多語言和文化中，講話者在說話的「發言權」於雙方之間移轉前，會停頓平均兩毫秒。此外，語言學家也發現這一全球公認最理想的停頓時間，存在於義大利語、荷蘭語、丹麥語、日語、韓語、寮語、Ākhoe Hai‖com（納米比亞的科依桑語系〔Khoisan family〕）、耶里多涅語（〔Yélî Dnye〕使用於巴布亞紐幾內亞）、澤套語（〔Tzeltal〕墨西哥的馬雅語系）。

寫成文字的溝通並不像劍術比武，反而更像是架設一枚長程飛彈。你有額外的時間去挑選目標與改良內容，且若察覺自己不知所云，隨時都可以按下刪除鍵。時間上的差別導致焦點的不同。面向一個人講話時，注意力自然會落在對方身上；但在網路世界朝著一千個人說話時（比方說，在臉書或推特上貼文），過程裡無法直視到任何一張臉，也無法如實接收到一千人的集體需求。因此，聚光燈轉往內心照射；一對一千人的對話模式並不叫做對話，而是一種展示。

你或許能懂這種感覺——對此我是完全能體會。「推特」對我而言，是新聞的首頁網站及記者同事的聊天室，也是一種我難以想像生活中少了它會是什麼模樣的資源。然而，當我回顧這幾個月來的推特貼文時，我赫然注意到自己的網路人格形象竟是如此具體鮮明，且根本不像是我和他人一起共進晚餐時的說話方式。我不斷吸收媒介創造的俚語——超然、戲謔，且仔細察覺出這個新聞媒體輸送帶上一絲一毫的轉動跡象——也鮮少透露出自己的理解系統發生了小故障，然而，那些不理解也正是絕大多數一對一對話具有的特徵：**嗯？……再說詳細一點……我沒有意見……**

人們在公開場合通常會談論議題，在私底下則會討論行程。在公開場合會運用策略調節情緒，在私底下則往往會訴說各種瑣碎的煩惱。在公開場合，人們想要展現風趣迷人的魅力，但在私底下，人們渴望獲得理解。

網路效應科學指出，隨著網路擴張，網路之於各個使用者的價值也會以指數增長。然而，若大型網絡果真值得人們為訊息精心打扮，那麼，受眾或許就不會有興趣去尋求較不擁擠的對話空間（一對五人，或甚至是一對一的方式）往往能帶來的親密與真實。針對那些想要杜絕沾沾自喜的訊息鋪天蓋地而來的人，出現了一種類似「反網路效應」的主張，認為大型社群網路會對這些自鳴得意的訊息漸漸感到厭膩。對於臉書和Instagram常見的批評是，使用者們總把他們的生活樣貌打造得多采多姿，相形之下，自己的生活顯得單調荒涼。然而，批評朋友們在社群媒體上的舉止表現——「我恨透了我的朋友在臉書上的樣子」——通常可被簡稱為「我恨透了臉書」。

這種網路線上與線下的差距，對於努力想為自家產品製造「口碑話題」的公司會帶來極為切實的影響。在撰寫前一章節的過程中，我訪問了幾位網路約會軟體公司的經營者。他們都不約而同地表示，線上約會軟體要達到「病毒式」的擴散困難重重。一些執行長認為原因在於，近期大部分的人都很排斥在網路上談述自己的愛情空窗。以Instagram為例，它是一個發佈照片的所在（你手裡懸著啤酒，置身在寧靜海灘和印象派畫風似的日落景象裡的照片）；然而，卻沒有一處空間是可以向世人宣告你極度渴望獲得約會對象。社群媒體是自尊的王國。「我單身找伴中」這類自貶的話語，大多數的人都寧可在電話裡和親近友人說。

網路文化仍重視真實性，媒體至今也歷經了幾段發展進程，以求在一對一千人的溝通裡注入一對一對話的親密感。網路書寫的風格吸收了許多來自簡訊和電子郵件的特殊慣用語。即便在嚴肅的網路文章裡，也可見到GIF動畫圖片、表情符號、明快的縮寫、人人常掛嘴邊的輕鬆方言，彷彿讓人難以與捎自朋友的電子郵件相區別。隨著個人播客（podcast）的蓬勃發展，電台廣播如今聽來像是親密的促膝而談。YouTube紅人在自己的房間裡向成千上萬的觀眾說話，模樣就像是尋常青少年歡迎一位老友的到訪。雖然預測媒體的未來發展是愚人的樂趣之一，但就讓我短暫浸泡在這般愚昧之中——我認為新的媒體形式在晉升全球平台的過程中，也會持續不斷地與一對一互動的對話基調保持平衡。傳播中心的規模會愈來愈龐大，但同時也將感覺自己的力量愈來愈微小[1]。

《風流劍客》的劇末，主角西哈諾在羅珊摟抱的懷裡死去。最後一幕的場景在巴黎的女修道院，時值秋季。根據劇本描述，多年後，此處長出了艷紅和鮮黃色的樹葉，襯托在黃楊木與紫杉木的一片綠意之中。羅珊輕擁著垂死的英雄劍客，親吻他的前額，深情示愛。在西哈諾的生命燭火漸漸微弱熄滅之際，他以劇本最末的一句詞語，作為嵌放在文學情聖人生頂端的最後一塊石頭。那句詞語既非「我的愛」，也不是「我的真理」或「我的良善」，而是「我帽子上的白羽毛」。即使在生命將盡之時躺臥在摯愛懷裡，西哈諾仍情不自禁——他終究還是一個只為搏君一笑、贏取觀眾芳心的表演者。

---

1 我也覺得結果可能相反：隨著我花更多時間在社群網路上和一大群人說話，我在現實生活裡的一對一對話內容也漸漸融入了社群的語言。

第十章

人們究竟渴望什麼／第一篇：商機預言

大錯特錯的生意盤算

史帝夫．賈伯斯說好了要帶來「三項革命性的創新產品」。他說謊。

二〇〇七年一月，身穿高領黑色招牌上衣的賈伯斯於舊金山的莫斯康展覽中心（Moscone Center），向蘋果商品發表會的五千名出席者介紹他的科技三聯作品。「第一項是新增觸控功能且螢幕拓寬的iPod，」語畢，迎來現場一片熱烈的喝采與掌聲。「第二項是革命性的創新手機，」他接著說道，掀起台下更加激昂的歡呼，「而第三項是突破性的網路通訊設備。」這一回觀眾的掌聲聽來有氣無力，伴隨著零星、敷衍似的高呼。

他的話梗自然在於這三項革命性的新產品，實際上是集結觸控螢幕、音樂播放器及電話功能於一身的單項產品。「我們稱它為『iPhone』。」賈伯斯總結說道。觀眾們旋即豁然大笑，現場再度響起如雷掌聲。

然而，在展覽中心之外的世界，懷疑聲浪四起。微軟公司的前任執行長史帝夫・鮑爾默（Steve Ballmer）當時的看法是，一支手機定價高達五百美金簡直是荒誕不經（「iPhone絕對沒有機會在手機市場取得亮眼的銷售成績。」他如此表示。「毫無機會！」他再次強調）。此外，二〇〇七年六月，就在iPhone正式發售的前幾天，優勢麥肯媒體廣告公司（Universal McCann）公布了一份消費者對於這款新產品的反應研究報告，斷言iPhone的銷量將慘淡不佳。

該份報告的主要執行人物湯姆・史密斯（Tom Smith）表示：「事實原來很簡單——『融合』（整合式全功能設備）的產生主要是財務限制造成的一種妥協，和消費者的渴望度無關。在有能力消費多種設備的市場裡，比起一機全能，大多數人寧可選擇功能單獨的產品。」

優勢麥肯執行的這份調查研究規模龐大，參與民眾總計有一萬人。他們預期iPhone的銷路在經濟發達的市場（像是美國、歐洲及日本）將難以推動，因為鮮少有消費者會想把現有性能佳的手機、相機、MP3播放器，替換成一件博而不精的產品。雖然在墨西哥、馬來西亞和印度，有百分之七十以上的受訪者回覆「很期待市面上有這麼一款一機就能搞定所有使用需求的行動設備」，但在德國、日本及美國，僅約有百分之三十的受訪者表示同等程度的想法。

人類既懷抱著崇古的心理，也同時為各種未來預言所著迷。然而，未來就像是拒絕被預言（即便是無懈可擊的預言）統治的無政府狀態。十年後，iPhone不僅沒有栽跟頭，反而成為近十五年來獲利最豐厚的硬體發明。這一結果尤其令鮑爾默（Steve Ballmer）尷尬，因為在不到十年內，蘋果iPhone的商業價值就贏勝過微軟公司。

簡單來說，優勢麥肯公司出糗失算了。但就事實的不同角度來看，他們也沒說錯。居住在民主先進國家的消費者在當下是真心覺得自己不需要iPhone，從而研究人員也準確估量著受訪者對於這款從未實際看過且陌生產品的冷淡度。在人們轉為熱切渴求iPhone之前，蘋果公司砸下數十億美金，歷時五年打造出一件美國人民真心覺得不需要的產品。

各個產業都存有這般童話故事——被冷漠對待的癩蝦蟆，最後蛻變成王子般的熱賣商品。例如，有好幾間書商曾拒絕了出版《哈利波特》首部小說，直到布魯姆斯伯里出版社（Bloomsbury）的總編輯奈傑爾．紐頓（Nigel Newton）在八歲女兒彷佛具有一絲預知能力，堅持「這本書比任何一本書都好看！」之後，他才決定以幾千英鎊買下手稿。至今《哈利波特》名列暢銷系列小說，全球賣出超過四億五千萬冊，甚至遠高於《納尼亞傳奇》與《魔戒》的加總銷售量。據傳「誰合唱團」（The Who）的成員曾經和吉他手吉米．佩吉（Jimmy Page）說：「你的樂團會像『鉛氣球』下墜般，徹底失敗！」他欣然接納了這段預言，將團名改為「齊柏林飛船」（Led Zeppelin）。佩吉和他的團員後來成為僅次於披頭四的史上最暢銷樂團，至今獲得的認證唱片銷量多於「誰合唱團」與「滾石樂團」的加總量。二〇〇一年的某晚，新聞集團（News Corp）及二十一世紀福斯公司的創辦人梅鐸（Rupert Murdoch）接到女兒莉茲打來的電話，她在電話那頭極力說服父親翻拍英國電視節目《流行偶像》（Pop Idol）。雖然福斯公司的高層主管都對此計劃持懷疑態度，但梅鐸相信女兒的判斷，堅決版權的購買。自此引進改版的節目《美國偶像》於焉誕生，且連續十年蟬聯全美收視冠軍寶座。

這些傳奇故事之所以讓人津津樂道，不僅是當中突顯成功與失敗的一線之隔，更因為它能提醒流行製造者們，莫忘自身產業裡的變化莫測。「無人知曉任何事」劇作家威廉．戈德曼（William Goldman）曾如是說，而這一名言也成為許多企業的座右銘。在預測未來的那一刻，一無所知就化身為俱樂部，人人都是會員。

要獲得少數幾個暢銷之作，就得具備耐力，經過許許多多爛透的點子、平庸的想法，甚至是始終時運不濟的絕好想法。最重要的是，這個過程需存有一種商業模式，足以支撐大部分創新事物會面臨失敗的必然性；大有可為的構想往往會招致齊聲懷疑；然而，一項大紅大紫的熱賣商品值得付出一千個慘敗之作來換取。

在希臘傳說中，卡珊德拉（Cassandra）是特洛伊的公主，她被賜予準確預知未來的能力，但卻也遭詛咒其預言將無人相信。特洛伊戰爭爆發之前，卡珊德拉預見希臘人將以木馬侵入攻陷特洛伊城，但人們卻忽視她的預言，特洛伊城果真遭摧毀。如此殘酷的天賦最終將她逼瘋。

時至今日，若某人發表的惡毒預言無人理會，那樣的角色就被名為「卡珊德拉」，表示對其不屑一顧或是同情的稱謂。在當代社會裡扮演卡珊德拉，代表著本身缺乏某種公信力，也被視作染上悲劇色彩的神明使者——徒勞無益地疾呼災禍的到來，但卻遭眾人漠視。

不過，我認為卡珊德拉的角色意義應重獲現代翻新。在任何流行製造產業裡，成為卡珊德拉，不僅是種讚美，更是所有人都需嚮往追求的頭銜。假如具有預知能力的卡珊德拉本尊仍在世，並且投注當今市場，那麼她會成為全球排名第一的女富豪。當其他操盤手在股市暴跌、紛紛拋售持股額度時，唯有她看見了股價的最低點。當一九八〇年代末的音樂廠牌一窩蜂地與華麗搖滾樂團簽約時，唯有她察覺到嘻哈風潮即將吹起。站在歷史正確的那一面固然美好，然而，從商機獲利的角度來看，在所有人都認為你判斷錯誤時，你的前瞻未來最具價值。

獨具慧眼的能力是預測商機的法寶。要辨識出最閃亮的明日之星，從根本上來說，就是要找到「卡珊德拉」資源——人、研究資料，或往往為人漠視卻具前瞻性的洞察。華爾街史上著名的投資案例——例如，一九九〇年，巴菲特在儲貸銀行危機（savings-and-loan crisis）期間，大量買入富國銀行（Wells Fargo）股權；或是如電影《大賣空》（The Big Short）所呈現，惡意槓上美國房產市場的投資客——之所以獲利驚人，正是因為他們發現了當時大多數人都不予重視的訊息。

巴菲特和那位預見房市崩盤的投資客都曾被認為是瘋狂之輩。他們是現代版的卡珊德拉。他們預見未來且眾人皆視為瘋狂想法，僅僅因為這兩項條件同時成立，所以他們的投資贏來了史無前例的成功。

在資訊充足且透明的世界裡，要找出兼具前瞻與低調的資源或策略著實不易。如果所有投資者都意識到，現今的結婚率預示著未來的經濟成長，那麼能從結婚率的追蹤觀察裡獲得的利益就大為減低。當漫畫書儼然成為系列電影的絕佳取材時，所有大型製片商都相互競價、購買人氣漫畫的版權，因而造成哄抬的價碼與不利的投資。當《糖果傳奇》（Candy Crush）成為最受歡迎的手機遊戲時，其他開發商也紛紛帶著類似的遊戲蜂擁至App Store平台。箇中意義就在於，當所有人的預測都一模一樣時，能從中賺取豐厚利潤的機會甚微。

仿效近來的成功案例是人人都能輕易上手的把戲，但比別人搶先一步看見下一波大浪的來襲，反而會更有價值。就誠如一九九〇年的巴菲特，二〇〇一年的梅鐸、二〇〇七的蘋果公司，代表著在恰到好處的時間點，抱持著些許的不合時宜。

二〇〇〇年，一群商學院的畢業生及一位名叫艾佛利（Avery Wang）的博士生，共同創建了一款稱作「Shazam」的手機應用程式。他們的構想彷彿要施展神奇魔法——開發出一種能夠辨識世上所有歌曲的技術，且使用者只要按下一顆按鈕，就能知道這首歌的歌名與演唱者。艾佛利一開始認為這是不可能實現的目標。大部分於公共場所播放的音樂，都混雜著人們的交談聲、刀叉碗盤的碰撞聲及其他干擾聲響。於是，他設計出一種稱作「聲音頻譜」（spectrograms）的工具，能將數百萬首歌曲轉變為獨特的音頻圖譜，過程也就近似於為世界上的每首歌曲刻劃出數位指紋。於任何空間播放的音樂都能在短短幾秒內，與這些數位指紋完成比對，即便是在客人川流不息的嘈雜餐廳也不例外。

Shazam如今是全球火紅的應用程式，至今下載次數超過五億次，完成辨識的歌曲累計有三千萬首。後來更開發出一張顯示有數百萬首搜尋歌曲的世界地圖，使用者只要放大畫面，就能知曉在紐約、上海或東京等地的熱門搜尋歌曲。「我們能掌握歌曲的人氣發跡所在，也能觀察它的散播樣貌。」Shazam前任技術執行長傑森・泰特斯（Jason Titus）如此說道。二〇一三年迅速走紅的紐西蘭歌手蘿兒（Lorde）就像是一匹不知從何處竄出的音樂黑馬。但對於這匹黑馬奔騰的起始點，Shazam可是瞭如指掌：追溯她的熱門單曲《貴族》（Royals）的辨識搜尋於世界各地迸發蔓延的路線，呈現的樣貌就像從草地上冒出的毒蘑菇，從紐西蘭、納許維爾（Nashville），一路向外大量生長至美國沿岸及全美數百座城市。

Shazam將全球的音樂迷們，化作一張可供搜尋的流行音樂地圖。對於大型音樂廠牌的星探而言，它可不單是一個小巧工具，而是暢銷歌曲的早期偵測系統。

二〇一四年二月，為了訪談關於預測暢銷歌曲背後所採用的技術，我前往了位於百老匯大道一七五五號，聯眾唱片（Republic Records）的曼哈頓總部。當時，帕奇・庫爾伯特森（Patch Culbertson）僅是聯眾唱片裡年輕有為的星探之一，如今已是公司星探部門的總監。他熱心親切地為我說明，星探們以各種途徑利用廣播電台、下載資料等，來觀察歌曲從不起眼的微塵粒子轉變為全球走紅的過程。然而，他所展示說明之中最有趣的事情是星探們運用「Shazam」的方式。

帕奇拿出了他的iPhone，點開Shazam地圖，紐約市的區域輪廓立即展現眼前，顯示著佈滿細小圖標的皇后區和紐澤西，各個圖標則代表該地區的熱門搜尋單曲。他將畫面縮小拉遠，並往南漸漸滑移，經過了維吉尼亞州、阿肯色州，最後停在墨西哥灣附近。接著，在德州的維多利亞市——介於聖體市（Corpus Christi）和休士頓之間的一座小城市將畫面放大拉近。當地的電台那陣子開始播送起節奏藍調歌手「SoMo」的新單曲《翻雲覆雨》（Ride），而Somo是帕奇的簽約歌手。

「在維多利亞市，《翻雲覆雨》是被標記次數最多的歌曲噢！」他自豪地說。「太好了！」我大聲回應。但，心裡卻納悶著：「這有什麼特別值得高興的嗎？」我從來沒聽過「德州維多利亞市」這處所在，為什麼堂堂一位知名音樂廠牌的資深星探，會關注這個除了德州居民以外，幾乎不為人知的地域？

維多利亞市位在墨西哥灣沿岸附近，是一座人口不到十萬的彈丸城市。單憑它的市場力量，絕對無法掀起熱銷單曲的浪潮。就算維多利亞市的每戶家庭都買了十片某張新專輯，也仍到達不了白金銷量。然而，這座城市的規模和地點恰好賦予了它「卡珊德拉」的角色作用。從維多利亞市出發，途經兩小時車程可抵達休士頓、聖安東尼奧、奧斯汀，它就像是專屬於德州的占卜師，時刻預言著這幾座美國大城市裡的聽歌習慣。

要成功說服熱門電台裡的人氣DJ，播放像是《翻雲覆雨》這種毫無知名度的歌曲不太容易。畢竟，大多數人聽慣了前四十名金曲榜公布的榜上歌曲，換言之，聽眾想要聽見耳熟能詳的歌。於是，帕奇想出了奇招：他可以在雜音較少的小型市場播放單曲《翻雲覆雨》，據此判斷它是否具有在大城市流行的潛力。若使用者查詢這首歌的頻率次數在該地區遠勝於其他歌曲，也就證明了它值得被強力引薦到休士頓及全美各地的熱門電台。

簡言之，對帕奇而言，維多利亞市不僅是暢銷單曲的早期偵測系統，也是可銷往更大市場的人氣證據。

最出色的流行製造者通常是那些能牽引光線至幽暗角落的人。好萊塢製片廠藉由研究暢銷排行榜來尋找下一部賣座片的打造素材。只是，名列在《紐約時報》暢銷排行版的書籍早已家喻戶曉，而最珍奇的寶石卻往往隱蔽不為人知。幾年前，電影監製阿迪亞．蘇德（Aditya Sood）收到代理商寄來的郵件，要他不妨看看一本內容講述受困太空人設法在火星生存的自費出版書。這本書是Kindle電子閱讀暢銷書，但卻未受到太多主流關注。情況就像二〇一二年初的《格雷的五十道陰影》一般，仍只是隱身在暗處的暢銷作品。阿迪亞在某個星期五獲取該書，隔天閱讀完畢後，他瞬間著迷於書裡充滿自信的書寫基調、電影規模般的題材，甚至是如何在荒蕪星球種植食物的專業冷知識也讓他印象深刻。阿迪亞於星期一回電給代理商，表示他打算要取得這本書的電影改編版權。這本書名為《火星任務》（The Martian），據此改編後的電影《絕地救援》在全球的票房突破六億美金，且獲得奧斯卡金像獎包括最佳影片在內的七項提名。

二〇一四年二月，在我拜訪帕奇的那時候，除了德州及聯眾唱片總部以外的世界，幾乎沒有人聽過「SoMo」這號人物。帕奇那時認為他的這位旗下歌手將大鳴大放的想法，也頂多只能說是粗略勾勒的前景想像。一個月後，《翻雲覆雨》打入「告示牌百大單曲榜」（Billboard Hot 100），而九個月後，這首歌獲得了白金唱片認證，銷量突破一百萬張。

「這種思考模式在業界很普遍嗎？」我向帕奇問道。

「至少就聯眾唱片的工作夥伴來說，的確是如此。」他回答。

許多品質優良的種子無法在氣候惡劣的環境開花結果，正如同許多可能的熱賣商品乏人問津，並不是出於本身的問題。洗腦般的神曲錯失了電台放送、精彩迷人的著作與它的核心讀者群擦身而過。在博取注意力的產業裡，要實現成功有賴於某種商業模式，即承認注意力就像氣候，本身變化莫測。

人們口中的電視節目彷彿是一個龐大產業的運作。但若以三種商業模式來理解會更加切實：廣播、有線、精選付費[1]。第一種模式主要依賴廣告。第二種模式依賴有線支付費用，另輔以廣告收入。第三種則完全仰賴直接訂閱戶。這些商業模式就像是把節目作品推向表層的地底根莖，亦即，我們在電視上觀賞的熱門節目都是來自這些多數人無法看見的商業模式。

廣播電視網，例如，國家廣播公司（NBC）、美國廣播公司（ABC）、哥倫比亞廣播公司（CBS）歷來絕大部分的收入來源是廣告。而僅就一般來說，廣播電視的目標是留住眾多的收視觀眾在廣告播映時仍繼續觀賞。

經濟景況影響著娛樂節目的發展樣貌。熱門的程序化影集，例如《CSI犯罪現場》、《法網遊龍》（Law & Order）及《重返犯罪現場》就猶如經過管控的貨櫃，每一集都精確符合一小時區間的測量結果。這些影集也都採用類似的敘事公式：固定班底的角色於每週共同面臨新的挑戰，且每十分鐘就出現吊人胃口的劇情轉折，好讓觀眾不會在廣告時段輕易轉台。近年來，廣播電視開始挹注資金於娛樂領域，其獲益源自現場收看（例如，《美國好聲音》〔The Voice〕和《與星共舞》〔Dancing with the Stars〕等選秀節目）以及體育賽事的實況轉播，特別是足球和棒球。在延時收看的時代裡，賽事轉播對廣播電視來說只是一時之為，因為球迷有觀

1 ……目前是這種情況，但我預期在最近的將來，廣播電視網（例如，CBS）將會直接向消費者販售更多產品（諸如網飛）；而訂閱收費公司（例如，網飛）則會嘗試廣告營收。合併的商業模式已然存在。過去幾年來，廣播電視網從轉播金（retransmission fees）〔類似播送的有線聯營費用〕獲利達數十億美金。

看直播的需求。根據二〇一二年的一項分析結果顯示，體育賽事轉播權占了整體電視節目製作費用的一半。

由於廣播電視台的收入極為仰賴廣告商，因此它被賦予的任務就是，端出的節目要能吸引龐大數量（及最具消費力）的閱聽眾。為了瞭解某一節目是否會引起風潮，國家廣播公司會進行一系列的全國市調。針對每一個新的節目，若百分之四十的受訪者表示「知道」有新的節目、同時這百分之四十的四成回應「想收看」新節目，而在這百分之十六的受訪者之中，只要有兩成表示他們「熱愛」新節目，那麼電視台就能大膽預測這一節目會大受歡迎。這就是「四十—四十—二十」測試，且果真靈驗。《諜海黑名單》（The Blacklist）是近年通過這一標準門檻的節目之一，且為國家廣播公司的前十大熱門影集。

從長遠來看，廣播電視台承受著要在短時間內發掘熱門節目的巨大壓力，其影響是不利的，因為具辨識度的重要角色、人物間豐富的關係，都需要時間來發展。國家廣播公司及其他電視網，會在放映室進行試播，由現場觀眾手持指示板——向左轉表示不喜歡，向右轉則代表很喜歡。這個著名的指示板測試，或許可以是試播版的精確指標，但未必是看出節目潛力的最佳方法。「《歡樂單身派對》（Seinfeld）就不是一個好的測試範例，」於國家廣播公司消費者及市場情報部門擔任資深副總蘇米．貝瑞（Sumi Barry）說道，「它也未能料中《六人行》的熱門程度。而《辦公室瘋雲》（The Office）在第一次試播結果頗為尷尬，但我們將它安排在《樂透趴趴走》（My Name is Earl）之後播映，收視率就起飛了。」

在廣播電視史上，有些著名的節目並非在首播時就完整成形，它們就像是雅典娜——在娘胎時就被宙斯吞入腹中，後來全副武裝地從宙斯頭上飛出一般。這些節目更像是普通的孩童，生來無奈，但也慢慢發育成熟。一九八二年，九月三十日晚上九點於國家廣播電視首播的《歡樂酒店》（Cheers），是直到最後一刻才完成製作。在一九八二年至一九八三年間首播的七十七個節目之中，雖然它的收視率名列令人沮喪的第七十名，但在電視評論圈卻享有極大讚譽。假若國家廣播公司因低收視率而撤下節目，也不會有更合適的替代節目。

《歡樂酒店》播映了兩年始終不是熱門節目，但國家廣播公司決定耐心以對。高層主管認為也許可藉由黃金時段艾美獎、艾美獎……等的青睞，慢慢建立觀眾群。最後，在第三季時，這個節目的平均收視率增加了；自一九八五年起，《歡樂酒店》開始連播八年，成為電視史上十大節目之一。

「熱門節目」具備所謂經濟學家說的「乘數效應」。若你將一美元投入經濟體，則可產生超過一美元的GDP增長。「熱門節目」也是如此：節目成長帶來觀眾增長，觀眾增長造成人氣爆棚。一個熱門電視節目的價值，遠大於其收視率或廣告費率，因為更重要是那些無法量化的功能：他們支持其他節目的能力。

八〇年代中期，國家廣播公司其耐心的溢出效應是相當巨大的。從《歡樂酒店》精神科醫師主角費瑟・克雷（Frasier Crane）衍生而出的《歡樂一家親》（Frasier）即可窺知。《歡樂一家親》自一九九三年首映即為年度十大節目，成為也許是電視劇史上最成功的外傳作品，不僅是在商業上，也是有史以來最受好評的電視劇。

但《歡樂酒店》最微妙的受益者是日後永垂不朽、熱鬧聒噪的情境喜劇《歡樂單身派對》。在八〇年代末期，當國家廣播公司針對四百戶家庭進行試播映時，反應不如預期熱烈。其測試報告中指出「沒有觀眾期待再看一次此節目」，但是幾位主管階層人物都相當喜愛這脫口秀般的談話性影集。

國家廣播公司選擇在一九八九年夏季，推出一集特別篇《辛非爾德編年史》（The Seinfeld Chronicles）。雖引起些許討論，節目評比卻相當平庸，隔年亦沒有特別迴響。然後，美國著名諧星鮑勃・霍帕（Bob Hope）的特別節目取消，使資金挹注至後面四集，並在接下來的夏天播映。劇集收視表現令人驚喜，不意外地，因為它們在《歡樂酒店》後面播出。

典型的情境喜劇如一個可預測的跳房子遊戲，穿梭在微小的生活日常問題中，以擁抱和學習作結。然而，《歡樂單身派對》編劇不這麼做，他們堅持這節目的唯一準則：「沒有主角們擁抱大和解、學習到人生課題般的教條式結尾」。

但，這種純粹和不帶過多情緒的理想準則，是需要時間來達成目標的。即便在第三季，這個節目仍因競爭激烈，受到重大打擊，正如美國廣播公司（ABC）的《歡笑一籮筐》（Home

Improvement），在黃金時段結束了慘澹的第四十集。但在一九九三年秋天，國家廣播公司將《歡樂單身派對》的播出時段調整到週四晚間、在其最受歡迎的喜劇《歡樂酒店》之後，原本只是大家開始不抱期待的收看節目，然而《歡樂酒店》的觀眾群漸漸浮出水面，讓《歡樂單身派對》收視率飆升，從原本排名的第四十名、到成為前五名最多人觀賞過的電視節目。

接下來的故事如同一個口述傳說，在它最後的五年，《歡樂單身派對》曾是最受歡迎的電視秀，《電視節目指南》亦封它為有史以來最棒的節目。有人可能會認為《歡樂單身派對》的成功是相當柏拉圖式的，客觀上來說是因完美呈現出神入化的內容而成功的案例，但若沒有《歡樂酒店》在前，發起建造這個文化萬神殿，有任何人會發現嗎？

從這個故事中，可能會得出一個令人感傷的結論——比方說，商人們總是因為順從直覺行動而獲益，但《電視節目指南》並不是那種讚譽「禁止擁抱」的書籍，《歡樂單身派對》也不是這一類的故事。最重要的是，《歡樂酒店》是在那個年代的受益者——當時備受讚譽的喜劇相當少、網路很少在一年後取消原本上檔節目。即便在二十世紀初期，電視廣播公司仍有九成持續購入新一季的原創節目。然後在二〇一五年時，原創節目量暴增，只有四成節目能存活到下一季。在當今電視節目的盛世榮景中，國家廣播公司幾乎不可能與最受歡迎、四百集的節目續約。

但也許另一個課題，是關於投注在人才潛力大過於眼前結果，或「超越產品本身的人」的回饋。事實上，當《歡樂酒店》未受歡迎時仍能在一九八三－一九八四年持續播放，在商業上是讓人懷疑的決策；即便是現在，廣播電視網路也未必會作相同的決定。但國家廣播公司卻不催促其編劇，它信任每一個促成這個節目的人，這個網路讓他們有時間發展人物角色與關係，因為國家廣播公司在一九八三年時做了這個決定——持續發展這個沒有觀眾的節目，這個頻道在往後二十年，擁有了最受觀眾和評論讚譽的喜劇。《歡樂酒店》、《歡樂單身派對》和《歡樂一家親》的最後一集，都名列電視史上前十五個最受關注的完結篇之一。

近幾十年來，由於有線頻道及原創自製節目的蓬勃興起，「廣播電視」裡「廣泛」接收的意涵也漸漸被瓜分縮小。預測熱門節目的「四十－四十－二十」法則，實際上也調降至趨近「三十－三十－二十」的標準。若一節目在全國有百分之二的觀眾喜愛收看，或許就可稱為一檔熱門節目。

二〇〇〇年，有一百二十五部原創自製影集，以及不到三百個有線電視即興節目（或稱「實境節目」）。到了二〇一五年，有四百部原創自製影集，以及將近一千個自製實境節目，也就是說，整體增長了三倍之多。其帶來的影響或可藉由尼爾森收視率統計，即估算裝有電視的家庭收看某一特定節目的百分比而得知。若一部電視劇的收視率有二十個百分點，就代表著全國有五分之一的電視戶收看。一九七九年，有二十六部電視劇跨過此高門檻。一九九九年，僅有兩部成功達陣：《急診室的春天》與《六人行》。到了二〇一五年，沒有任何一部電視劇觸及這一水平。隨著節目的觀看選項變多，人氣節目的衡量標準也跟著降低。

有線電視網挾帶著不同的商業模式大幅變更了電視業的景觀。有線電視網的大部分營收並非來自廣告，而是出於用戶每月支付頻道合法播映權的有線電視帳單[2]。若每戶家庭每月繳交一百美元的有線電視費，那麼其中約有四十美元是分給所含的數百台頻道。ESPN頻道每月取得七美元以上，在所有聯播網業者裡分得最多，新聞頻道（例如，CNN）則獲取約六十分（cents）的份額。這些小額費用在全國累加起來會變成極為可觀的數目——是任何人在合理消費娛樂活動的情況下，好幾輩子都用不完的數百億美元。有線電視收費就很接近政府向私人部門徵稅的情況。正如同一億五千萬戶的納稅家庭繳稅給一批統稱為政府的機構，一億戶裝有電纜的用戶則繳錢給含有許多頻道的有線電視網，即便當中有許多節目並未服務到特定的收視族群；也正如同都市的年輕工人繳稅資助社會醫療保險和農業補助金，有線電視的年輕用戶則掏錢贊助福斯新聞和體育頻道。

---

[2] 雖然有線電視網稱作「有線」頻道，但它們也可經由衛星電視公司（例如，DirecTV）與通訊公司（例如，「威信無線」〔Verizon〕）播送，並非只能藉由有線電視公司（例如，「時代華納有線電視網路」）。不過，接下來我還是會繼續以「有線」一詞來概括。

二〇〇五年，羅伯．索爾徹（Rob Sorcher）在大部分人熟為「美國經典電影」（American Movie Classics）的有線頻道公司擔任節目執行長。雖然該頻道那時更名為「AMC」，但情況就像是一路從黑白電影時期走來的女星，光是更改名稱的拉皮手術並不足以回春。AMC頻道當時在面臨著被有線電視營運商（例如，Comcast與Time Warner Cable公司）撤出的困境壓力下奮力營運。由於被納入在有線電視的頻道組合裡是聯播網的首要業務，因此眼前的局面對AMC無疑是一場災難。然而，羅伯並不期望端出迎合大眾口味的節目，比方說內容庸俗的家庭肥皂劇，他更想打造的是無法被複製的內容。正如同他所說：「在當下出現的最好策略就是追求品質。」

羅伯偶然遇見了一齣內容迷人有趣的劇本，其作者是為HBO編寫《黑道家族》（The Sopranos）的編劇馬修．維納（Matthew Weiner）。然而，兩方都各自持有無法合作的理由。馬修曉得AMC是不具聲望或財力的頻道，因此可能無法讓他的作品獲得高曝光的機會。對AMC來說，這是一部來自完全沒有節目統籌經驗的人所創作，以慢步調講述一九六〇年代廣告人的故事。但由於AMC渴望製作一部與眾不同的作品，以確保公司在有線電視的頻道組合裡繼續存在，雙方最後還是達成了協議。這部劇作就是《廣告狂人》（Mad Men）。

《廣告狂人》正是羅伯渴望打造出的電視節目風格——以電影般的質感和井然有序的步調清晰刻劃朦朧內心世界，呈現出一種帶有古怪美感的動人戲劇。就受眾規模而言，這部影集並不火紅熱門；其第一季的平均收視不到一百萬名觀眾，若在廣播電視網（例如，NBC）上播映，此一成績表現有極大的可能會面臨遭撤下的結果。

然而，AMC並不渴求熱門鉅作；它需要的是，一部能夠吸引一批達關鍵多數的寶貴觀眾持續收看的獨特影集，好讓大型有線電視公司放棄把AMC踢出頻道組合的念頭。此外，AMC最終也不能說是從少數幾百萬名收看《廣告狂人》的觀眾身上獲取利潤，其真正的收益來源是從未收看這部影集，但還是得從有線電視帳單上，每年付給AMC幾塊美金的成千上萬戶家庭。小小的成功創造了廣大的加乘效果——《廣告狂人》拯救了AMC頻道。

關於「受歡迎的熱門節目」，廣播電視和有線電視之間的審視差別也透露出一項寶貴訊息：藝術評斷和商業獲利具有攜手並進的可能。《廣告狂人》若在國家廣播公司播映，其低收視率很有可能在一年後遭撤下。然而，它在AMC頻道上卻是一部熱門影集，原因並不完全是由於受眾的規模，而是其所屬的商業模式。

過去十年來，有線電視頻道FX無疑製作了一系列膾炙人口的戲劇和備受讚揚的喜劇，包括有《光頭神探》（The Shield）、《整形春秋》（Nip/ Tuck）、《金權遊戲》（Damages）、《美國恐怖故事》（American Horror Story）、《風流〇〇七》（Archer）、《冰血暴》（Fargo）、《路易單人秀》（Louie）、《聯盟》（The League）、《火線警探》（Justified）、《費城永遠陽光燦爛》（It's always sunny in Philadelphia）、《美國諜夢》（The Americans）及《飆風不歸路》（Sons of

Anarchy）。這些題材類型包括了超現實主義恐怖劇、重機騎士劇、間諜喜劇……等。「我很期待看見一部像是片長有九十小時、角色如小說人物般開展旅程的戲劇。」於FX頻道負責影集開發的副執行長妮可・克萊門絲（Nicole Clemens）說道。「題材不是重點。題材只不過是像一匹特洛伊木馬，重要的是裡頭裝的內容能引發觀眾情緒，進而在心底發問：『此刻誰是主角？』『他接下來會怎麼做？』」

克萊門絲描述自己從小是個鑰匙兒童，成長時期正值電視業光輝熠熠，具有像是《歡樂時光》（Happy Days）、《拉文與雪莉》（Laverne & Shirley）等經典影集的一九七〇年代，她也還能清楚回憶起某天終於獲得父母允許、可以熬夜收看《愛之船》（The Love Boat）的往事。她一開始投身於電影工作，但卻發現中產階級的電影變得空洞無比。某些電影製作人投入製作成本要價數億美元的系列電影，某些則辛苦耕耘於小型獨立電影。另有些人轉身投入有線電視業，而克萊門絲在二〇一二年也追隨了這些人的腳步。

「對我們來說，取得成功的關鍵就在於找出原創道地的觀點和角色，如此就能產生足夠的說服力，讓觀眾更樂於投入角色處境。」克萊門絲說道。換句話說，FX頻道的目標是打造出超級英雄和反派人物，但這些角色不必得要身穿披風，或甚至是要價五千美元的西裝。「我心目中的英雄是那些能辦到我們辦不到的事情的人，」她說道，「這樣的人物可以是英勇的消防隊員，也可以是反社會人格者。艾倫・索金（Aaron Sorkin）創造的角色全都是超級英雄：他們沒有彈跳越過高樓大廈的能力，但他們比一般人更善於表達和思考。」

ＦＸ頻道奉行的第二條準則是克萊門絲稱作「隱藏蔬菜和馬鈴薯」的說故事手法。就像喬治．盧卡斯以大量的酷炫技術妝點故事，克萊門絲則懂得陳舊故事換上新裝的價值。在《飆風不歸路》這部描述非法重機俱樂部的熱門影集裡，「你以為這就是那種霸氣男人味的重機影集，但它也是一齣擁有帥哥陣容的肥皂劇。而且情節基本上就是《哈姆雷特》。」《美國諜夢》這部備受高度讚譽，講述前蘇聯特工喬裝成一對夫妻在美國收集情報的影集，「你彷彿掉入冷戰的時空背景，認識了這對被安排偽婚十年的夫妻。他們漸漸愛上了彼此，但為了工作卻不得不殺人和與別人同床共枕。所以這部劇作也顛覆了間諜題材，轉為描述一段關於婚姻的經典故事。」

第三種電視商業模式為僅供訂閱的頻道，例如，網飛以及諸如ＨＢＯ和Showtime的付費電視網。雖然放棄廣告營收似乎存有很大的風險，但此種商業模式的特色在於提供用戶精緻的娛樂享受。再者，假設某人向ＨＢＯ支付了訂閱費，那麼無論她是一星期花五十小時收看或根本不看，對ＨＢＯ業者來說兩者無異，都能賺取固定的金額。它們不需苦心思考要如何拉高每小時的收視率來吸引廣告商。

國家廣播公司以具有指導力量般的調查方法研究閱聽眾，因為其商業模式必須盡可能取悅所有觀眾。相較之下，HBO並不仰賴細分刻度的測試方法、焦點團體或市調，因為它的商業模式有賴於注重更細膩之處。它獲利的首要任務在於，打造出能讓觀眾即使不看，也覺得必須要訂閱的節目產品。

「HBO的交易內容和廣播電視不太一樣。」HBO前節目總裁隆巴多（Michael Lombardo）說道。「廣播電視頻道賣的是觀眾的注意力和廣告。而HBO不賣電影票，我們賣的是品牌。」「觀眾不會主動要求電視台製作一部像這樣內容的影集：關於一群神經質且自戀的女孩在二十來歲的內心掙扎。」這就是HBO製作的作品——莉娜．丹恩（Lena Dunham）自導自演的《女孩我最大》（Girls），首播後旋即獲得廣大好評。「若拿這部影集去做焦點團體訪談的意義何在呢？」隆巴多說道，「主角漢娜就得順應大眾要求，轉變成待人親和的女孩？」

HBO最初的兩部熱門原創影集《黑道家族》（The Sopranos）及《六呎風雲》（Six Feet Under），其黑暗和怪異的主題內容刻劃，對於廣播電視或有線電視台來說太過露骨。《六呎風雲》的編劇大衛．蔡斯（David Chase）曾被好幾家廣播電視台拒絕，後來才順利與HBO達成協議能保有自主創作的空間。這就是HBO的長遠謀略，即建立「創意人才能在此享有藝術自由」的聲望。這一策略或許無法屢屢製作出高人氣作品，但經過時間累積，認真思考的電視觀眾會感到有義務以訂閱來支持培育創意人才。是以比起典型的電視頻道，HBO反而更像人才管理的代理商。它奉行的主旨在於，找出最出色的創作者，並給予創作的時間和空間，最後推廣其作品。

隆巴多（Michael Lombardo）於二〇〇六年首次拜讀《權力遊戲》（Game of Thrones）的劇本後，心想他們恐怕無法負擔這項艱鉅製作。這一系列故事是根據喬治・馬汀（George R. R. Martin）的暢銷鉅著為創作基礎，內容講述在某個奇幻宇宙裡（類似托爾金〔J. R. R. Tolkien〕的「中土世界」〔Middle Earth〕）幾個家族之間的權力爭鬥。不過，製作費用可能需耗資天價。彼得・傑克森（Peter Jackson）執導的《魔戒》三部曲片長共十小時，投注三億美金製作；對ＨＢＯ而言，若製作類似的史詩電視劇，未來每一季可能都得要燒掉如此多的錢。「另外，我也認為我們不適合拍含有『龍』和『異鬼』（White Walkers）角色的影集。」隆巴多向我說道。「我擔心我們恐怕沒有預算拍出與那些故事電影相媲美的電視劇，再說ＨＢＯ也沒有成功打造這類題材的經驗。」

在隆巴多還猶豫著是否要採用該劇本的某天下午，他前往了距離海邊僅隔數個街區的「聖塔莫尼卡Equinox健身俱樂部」。經過有氧器材區時，他瞥見丹尼爾・威斯（D. B. Weiss）（《權力遊戲》試播集的主要編劇之一）正拱著背踩踏健身車，一邊閱讀著做滿密密麻麻筆記的喬治・馬汀原著小說。

他走向前和丹尼爾打招呼，彼此聊了幾分鐘。「他手上甚至還拿著螢光筆，」倫巴多向我描述道，「整本書明顯可見多處書頁折角和個人筆記。這就是ＨＢＯ渴望做的事啊！把資金投注在這樣的專注熱情上。」——這般專注熱情激發出一種幾近強迫痴迷的實踐途徑來為一間電視公司改拍一部奇幻史詩劇。「不管我有過怎樣的疑慮，那一瞬間全都消失不見。我心裡想著『這些夥伴並不傾心於輕易能達成的目標。他們會如此認真投入是因為熱愛這些故事。』」二〇〇七年一月，HBO開始製作這部系列作品。八年後，《權力遊戲》擠下《黑道家族》，成為HBO有史以來收視率最高的影集。或許更了不起的是，該劇在全球的受歡迎程度也獲得了另種最高榮譽：它是全球非法下載次數最多的影集。

人們經常把做生意比喻成打棒球。在這兩種活動裡，商人與打者都有七成的機率失敗，但以長期來看卻是成功的。然而，兩者之間的差異在於，棒球存在著亞馬遜公司創辦人及執行長貝佐斯（Jeff Bezos）戲稱的「斷尾的成果分布」。全壘打的得分就僅有這麼多。他在給股東們的一封信上寫道：

> 當你揮棒的時候，不管你能將球控制得多好，你最多也只能得四分。但在商場上，有時當你站上本壘，你有機會獲得一千分。長尾分布（long-tailed distribution）的回報正是大膽行動為何如此重要的原因。大贏家都是經過了無數的嘗試。

《黑道家族》絕非普通的全壘打。它不僅曾是HBO有史以來收視率最高的影集，更讓有線電視付費精選頻道的訂閱數增加五成。《廣告狂人》也不單是在關鍵時刻出現的一顆寶石，它也促使AMC頻道獲得了在電視史上得到高度讚譽的影集《絕命毒師》（Breaking Bad），更讓公司的有線電視費用營收在二〇〇七年至二〇一三年間提高百分之五十。資金收入的成長促成AMC頻道製作出有線電視台上最受歡迎的影集《陰屍路》（The Walking Dead）。

冒險投注製作《黑道家族》和《廣告狂人》不僅替公司賺進大把鈔票，更觸發了影視界於商業和藝術上的革新。高水準的電視劇作一度是由HBO獨掌天下般的君主專制局面，如今轉變為各方代表進駐的議會堂。網飛、亞馬遜、Hulu、Showtime、Cinemax、Starz、FX、AMC、USA……等，爭相製作出猶如《黑道家族》和《廣告狂人》的電視劇。某些一炮而紅的作品使公司營運起死回生，有些則徹底改變了整個公司。他們擊出了一千分的全壘打。

要撰寫一本典型的熱銷文化商品致勝寶典，其難處之一就在於熱門商品並不典型——它們本身就是反常的例外個案，因此並不存在全方位的完美公式可供套用。若真有，人們將樂於照辦，因而世上將充斥著流行程度不相上下的文化商品，如此的局面嚴格說來，也就代表著沒有任何商品能取得空前的成功，自此也將形成仿效商品氾濫的娛樂景觀。「模仿」並非象徵著人們掌握了打造人氣的秘訣，而是代表人們只是一味複製眾人皆知的成功經驗。

「熱門商品」是一種相對的說法，無論是電視產業，或整個娛樂行業皆然。暢銷書、賣座電影及網路影片都可被形容為「熱門商品」，但它們的商業知名度也會因數量等級而有所差別。假設一本書籍的銷量為十萬本，那麼它或可成為全國暢銷書，但若某一大型製片商推出的某部電影僅售出十萬張票，國內票房獲利約一百萬，這部電影可謂砸鍋之作。然而，假若某部電影在全球票房人數突破一百萬人，它或可名列為賺錢熱賣片，但又相對於YouTube影片來說，一百萬次的瀏覽紀錄並非史無前例的新鮮事。

一本電子書和一張電影票的售價或許同為十元美金，但標價底下的經濟結構卻截然不同。大型片商（例如，二十世紀福斯）一年或許生產二十部電影，每部電影投注一億美金於製作及宣傳。大型出版社（例如，哈波柯林斯〔HarperCollins〕）一年可能出版一萬本書籍，幾乎每星期推出的作品量，就遠多於二十世紀福斯在未來十年的總發行電影數。

這兩大公司都從事於故事、情感、啟發及資訊的販售，而它們持續立足於業界的方式都是透過支出與需求一致達到。二十世紀福斯生存於少量商品需求一千萬人次消費者的產業，而哈波柯林斯出版社所處的產業生態，則幾乎鮮有一本書籍的銷量能突破一百萬冊。

HBO、AMC、FX、聯眾唱片、二十世紀福斯、哈波柯林斯及其他製造流行風潮的公司，都是投入冒險事業的資本家。它們評價大批產品，並投注於多種具有潛力的未來暢銷股。然而，成功也呈現一種半混沌失序狀態，即大多數的構想會遭遇失敗，而少數的成功案例足以抵償失敗的損失。

隆巴多（Michael Lombardo）及克萊門絲（Nicole Clemens）曾做出了卡珊德拉般的預言判斷，但他們終究不是眾神使者。他們的成功始於存在了一種能讓公司穩定注入營收的商業模式，就算面臨節目收視率慘淡的情況也是如此。「我們身處在一場商標遊戲裡，」克萊門絲向我說道，「AMC是一個品牌，FX也是一個品牌。但廣播電視台NBC仍在繼續販售半小時的時段。」

有線電視在現代媒體中，或許是最好的商業模式——收取來自擁有上百台頻道的一億戶家庭（雖然大多數家庭只會固定收看幾台頻道），總額達數百萬元的娛樂補貼。然而，有許多跡象顯示著，近期的未來情況將有所不同。有線電視正面臨結構性衰退，年輕閱聽眾漸漸選擇停掉有線電視，或根本從未安裝有線收視。未來的銷售方式將不會是「提供所有人品嚐的單一套餐」，而是「為不同閱聽眾打造的多種套餐」——例如，HBO、網飛、Amazon Video、Hulu等，也或許會出現迪士尼影音套餐、CBS節目及體育賽事等組合商品。不久後，由於高畫質電視及數位影集的普遍，閱聽眾對於這些獨立套餐的內容精選度，也將更嚴格要求。換言之，新商品組合會經由時間催生而出。影片的未來發展也似乎是如此：針對這些解放的套餐進行重新打包（而其本身也將更細分化）。

隨著龐大單一的有線內容組合漸漸瓦解，新興業者也會開始著手探究怎樣的內容才能吸引閱聽眾掏錢買單。某些產業（像是新聞業和藝術界）的從業人員，有時會擔憂必須面對將工作價值金錢化的壓力。創作者的工作環境與競相逐利的商業世界劃分固然美好，但人人都有衣食溫飽的生存需求。莫內的繪畫生涯約六十年——這些日子必須經過二十二萬頓的晚餐，多虧遇見如伯樂般的藝術經紀人保羅·杜朗魯耶（Paul Durand-Ruel）及贊助人斯塔夫·卡耶博特（Gustave Caillebotte）和友人的大力相助。由於背後有熱心商人協助經銷，因而莫內得以縱情揮灑創作。正如同HBO和AMC存有的經濟模式，使得大衛·蔡斯（David Chase）和馬修·韋納（Matthew Weiner）能享有藝術創作的自由空間，甚至也支持他們嘗試冒險。

藝術或許無價，但也不是免費的創作。無論如何，得要有人掏錢購買。

第十一章

人們究竟渴望什麼／第二篇：像素與墨水的歷史

大家看新聞是為了什麼？（……答案往往不是新聞）

在二十一世紀靠筆吃飯，大概是人類史上最競爭的生財方式了。進入門檻低、市場供給量大、競爭全球化，數不清的發行者不斷產製內容、努力抓住全球觀眾的眼球。寫手每天撰寫幾百萬條新聞和部落格文章，推特與臉書上還有數千萬則貼文，但在這數兆吉位元（GB）的資料中，真的有人想看的，有多少？

新聞業者首要、甚至唯一的目標，就是追求赤裸的真相，但新聞是一門生意，聰明的發行者還會尋求（理想上）與真相互補的目標：討受眾歡心。

挖掘讓閱聽大眾快樂的方式感覺是項單純的調查，但其實要看出藝術與思想的世界中大眾真正**想要**什麼，一點也不單純。受眾無比好奇又複雜難懂，以至於要成功讀懂他們的行為，往往得採用和人類學研究同等級的研究方法。就讓我們來回顧一下近一百年前、史上第一個針對讀者所做的人類學研究。當時正是百家爭鳴、世界被文字淹沒的時代。

一九二〇年代是閱讀的黃金年代。美國愛書文化的骨幹就在曼哈頓聯合廣場南方的第四大道——當年的「書街」（Book Row），不過橫跨六個細窄的街口，就匯集了四十八間獨立書店。（現在所有店面都拆了，只剩下美國最負盛名的獨立書店之一——Strand，這名字與它書街唯一倖存者的身分頗為匹配。）[1]

在那十年之間，書店如雨後春筍般成立。一九一〇到一九二〇年代，書的出版量每年倍增，達到一年一萬本新書上市的規模。這十年間，文學世界讓人驚豔的可不只發行量而已。一九二〇年代經典輩出，包括：費茲傑羅（F. Scott Fitzgerald）的《大亨小傳》（The Great Gatsby）、海明威（Ernest Hemingway）的《太陽依舊升起》（The Sun Also Rises）、佛克納（William Faulkner）的《喧嘩與騷動》（The Sound and the Fury）。從歐洲引入美國的經典也不少，包括：喬伊斯（James Joyce）的《尤利西斯》（Ulysses）、卡夫卡（Franz Kafka）的《審判》（The Trial）、吳爾芙（Virginia Woolf）的《達洛維夫人》（Mrs. Dalloway）。那段歲月催生了像艾略特（T.S. Eliot）的《荒原》（The Waste Land）那樣毫無信仰的詩作，也孕育了忠於神祉而發人省思的小說，如：《流浪者之歌》（Siddhartha）與《先知》（The Prophet）。史上最強懸疑作家交棒給下一位神人：一九二〇年，克莉絲蒂（Agatha Christie）第一本著作《斯泰爾斯莊園奇案》（The Mysterious Affair at Styles）問世，七年後，道爾爵士（Sir Arthur Conan Doyle）的福爾摩斯系列正式出版。

一九二〇年代的美國，數千本書在一條條書街上流轉，因此探索書籍成為時下最夯的議題，許多組織應運而生。一九二六年，「每月一書俱樂部」（The Book of the Month Club）成立，保證親自為會員篩選出最佳讀物，隔年，「美國文學協會」（Literary Guild of America）加入戰局，搶攻書籍訂閱市場。時至今日，兩個組織都沒有被譽為創新者，但它們的商業模式其實預知了百年後的現在、同捆內容銷售的趨勢。消費者只要負擔大打折扣的單位價格，就可以取得根本瀏覽不完的內容，有線電視、音樂串流平台Spotify、影片串流平台網飛，和現代訂閱式驚喜盒都是如此。[2]

為什麼一九二〇年代會成為印刷物的活躍時期？有一種合理的解釋涵蓋教育、科技與政治機緣三個層面。首先，擁有高中學歷的男女性從一九〇〇年代占比三〇%暴增到一九三〇年代的七〇%，這一群受過教育的勞動人口對新聞與娛樂的需求也跟著水漲船高。其次，雖然到了

---

1 譯註：Strand在英文中有擱淺、遇到困難的意思。

2 譯註：「訂閱式驚喜盒」是美國宅配新花樣，提供會員定期宅配服務，定期送一箱塞滿各種物品的盒子到會員家裡。

下個世紀，美國新聞的重心將轉向廣播、電視、電腦和手機，但至少有一段時間，墨水和紙張在媒體界獨占鰲頭。最後，一九二〇年代，恰恰是夾在戰爭與經濟蕭條之間的承平繁榮時期。

每個人觀點不同，有些人認為在紙媒的黃金時期，新聞業受惠發展，也有人說媒體業變得太過龐大。多份指標性雜誌在這段期間成立，包括一九二三年成立的《時代》雜誌和一九二五年成立的《紐約客》（The New Yorker），十年內，雜誌廣告營收成長五〇〇%。新的定期刊物與非凡的文學作品接連問世，絲毫沒有降低讀者對每日新聞的渴望。一九二〇年代，報紙銷售量成長二〇%，達到每天三千六百萬份，換算下來每家人平均訂閱一．四份報紙，紐約市甚至一度創下單一城市有十二家日報發行的歷史。

二十世紀前葉，另一項新產物也快速繁衍：小報（tabloid）。

就像許多其他美國字詞一樣，「小報」這個詞也是從英國傳入的，源自十九世紀末的醫療業。當時，業界把小顆的藥丸稱為「tabloid」[3]很快地，「tabloid」就成為各種「縮小版、濃縮版」物品的代稱，包括新聞與報紙。「小報之父」是英國媒體巨擘哈姆斯沃斯（Alfred Harmsworth）[4]，他在倫敦創立的《每日郵報》（Daily Mail）在一八九六年首度發行，該報主打短文、譁眾取寵的內容，與一份半便士的超低價格（比競爭對手少半便士）。[5]《每日郵報》在英國投下震撼彈，還沒邁入二十世紀，它已經成為世界上第一個發行量破百萬份的報紙。

哈姆斯沃斯開創了直白的粗鄙文化，他自己講起話來卻意外地冠冕堂皇。他把自己日益茁壯的媒體帝國塑造為歷史洪流中的關鍵角色。「我們正跨入彙整與集中化的世紀，世界步入二十世紀、一個省時的世紀。我在此宣告，透過我濃縮版的系統，或稱**小報**新聞，每一年都可以省下數百小時，」哈姆斯沃斯如此寫到。於是乎，小報不僅被視為低俗內容總集合，還是個為人類節省時間的新科技。

小報著重運動、八卦新聞，最重要的是犯罪。一九二七年，一份研究指出「小報」把三分之一的筆墨用在描寫犯罪故事，報導量是傳統報紙的十倍。受到哈姆斯沃斯創辦的《每日鏡報》（Daily Mirror）啟發，美國第一份小報《插圖每日報》（Illustrated Daily News）在一九一九年六月於紐約創立。[6]一九四〇年代之前，《插圖每日報》已經成為美國最暢銷的報紙。小報氣息開始攻佔各家報社，各大報受影響的程度不一，但連《華盛頓郵報》（Washington Post）

3 譯註：藥丸的英文是tablet，而英文字尾「oid」的意思是「像…的」，因此小粒的藥丸被稱為tabloid，也就是「像藥丸的東西」。

4 哈姆斯沃斯：以一個被指控傷害新聞章法、靠不義之財致富的人而言，意外是個超級「狄更斯」式的名字。（譯註：狄更斯〔Charles Dickens〕以描寫中低階層人士的故事出名，因此作者此處諷刺哈姆斯沃斯，明明是個斂財之人，還有個聽起來意外窮酸的名字。）

5 譯註：半便士（halfpenny）於一九八五年停止流通。

6 譯註：即現在的《紐約每日新聞》（Daily News）。

和《紐約時報》（New York Times）等受人景仰的新聞業者也逃不過衝擊，各報無不增加球賽報導、血腥新聞，以跟上讀者喜好演進的速度（又或者有些人說這不算演進，是退化。）

同一時間，美國最大的幾家報業經營越來越困難。十九世紀末期，小型報社數量爆炸式成長，針對特定階層、語言和種族設計內容，光是紐約和紐澤西就孕育了為義大利人刊物《L'Eco d'Italia》、法國人刊物《L'Observateur Impartial》、亞美尼亞人刊物《Armenia Times》、挪威人刊物《Norway Tiding》以及猶太人刊物《Der Idisher Zschurnal》，與其他針對不同族裔設計的報紙。《The Canajoharie Radii》則是聾啞老師貝克斯（Levi Backus）創辦的小報，創辦之初完全聚焦聾啞人士相關的新聞。專業分工細到這種程度的結果，就是會看到寫報導的人和讀者都是義大利裔美國人，說不定還是鄰居。記者和觀眾隸屬同個群體，編輯也不用苦思要上哪些文章，反正寫給讀者看的東西，多半就是寫給自己看的意思。

然而，二十世紀初期的報紙就完全不同了——從地區性升格為國家級、多元併蓄而非單一族裔，都市化浪潮推動小型報社整合，電報的發明與業者整併，讓各地讀者可以看到遠在另一頭的故事。新聞產業出現變化，記者的基本職責也不同於過往。報紙越做越大，編輯必須觸及更龐大、更多元的讀者群，有部分讀者是他們完全不了解的人。為讀者撰寫報導，不再等同於為鄰居撰寫報導，而是為數萬名陌生人而寫。

科技與文化改變迫使編輯與報社想出新方法解答老問題：**讀者到底要什麼？**

二十世紀初，報社採用各種方法評估讀者需求，但每一個都有自己的問題，有一些還陽春得獨特。報社只能從發行量看出讀者規模，卻沒辦法得知讀者攤開報紙後，到底看了哪些內容。抱怨與回饋，像是：給編輯的信，雖然忠實反饋資訊，但是發聲的少數讀者，畢竟只是實際讀者中較極端的一群。

報社自甘墮落到採用各種莫名的方式窺探讀者看了些什麼。為了找出最熱門的專題，有些報社請私家偵探偷偷跟在讀者後面，記下他們看了哪些文章。也有報社雇用間諜，到火車、電車上記錄被棄置在地上的報紙，攤在哪一頁。這種調查方式很恐怖，因為你根本不知道看的人是開心看完之後、匆匆下車，或是太討厭那則故事，厭惡到把報紙扔在地上。但令人絕望的時刻，還是催生了搜索電車的詭異行為。

雖說是閱讀的盛世，卻是了解讀者的石器時代。後來出現了一號人物，現在他的名字已經跟民調畫上等號。這個人想到一個簡單到誘人的計畫來探查讀者喜好：走進讀者的客廳，盯著他們看。

蓋洛普（George Gallup）的夢想是成為一名專業報紙編輯。不過，他於一九二三年從愛荷華大學畢業之後，先繼續攻讀應用心理學博士。五年後發表博士論文，內容是把讀者當成受試者來研究，巧妙結合夢想與學位。

講到第四權，蓋洛普非常理智，他認為報紙基本上就是在與其他事物競爭大眾的注意力。他寫到，「現代報紙的問題，就是想盡辦法滿足閱聽大眾的需求，更準確地說，報紙的問題就是要找到人看。」蓋洛普的說法雖不是發人省思的新聞業者公民責任宣言，卻有其價值。一份報紙沒有人看就會倒閉、一則好報導少了讀者也就無用武之地，蓋洛普比當代的人更早發現，報紙的競爭者不只是小報或週刊等其他紙媒，而是**任何事情**，任何可能吸引讀者目光的事物。他提到，報紙的競爭對手包括廣播、快速發展的電影產業，甚至開車的時間。

蓋洛普一九二八年出版的論文主題是「客觀判定讀者對新聞內容是否有興趣的方法」（An Objective Method for Determining Reader Interest in the Content of a Newspaper）。蓋洛普把重點放在「客觀」這個形容詞，他輕視發行量數據與報社找私家偵探調查讀者的可悲行為，甚至質疑問卷調查的結果。

相對地，蓋洛普提出一套他稱為「愛荷華法」（Iowa Method）的民族誌研究法。他為了觀察家戶在客廳與廚房內的行為，派研究人員到愛荷華居民的家中，和讀者面對面坐著、一起看報紙，從頭版看到漫畫欄位，在各個標題、段落、圖片旁邊標記「已讀」或「未讀」。

蓋洛普懷疑讀者接受調查時常常說謊，所以指示研究團隊忽略部分說詞，例如：「我頭版整頁讀完了」或「我什麼都沒看，只看漫畫」。蓋洛普寫到，那是因為「進一步追問之後，十之八九會發現最初的說詞是假的，那個自認為讀完整頁頭版的人，可能看不到四分之一。」[7]

蓋洛普用了幾十頁的篇幅，仔細記錄採訪內容。他探討了勞動階層男性讀者與女性讀者有什麼不同、鄉村與都市家庭看報紙的行為有哪些差異。

他指出，頭版要聞沒有比藏在報紙內頁深處的軟性專題來得熱門。讀者最常看的根本不是新聞，而是達令（J.H. Darling）畫的頭版漫畫，九〇％的男性都會看這則漫畫，卻只有一二％會看當天的地方政治要聞。女性最常看的報紙欄位是「造型與美圖」。現在許多媒體評論者紛紛提出警訊，警告新聞業者將被臉書、有線新聞和社群媒體的洪流淹沒，但其實就連一九二〇年代的一般新聞讀者都不想看長篇報導滔滔不絕地闡述鮮為人知、卻攸關政局發展的國際新聞。一九二〇年代的男性愛看搞笑漫畫，女性喜歡美麗的圖片。

在廚房觀察人類行為以進行產品研究的想法，看似平凡，但在細微之處堪稱創舉。蓋洛普是現在「應用人類學」的始祖[8]，運用人類學解決實際的人類問題。一九三〇年代，美國政府雇用第一批應用人類學家研究印地安人保留區，以執行新政（New Deal）中的《印地安重整法》、

7 現在蓋洛普這個名字已經跟民調與市場研究畫上等號，想想當年讓他一炮而紅的論文特別強調研究者仰賴受訪者的反射性答覆來了解對方行為，這種做法有問題。兩件事情擺在一起，真不是普通諷刺。

8 蓋洛普的調查法其實最接近民族誌（ethnography）研究，但這個領域卻經常被稱為「應用人類學」。兩者差在哪裡？人類學是研究人類與人類所處的環境，民族誌則是在某一群人所處的環境中，透過**第一手觀察**研究這一群人的研究方法。人類學是一個大的學科，民族誌則是明確的研究方法。

案》（Indian Reorganization Act）。現在，IDEO和麥肯錫等顧問公司執行計畫初期，也經常派遣年輕員工在自然情境下，觀察客戶和消費者，自然情境可能包括——辦公室、廚房、車子、客廳。僅次於美國政府、美國當今第二大人類學家雇主並非哈佛大學或加州大學洛杉磯分校，而是微軟。

蓋洛普的調查法讓他成為一九三〇年代的行銷名人，他加入揚雅廣告公司（Young & Rubicam），在經濟大蕭條正嚴峻的時期，把同一套方法應用到紙本廣告。蓋洛普改變了發行者對於留白、驚人字體與大幅圖像的想法，舉例來說，在與讀者深入訪談之後，蓋洛普發現放在「折線以下」、也就是在報紙頁面下半部的廣告，經常被忽略，他也發現讀者對照片的關注程度超越文字。

最後，蓋洛普進一步把這套手法應用到政治上，他的姓氏也因此成為民意調查界廣為人知的品牌。時下媒體記者與研究者經常引述蓋洛普調查和民調，資料範疇很廣，從員工敬業度到對各種族的態度，再到總統大選。但是調查和民調有個重要的區別，調查衡量的是**當下**的感覺與行為（你是不是登記在案的共和黨黨員？）民調則是預測**未來**選舉結果（明年大選你會不會投給共和黨？）

研究當下行為的調查與研究未來行為的民調，兩者的區別是蓋洛普的愛荷華法為我們上的第二堂課：大家都很會闡述自己的感覺，但陳述習慣（特別是壞習慣）或預測未來想法與需求時，卻不太可靠。

愛荷華的讀者自行揭露的個人行為與現實不符，其實多數人都是如此。你隨便問某個人他的缺點，他通常會把醜陋的真相藏進洛威貝殼裡，[9]講出一套綺麗的遐想。在心理學的研究上，這種現象有時候會被稱為「社會預期偏誤」（social desirability bias）。受訪者向研究人員（更不要說對親朋好友）描述自己的狀況時，會講得比實際狀況更好，因為他們希望其他人喜歡自己。更細微地來看，他們想要告訴**自己**，他們符合旁人喜歡的類型。二〇〇八年一項針對這種現象所做的研究發現，受試者談論自己的時候，幾乎在所有環節都撒了謊，包括：做各種事情的能力、心理狀態、運動習慣、情緒、對伴侶的行為和飲食習慣。[10]如果有時間思考，大家通常會比較想談自己理想中的樣貌，而不是實際上的樣子。

受訪者錯誤描述自己的壞習慣，是因為他們有辦法這麼做，但預測未來行為失準，卻是因為做不到精準預測。預測**任何人**的未來都很困難，預測自己的未來也不例外。對一九二〇至三〇年代、熱衷讀報的讀者而言，更難以預測即將震撼世界的新科技：靠陰極射線管運作的小盒

---

9 譯註：此處和前面章節中提到的、洛威設計的殼牌商標相呼應。

10 研究者發現有些領域沒有「社會預期偏誤」，結果也很有趣。例如：宗教。相信上帝或許是少數強大到讓人有辦法克制被喜歡的慾望的特性。

子，取代報紙和廣播，成為美國史上最熱門的媒體產物。

到二十世紀中葉以前，大型報社持續成長，頁數與讀者節節攀升，併購了許多小型業者與專精特定領域的日刊。但報紙遇到新的挑戰，這項挑戰對「閱讀」的衝擊超越小報、廣播、電影，甚至是汽車。

一九五〇年代，電視不再只是讓人好奇的客廳小物，而是家家戶戶都有的普及電器。一九四八年，只有一%的家庭設有電視，十年後，這個數字增加到八三%，而且觀眾每天花超過五小時看電視，沒有任何一項個人科技——廣播、電話、汽車、冰箱、室內自來水等，像電視一樣，如此快速地在家戶之間渲染開來。

報社起初忽略了電視帶來的威脅。一九四七年，《紐約每日新聞》總編輯克拉克（Richard W. Clarke）說，紙媒比電視「精采多了、多元多了，生財潛力也大得多」。一九五一年，《紐約時報》總編輯卡特雷吉（Turner Catledge）宣告，「不認為電視是我們這種報紙的直接競爭者。」當時，報社還是做了避險，最初的十五家電視台中，報社經營了六台，以防電視真的造成衝擊。

幾十年過去，現在回頭看大可以輕鬆說報社自信過度，但當時他們比較的對象是那些糟糕得要命的電視新聞。電視新聞幾乎沒有原創內容，第一代的製作人也不知道怎麼做出好的電視節目，只知道把好的廣播節目移植到電視上。然而，電視內容不佳並沒有阻礙電視台的發展。一九五〇年代，電視台數量是過去的五倍，民眾還是一樣愛看電視。一九四八到一九五五年間，家戶花在聽廣播的平均時數，從每天四．四小時降到二．四小時。

如果某一則新聞成為轉捩點，讓電視從邊緣人瞬間變成主流，這個故事鐵定夠戲劇化。很遺憾，沒有這種事情。不過加州女孩費斯克斯（Kathy Fiscus）的故事很接近了。一九四九年四月，一個星期五下午，加州聖瑪莉諾市發生了一件事。一頭蓬鬆卷髮、一臉憨笑的女孩跌落廢棄水井的狹窄井口，政府立刻匯集各種挖掘器具來營救費斯克斯，鑽頭、推土機、起重機全部到齊，還有從好萊塢攝影棚弄來的幾十組照明燈。洛杉磯ＫＴＬＡ電視台完整報導持續長達二十八小時的搜救過程，最後，一萬名觀眾透過電視接收到費斯克斯於井底身亡的不幸消息。雖然故事也登上《洛杉磯時報》（Los Angeles Times）頭版，但這起悲劇彰顯了電視提供民眾即時新聞的能力，紙媒望塵莫及。「這是陰極射線管第一次徹底超越報紙，搶先報導，」洛杉磯知名資深記者福勒（Will Fowler）回憶。（七十年後，有線新聞台還記得當時學到的一課：電視報導觀眾有共鳴的懸疑事件並保證提供解答，最能引起全國關注，像是：**大選誰勝出？誰規劃了這起攻擊行動？飛機到哪裡去了？**）

一九五〇年代，多起政治事件突顯了這個神奇小黑箱的力量。一九五一年，美國參議院的委員會調查組織型犯罪，以及麥克阿瑟將軍（General Douglas MacArthur）返回美國，兩件事情都吸引數千萬觀眾目光。一九五二年，共和黨全國代表大會透過電視直播，時至今日依然是收視率最高的一次電視直播，吸引六千萬人在電視機前觀看，被美國雜誌《新聞周刊》（Newsweek）稱為「電視大會」。一九五六年，美國總統艾森豪（Dwight Eisenhower）極度熱衷於運用電視的力量來引發共鳴，甚至為此從蓋洛普的老東家揚雅廣告公司延攬了一名年輕的電視行銷人員，要在播送共和黨全國代表的時刻，注入「非正式的風格、情感與情緒」。[11]一九六〇年美國總統大選首度進行電視辯論，忠實併陳了甘迺迪的意氣風發與尼克森的憔悴之色。[12]直到現在，一九六〇年那場選舉仍普遍被認定是「電視選舉」，但它絕對不是唯一因為電視而逆轉的選情。[13]

各國媒體評論界的意見領袖或多或少改變了對電視新聞的評論，改口說電視新聞不是一無是處，只是**通常**很糟，但偶有佳作。一九六一年，美國聯邦通訊委員會（Federal Communications Commissions）主席米諾（Newton Minow）發表著名演講，稱電視為「廣漠的荒原」，但他的演說內容其實不如這句經典引言來得灰暗。實際上，同一份演說當中還有另一句也該被視為雋永之言的話，米諾說，「等到電視做好了，其他東西都無法超越它。」

大家想看什麼？這是本章節開宗明義的大哉問，也是促使報社雇用私家偵探並把蓋洛普塑造為明星的關鍵問題。

電視的成功反映了這個問題太過狹隘，正確的問題應該是，「不管媒介是文字、影像或聲音，閱聽者希望擁有哪一種新聞、娛樂、聽故事的體驗？」

有時候，新公司未必是靠舊市場裡的超級產品推翻產業龍頭，而是靠次級商品開創了新市場。最後，我們也確實看到報紙最大的威脅並非來自更厲害的報紙，而是爛爛的電視，電視不管走到哪裡，幾乎都取代紙張成為主要新聞來源。美國、英國、澳洲、乃至於整個歐洲大陸，二十世紀後半葉，平均每人購報數量無不驟跌。[14]

若說是電視使報紙讀者群枯竭，網路更是直接斬斷了這棵枯死的商業模型樹。報紙一捆捆

---

11 我忍不住要講一下，一九五〇年代中期講到電視的價值，都是在談非正式的風格和富含情感，這兩點恰恰是現在網路內容發行者講到數位內容多麼獨特的時候所提到的特點。有一個可能性是任何新的媒介剛問世，都會讓人覺得更親暱或容易煽動情緒，另一個可能則是外界對於新聞與娛樂媒體創新的期待，就是要更輕鬆、更能觸動人心。

12 譯註：原本大家以為尼克森經驗老到贏面較大，沒想到電視辯論播出後，數千萬民眾都看到精力充沛的甘迺迪對照剛開過刀的憔悴尼克森，情勢因而逆轉。

13 這不是最後一次有媒體把新科技與選舉連結在一起。《哈芬登郵報》（Huffington Post）宣布二〇一五年的選舉是「Snapchat選舉」、BuzzFeed稱二〇一四年的選舉為「臉書選舉」，《國會山報》把二〇一二年的選舉稱為「推特選舉」，二〇〇六年，《紐約時報》預測該年選舉是「YouTube選舉」。

14 有例外，但幾乎都是一九五〇年代以後才變得較為富裕的國家。二十世紀後半葉，每人購報數量成長最快的國家是南韓，經濟合作暨發展組織（OECD）國家中，墨西哥是總日刊數量增加最多的。

運送，收益來源一樣是一捆包一起，商業欄位賺的錢用來做政治報導，汽車與房地產欄位收入拿來支應國際調查。但是，網路打破了這種跨界支應的模式，Craigslist、eBay、Zillow這些網站提供更直接、更容易取得的欄位與房地產廣告頁面，造成廣告主從紙媒竄逃到各網站。數位新聞塑造新聞就該免費的預期，某些層面上來說，更是默默重擊了付費新聞。現在還有幾十個、做得有聲有色的純廣告網站，取代傳統報章雜誌。種種因素加在一起，等同於告訴新一代的讀者——光是他們用來讀內容的時間，就足以支應新聞產製，無意間殺害了付費新聞。

網路新聞也不斷演進。一開始，報章雜誌直接把文章放到網路上，把老內容硬推上新媒介，就像早期電視節目基本上就是把廣播節目原封不動地搬到攝影機前面。進入第二階段，集合平台勝出了。讀者發現他們不需要到媒體官網看晨間新聞，只要到谷歌上輸入關鍵字，新聞就會瞬間跳出來。他們也可以從Digg和Reddit這些入口網站找新聞，那些網站會把幾家媒體的新聞連結排序並進行彙整。又或者，讀者直接登入臉書、推特等社群媒體，就可以看朋友、同儕轉貼的文章。集合平台的出現削弱了官網與主頁的力量，因為讀者發現以前必須仰賴當地報紙解答的問題，現在可以在谷歌和Reddit上找到答案。發布訊息的權力核心從新聞媒體的手上，轉交給探索平台，概念就像以前那個充滿文字的時代，「每月一書俱樂部」幫助讀者有策略地從滿坑滿谷的新書當中，挑選出值得一讀的好書。

社群媒體已經取代早報成為許多年輕人找新聞、了解世界情勢的第一站。十八到三十四歲之間的年輕人被稱為「千禧世代」（Millennial）或「Y世代」（Gen-Y）或冠上其他名號，依據美國新聞協會（American Press Institute）二〇一五年所做的調查，這群人通常不會「直接透過媒體」追蹤新聞，近九成的年輕人是從社群媒體得知新聞內容。

二十一世紀標示了高科技版的回歸十九世紀新聞價值之路，專精的小眾逆勢攻佔主流市場，但情勢有些不同。當年大眾媒體分裂成數百個服務特定族裔的報紙，編輯服務讀者的時候還是採取很明確的單向關係，但現在讀者就是編輯，臉書和推特用戶根本不需要追蹤任何媒體，而是追蹤個人帳號——只要那些人分享的文章或影像恰好讓他覺得有趣或特別上火。以前新聞的基本單位是「捆」，由陌生人組織並配送。現在最小的新聞單位是一篇文章、免費遞送，每個人都身兼編輯、讀者、廣播員。**「那些新聞」**（The news）已經落伍了，現在是**「我的新聞」**（my news）的時代。[15]

這裡有三個值得分開探討的主題：二十世紀，新聞從純文字，變成文字、聲音與影像；讀者搜尋新聞的過程演進，從一一接觸各媒體，轉向集結多家媒體的平台；過去由編輯與記者執

15　反之亦然。新聞讀者可以自己當編輯、讀者、廣播員，新聞製作者也一樣。以前報紙（還有電視、廣播等）擁有新聞的配送權，名人、執行長和政治人物都必須靠記者把自己的想法傳遞出去。現在，同一群名人、執行長、政治人物可以自己發文，內容、時間都由他們決定，發在臉書、推特、Instagram、Medium都可以。因此，網路不只讓瀏覽新聞的過程更加扁平，也透過給予受訪者獨立的發聲管道，讓創作新聞的過程變得扁平。

行的新聞內容產製，也被個人網路興起取代。這三大趨勢的核心矗立著一間公司，那間公司是時下全球最重要的新聞與資訊來源：臉書。

當蓋洛普說當代報紙的問題就是要「想辦法找到人看」，他肯定無法想像按照這個標準，公司可以取得多大規模的成功。每一天，全球都有超過十億人登入臉書，光是美國、加拿大就有一．七億人。二〇一四年七月，臉書公布美國消費者每天平均花五十分鐘上社群媒體，超過美國勞動部勞動統計局公布的、一般美國人花在閱讀和運動的時間總和。

臉書主頁稱為動態消息（News Feed），上面充滿個人紀錄、影片、照片、文章，透過終極演算法組織訊息，把最有趣的訊息顯示在最上面，一如其他各種設計來吸引群眾的演算法，動態消息是忠實照映使用者行為的鏡子。喜歡看自由派文章和嬰兒照片的人，會更常看到自由開放的文章和嬰兒照片。此外，動態消息的設計也反映了臉書自身的價值觀，身為靠廣告營運的公司，臉書的商業利益不只關乎它是否能幫你找到有趣的內容，再飄到其他網站去逛逛，而是要打造一個環境讓人走進來、留下來，並滑過那些廣告。

到了二十世紀，傳播科技可以粗略分成兩大類：社群（一對少）和廣播（一對多）。聊天是社群，收音機是廣播。電話是社群；電視是廣播。但臉書跳脫了二十世紀的科技，既是社群媒體（可以瀏覽朋友的照片），也是廣播平台（最重要的網站導流來源）。這就是為什麼臉書力量這麼大：它是全球郵件系統又是全球報紙，有部分是電話網絡，也有部分是電視廣播。

動態消息的演算法公式和可口可樂祕方一樣，明明服務數十億人，卻完全不透明。最近我參訪了臉書位在加州門洛公園的總部，和產品經理主管莫瑟利（Adam Mosseri）見面。[16]他以前是一名設計師，經營一家以博物館策展為主要業務的顧問公司，我並沒有指望自己可以像在巧克力工廠待到深夜的查理一樣，從莫瑟利口中聽到實驗室最黑暗的秘密。[17]相反地，我希望莫瑟利可以向我解釋動態消息吸引用戶的哲學，以及臉書如何看待蓋洛普的核心問題：**大家想看什麼、你要如何滿足他們的需求？**

在了解人性上，臉書一項優勢是愛荷華法所沒有的，基本上全球其他公司也都沒有。進行心理學研究時，「反應性」（reactivity）指的是人會因為意識到自己被注視而改變自身行為。但是在臉書上，大部分的人都不太會持續處在緊張的自我監控狀態，不會時時擔心臉書的資料科學家得知他們按了一隻小貓熊影片讚。臉書可以好好觀察用戶，又不怕用戶會明顯感覺自己受監視，因此，臉書得以精確地了解用戶實際上想看什麼內容。

---

16 譯註：莫瑟利是臉書負責管理動態消息的副總裁。

17 譯註：此處提到的查理是美國知名作家達爾（Roald Dahl）所著、《查理與巧克力工廠》（Charlie and the Chocolate Factory）的男主角。他和另外四個小孩一起進入神秘的巧克力工廠，通過考驗，因而得知工廠老闆晦暗的秘密。該書於二〇〇五年翻拍成電影並於台灣上映，中文片名是《巧克力冒險工廠》。

臉書清楚知道，各國國內或橫跨全球的讀者喜好就像馬賽克磁磚一樣五花八門。韓國人比較常在臉書上看影片，許多中東國家的使用者喜歡留一長串內容進行討論，泰國、義大利的用戶偏好用圖畫臉譜——「貼圖」。但也不乏共通點，「如果你問世界各地的人為什麼要用臉書，他們通常會說主要目的是和遠方的親朋好友或是他們在乎的人聯絡，像是在國外念書的姊妹，」莫瑟利說。當你有機會看到全世界所有事物，多數人不會去看生硬的新聞，而是像蓋洛普的論文裡講到的愛荷華州讀者一樣，偏好看一些關乎個人、好笑或美麗的內容。

要看出一個人喜不喜歡臉書上的貼文，最強的訊號就是按讚、分享和留言。這些讚、分享、留言都會進到演算法中，演算法不斷調整動態消息頁面，確保與用戶相關的內容會顯示在最上面。這感覺有點像是你一早攤開報紙，發現頭條新聞是你前幾個禮拜看到的故事回顧。二〇一三年，祖克伯（Mark Zuckerberg）自己也曾經如此比喻，「目標就是要為（超過）十億人打造完美個人化的報紙。」

臉書可以在用戶瀏覽內容時觀察他們的行為，那是從蓋洛普時代開始，所有內容發布者的夢想。[18]但結果發現，完全客製化的報紙對讀者舉起完美的鏡子，鏡內影像卻可能奇糟無比。當動態消息完全仰賴使用者行為決定內容，結果可能就是變成一團爛泥，滑過無止境的、沒營養的垃圾內容。

知名記者利維（Steven Levy）把這種現象稱為「一打甜甜圈」的問題。我們都知道不能整天吃甜甜圈，但如果同事每天下午都在你的桌子旁邊放一打甜甜圈，你可能會吃到嘴巴結滿糖。動態消息也一樣，可能成為每日小報——一份超級濃縮版的名人新聞、小測驗、其他毫無營養價值的內容型態大雜燴，用戶的點擊等於告訴臉書演算法再多送一點甜甜圈過來。但臉書意識到如果用戶認為動態消息就是一個毫無深度的一時風潮，讀者可能會關閉帳戶。

因此，把蓋洛普民族誌研究法發揮到淋漓盡致的臉書做出結論，認為直接循問用戶需求確實**有**它的價值。這是為什麼臉書會在動態消息上、句間加入簡短問句（「你喜歡剛剛看到的內容嗎？」）、進行使用者調查（「你想看到那些內容？」）還有擴充版的問卷，全國各地的「評分員」只要針對他們在動態消息上看到的各個項目回答一些問題，並寫下一小段評論，就可以賺取報酬。看完這些內容有沒有跟親朋好友討論？有什麼情緒反應？是否覺得內容鞭辟入理？

這些調查可以看出大眾**想要**看什麼，接下來，要了解大家**實際上**看了什麼。莫瑟利告訴我，這兩者之間的落差，以及如何縮小落差，是臉書的重要研究標的。動態消息不只要符合使用者行為，顯示讀者確實點選、按讚、分享的內容，還要滿足使用者的渴望，給他們看一些他

---

18 臉書曾揭露公司之前操作過六十八萬九千人的動態消息頁面，讓他們看到相對正面或負面的新聞。消息一出，大家發現臉書可以同時對用戶進行數千項測試，引發爭議。臉書那項研究結果很有趣：看到正向貼文的人會發快樂的內容，看到負面貼文的人，自己發的文也會比較負面。網民認為，如果情緒真的會傳染，臉書不應該如此隨意地影響使用者，讓部分人感到沮喪。

們或許不想多互動，但想看到的內容。

「如果我問你想不想運動，你大概會說，『想啊！可能一週兩次吧！』」莫瑟利說。「但如果我明天早上六點半問你，『你想不想運動？』你會說，『不要，我要再睡一小時。』」莫瑟利很好奇有沒有單一種產品可以同時滿足這兩種人格——行為自我與嚮往自我。「我們可以給你什麼，讓你既說自己想要，又願意實際與內容互動？我們不斷尋求同時滿足這兩個需求的方法。」他說。

近期媒體史上，反映行為自我與嚮往自我之間落差的最佳案例，就是「騙閱文」（**clickbait**）。這種騙點閱率的新聞有個特色：標題很聳動，吸引讀者點進去，看了以後才發現內文與標題不符。幾年前，網路上充斥著各種聳動標題，寫一些誘人的細節，最後留個伏筆，像是：「一頭熊走進雜貨店，你絕對不相信接下來發生了什麼事！」、「為什麼嬰兒老是在哭？答案可能讓你嚇一跳。」、「如果你相信運動可以減重，這個事實會讓你震驚到爆。」這些標題引導讀者去看那些糟糕透頂、鋪滿糖精又毫無營養價值的內容。「騙閱文」就是每天送到你眼前的那盒甜甜圈——難以抗拒，卻有害健康。

如果臉書完全仰賴點閱率，這種騙點閱率的文章可能早就佈滿整個網路世界了。但是這間公司的回饋基準非常多元，包括內文夾雜的調查與問卷，這些調查顯示很多讀者都非常討厭「騙閱文」，**即使他們經常點進去看**也是如此。過去幾年，臉書公布了幾項新政策，要剔除動態消息頁面上、靠標題引起讀者好奇，內容卻奇爛無比的「騙閱文」。

行為自我與嚮往自我兩者之間的落差案例中，我最喜歡的一項和閱讀無關，但是可以把食物的類比拓展到甜甜圈之外。二〇〇〇年到二〇〇五年左右，麥當勞較過去更積極推廣健康選項，菜單上出現沙拉、水果，但那幾年麥當勞的營收成長卻完全來自於顧客吃進更多油膩的食物，像是起司漢堡、炸雞。新的健康選項感覺是把渴望節食的顧客吸引到店裡，但到了之後，那些人還是點了一般的速食餐點。二〇一〇年，一群妙筆生花的杜克大學研究人員把這種現象稱為「替代性目標達成」（**vicarious goal fulfillment**）。單純想著某樣東西「對你好」就會讓你覺得已經達成目標、可以來放縱一下。大家都說想在社群媒體上看到重要新聞，平常點的卻幾乎都是搞笑圖片，嘴上說要吃蔬菜，到了提供沙拉的餐廳，多半還是點油膩的三明治。這不是說謊——他們**真的**想要當一個讀新聞的人！他們也**真的**想在菜單上看到沙拉！但光是靠近這些良好行為，就已經滿足了想做好的期待。

高大上的媒體或任何「為你好」的企業經營術，通常都是靠大家的渴望而不是實際行為來賺錢。大部分的健身房會賺錢，不是要求那些很少來的人按分鐘計費，而是招攬好騙的人一月初來註冊繳費、買下幾小時的運動時數，但那些人到了六月（甚至一月底）就不會用這些時數了。那些肚子堆滿贅肉的會員，贊助了在健身房瘋狂運動的筋肉人。健身房這套機制有另一種詮釋方式：健身房把渴望和行為之間的落差轉換成金錢。

知名雜誌也是如此。觀察一下會發現，《紐約客》的讀者（至少我認識住在紐約的讀者）經常覺得雜誌帶給他們愧疚感，因為裡面有太多精彩絕倫的內容，根本不可能全部看完。我去過很多人的公寓或住家，看到客廳和廚房都有一整疊搖搖欲墜、從來沒動過的《紐約客》雜誌，就放在桌上或是竹籃裡。[19]數位內容通常是按照點閱率和曝光次數轉換成金錢，如果《紐約客》、《大西洋雜誌》或《紐約書評》（New York Review of Books）等雜誌，只看訂戶看了哪幾頁來算錢，他們的問題就大了。相反地，這些雜誌每一家都有幾萬個訂戶，不管讀者看了一千頁或一頁都沒看，每年繳的費用是一樣的。訂閱系統讓HBO、網飛、《紐約客》這些公司不需要確保每一單位的內容都取得閱聽者最大程度的關注或使用，也能創造可靠的營收流，給內容創作者一些喘息的空間。

除了自己陳述的偏好（我說我要什麼）、顯露出的偏好（我做了什麼），在談論如何投人所好的時候，還有第三個面向，也就是潛在偏好：連我都不知道我想要的東西。

臉書觀察到幾種網路效應（network effect），那些效應太複雜，沒辦法透過調查問出結果。舉例而言，使用者從來不會要求要在其他人交到新臉友的時候收到通知，但是「成為朋友」——另外兩個人成為好友時的通知——卻具有傳染力。當使用者看到其他人成為好友，自己也會想結交臉友，創造更多連結，也帶進更多內容，改善使用者的動態消息使用經驗。

幾年前，臉書試著增加文章底下顯示的留言數，多數的臉書使用者未必知道自己想要這個功能，但是臉書發現，看到更多留言的人，會更常留言。總體來說，創造更多內容與通知，也提高使用者上臉書的時間。

回到一開始的問題「大家想看些什麼？」答案有三個面向，第一個面向是最容易觀察的：點擊、按讚、分享。你只要像坐在愛荷華州、別人家客廳裡的蓋洛普一樣，觀察他人行為就可以得知這些資訊了。第二個面向比較接近「替代性目標達成」，也就是接受調查者在調查中說他們想要的東西，像是動態消息頁上的重要新聞、菜單上的沙拉，這些偏好未必會反映在行為上，也觀察不到。第三個面向是最複雜，也或許最有價值的，也就是對方自己都不知道他要什麼，但如果你提供了，就會讓他們的生活更美好，因為你提供的東西像iPhone那樣帶來驚喜，或是像臉書的「成為好友」通知一樣，引發預料之外的網絡效應。

二十世紀下半葉，電視緩緩侵蝕了報紙的影響力，相較於靜態文字，大眾更偏好影像這個趨勢也日益清晰。有了臉書之後，從紙本到影片這段曾經花了半個世紀才走完的路，可能幾年內就能走完。臉書的EMEA區（歐洲、中東、非洲）營運長孟德森（Nicola

[19] 日文單字「積讀」（Tsundoku）就是形容一整疊沒看過的書。在一個充斥著各種媒體的文化裡，每一個人都是多媒體積讀的實踐者——買那些沒在看的書、訂閱沒翻過的雜誌、排隊買票卻沒把表演看完。

Mendelsohn）直言，臉書在五年內「就幾乎會是全影音的狀態」。

臉書並不是以新聞為主的網站，但是年輕人花大把時間上臉書，讓它成為數位內容發行者的主要新聞流量來源。美國全體人口中的四四%——三十五歲以下八八%的人——都是在臉書上看新聞，臉書因而成為最大的新聞集散地，規模超越推特、Instagram、Snapchat、Reddit、LinkedIn和YouTube的總和。目前，臉書可以說是獲得了過去各種科技未曾擁有過的「霸權地位」。《紐約時報》從來沒有成為「報紙」的代名詞，福斯新聞台也沒有直接和「有線電視」畫上等號，但是在新聞領域，臉書幾乎可以說是「網路」的代稱。

然而，臉書可能會發現自己被多方檢視，算是伴隨成長、自然而生的副作用。二〇一六年，臉書前員工公開指控前東家打壓立場保守的媒體，這項指控投下震撼彈，臉書也受到輿論反彈。如果臉書僅是其中一個媒體頻道，那倒也無所謂，自由派的媒體頻道像MSNBC一天到晚尖銳批判共和黨，也沒有成為震驚全國的新聞事件。但是臉書不是單一新聞台，而是我們過去未曾見識過的產物：行動未來版的超強大有線系統商。臉書是一家媒體，但更重要的是，它是社會公用事業、是資訊基礎建設中不可或缺的一部分，數以百計的發行者與媒體都得透過臉書觸及觀眾。

臉書快速崛起、成為媒體巨擘的態勢引發質疑，特別是有部分記者認為臉書既然要擔綱新聞的發佈中心，就有義務讓動態消息運作方式更透明。臉書多次強調自己是中立平台，會促進所有溝通的進行，但這種解釋不夠充分，因為一個「由人類設計的演算法所主導的中立平台」，這個想法本身就有誤，甚至自相矛盾。臉書演算法並非純粹反映用戶偏好，而是和許多藝術作品或產品一樣，是個假說、一種嘗試拉攏更多觀眾的做法。這一套演算法假說由人類設計，設計者面對的老闆是人類，只要是人類就有人類的動機、會犯錯、要面對投資人，人性會在演算法中留下足跡，臉書的演算法也不例外。

事實是，沒有人指望臉書完全中立，臉書本身更沒有這種想法，它不想成為「騙閱文」或情緒虐待的溫床，也已經採取各種措施打擊特定下標風格並對抗以激怒他人為樂、四處留言的網路酸民。然而，動態消息頁面還是充斥各種陰謀論與毫不遮掩的謊言，擺明就是要以欺騙、激怒別人的方式凝聚觀眾。隨著臉書持續成長，它可能要思量一下，相較於傳統報紙、新聞機構或公用事業，自己背負了哪些新的義務。僅僅是打造一條開放各種線上溝通模式流通的道路，卻棄置糟糕透頂的駕駛不顧，絕對不夠。

讀者群眾多、又是主要新聞傳播管道，臉書儼然成為現代的報紙。但是臉書是社交專家，不是新聞專家，公司內不存在傳統編輯與記者的關係，對外也沒有公民責任，不需要關注當地重要議題。相對地，臉書主要業務是鼓勵非臉書員工的人發布內容，內容不是受臉書之託所寫，但希望對其他臉書不認識的觀眾有意義。換言之，動態消息頁面存在的意義是要**「誘發有趣的內容」**。

臉書和一九二〇年代的《得梅因紀事報》（Des Moines Register）或《紐約每日新聞》相去甚遠，但絕對是蓋洛普一九二八年給當代發行者的金科玉律——找到人看——最經典的體現。

間奏
百老匯大道八百二十八號

寫這本書最讓人沮喪的一點是我看不到你。演員可以感受到觀眾無聲的冷漠，或是在高朋滿座、反應熱烈的劇場裡，像動物嗅到風雨欲來的氣息一樣，立即感受到觀眾群起鼓掌的熱切。寫作相對孤獨。為一群我不認識的人寫書，就像在隔音牆後、戴上眼罩表演，從成品本身看不出接收端的感受。

你或許會說，向來就是如此，但對數位內容創作者而言，回饋機制再清楚不過。幾年前，我在《大西洋雜誌》網站擔任經濟專欄作家的時候，編輯台收到一個叫做Chartbeat的工具，使用Chartbeat幾乎可以做到百分百讀者監控，它會產出一頁全球觀眾即時衡量表，寫手只要看一眼就知道現在全球有多少人在瀏覽最熱門的幾篇文章、讀者從哪裡來、花幾分鐘看文章、看到哪裡。

和其他許多網路工具一樣，Chartbeat這種工具裹著讓人分心的外衣，再外層又包著讓人上癮的成分。它回答了過去數十年來縈繞在發行者心頭的關鍵疑問：**讀者真正想看的是什麼？**但答案未必總是正面。回想一下，你大概也知道臉書上最多人分享的文章往往不是敘利亞調查報導，而是一些沒營養的測驗。我花了好幾個小時（原本要拿來寫作的時間），盯著Chartbeat看，想要摸透它的祕密：我下標的時候應該要盡量用問句嗎？我應該多談談電視的商業模式，還是討論年輕人的消費習慣？Chartbeat不能說完美無缺，也並非一無是處，比較像是特洛伊木馬版俄羅斯娃娃，你始終不確定在最中間的內容物是禮物，抑或要你命的敵人。

我想更了解這個衡量關注程度的工具，它諷刺地完全吸引了我的注意力。我寫信給Chartbeat創辦人海爾（Tony Haile），約他訪談，把內容寫成文章或寫進書裡。他邀請我參訪Chartbeat在曼哈頓聯合廣場附近的總部。

快走到總部所在的街口時，我看到一面超大的紅色旗幟，上面寫著「Strand Books」（Strand書店）。走近一點發現Chartbeat不只和這家傳奇書店在同個街口，他們根本在同一棟樓：百老匯街八百二十八號。

我走進電梯，向上搭了幾樓。進到辦公室，看起來和其他小型科技公司一樣：採開放式設計、好幾排二十到三十歲之間的年輕人戴著耳機在蘋果電腦前工作。海爾就在那裡和我見面，他身材高挑、一頭金色短髮，穿著白色牛津衫，最上面兩顆扣子沒扣，露出胸前那顆北極熊牙齒，用皮製繩懸掛在脖子上、晃啊晃的。

在海爾創立Chartbeat之前，他經歷過許多，也看遍了他最終成功監控的世界。他曾住在巴勒斯坦人家的地下室、曾在環球木筏比賽中負責划槳、也擔任過北極探險隊的嚮導——所以才有那顆北極熊的牙齒項鍊——還創立了一家社群網站，只是火速被炒了。他搬到紐約以後，睡在某個女孩的公寓地板上。「她現在是我老婆了。」海爾說。

我去拜訪Chartbeat是想談談「關注」，結果我們都在聊回饋機制。二十世紀後半葉，一位空軍飛行員暨軍事策略師博伊德（John Boyd）發明了一套他稱為「ＯＯＤＡ」的決策模型。「ＯＯＤＡ」就是觀察（observation）、定位（orientation）、決策（decision）、行動（action）的縮寫，這一套策略模型的特色是資訊會不斷反饋給決策者，幫助他建立新的理論、規劃攻擊行動。

每一位戰鬥機飛行員的決策——就像書、文章、歌曲或電影——都是假設，是一套對於對手或觀眾會如何反應所做的理論。對方反應幾乎百分百出人意料，那你下一步要怎麼做？

按照博伊德的說法，作戰部隊要成功的關鍵不只是要巧妙規劃攻擊行動，還要在敵人無可避免地找到對付你最初那套策略的方法時，快速學習並調整策略。海爾說，「調適的速度是你能不能在纏鬥中勝出的關鍵。」

ＯＯＤＡ爾後被應用到各個不同領域，核心概念就是最成功的鬥士——或發行者、政治人物，或運動教練——未必是最大和最強壯的，而是那幾個具備過人洞察力，又能敏銳反應的少數菁英。他們懂得評估對手的規模、攻擊行動，也會快速吸收對手反應所富含的意義，並逐步學到如何預估對手的下一步。此處要套用哈姆雷特精簡的名言，「準備就是一切。」

海爾對我說，「大家讀了哪些文章已經不是秘密，現在的謎團是你要怎麼運用手中的資訊？」他認為，未來最成功的發行者不只擁有原始報告與分析能力、幫助他產製好的新聞，還要懂得如何調適，和博伊德在空中操縱戰鬥機一樣，隨著觀眾群的腳步移動。和海爾的對談讓我想寫一本新書，一本關於空中纏鬥與創業、客戶開發週期與OODA迴圈的書，談談回饋機制，以及你的假設在眼前灰飛煙面的時刻、會發生什麼事。

海爾和我握了握手後，我就搭電梯下樓。門外，Strand書店的紅色旗幟在我頭頂上大聲飄揚，我感受到書店拉住我空蕩的背包，順著走了進去。所有擺滿書的房間都讓我隱約有種置身地下室的感覺。我掃了一下新書報到區、「店員精選」與經典讀物，整個空間的感覺就像家裡地下室，溫暖而輕柔。我買了幾本預計要看的書，還有幾本沒打算看、但引人注目的經典。我總覺得擁有一本權威著作，嚴格來說也算是參與了閱讀那本書的過程。「沒有，我還沒看過，不過書架上有……」

文化不只是大家做了什麼，也關乎大家說自己做了什麼。如果很多人在家看過八卦雜誌《Us Weekly》（但在派對上從來不討論），反而是在派對上聊起皮凱提（Thomas Piketty）的書

（明明《二十一世紀的資本論》看不到五頁），那麼誰對文化的影響力比較大：是《Us Weekly》還是皮凱提？法國社會學大師布赫迪厄（Pierre Bourdieu）在他一九八〇年代出版的著名社會學研究著作《區隔》（Distinction）中論述，品味有部分是表演，一場「文化資本」的好戲。菁英喜歡看歌劇不只是因為他們經常接觸，他們經常接觸歌劇是因為歌劇把他們塑造成菁英。

但從一九八〇年代至今，世界日新月異。文化市場變得更加透明，號稱與實際顯露的偏好之間，那一條線越來越模糊。美國音樂平台「告示牌」忠實反映聽眾對音樂的喜好，Chartbeat也讓讀者偏好變得更透明。在這樣的文化底下，身分是場表演，但品味顯而易見，社交上正確的姿態不是要熱愛某一樣事物，而是要細膩、透徹地了解它。在媒體爆炸的時代，比「文化資本」更受人珍視的，是可以稱為「文化認知」（cultural cognizance）的東西，也就是對於構成整個文化格局的新聞與評論具備全球性的意識。你看過《漢密爾頓》那部音樂劇嗎？不錯。你可以引述它對饒舌音樂的指涉，**並且**提出為什麼各界一片叫好可能是過譽，再把它放到二十一世紀的種族關係框架底下，探討它的重要性嗎？[1]好多了。完全摸透某項事物就是新型態的文化資本。

[1] 譯註：《漢密爾頓》以美國開國元老為主角，但演員多為非裔或拉丁裔，音樂也融入嘻哈、藍調等元素，引發討論。

我在寫你手上這本書（不管你眼前的平面是紙做的還是一片玻璃）的期間，又去了好幾次Strand書店。但我更常做的事情是回想百老匯街八百二十八號的概念，對我來說，感覺就像進到一座活生生的文字博物館。**樓上：**波赫士式地圖上面寫滿了全球線上讀者動態[2]，誰也躲不過Chartbeat無所不在的索倫之眼。[3]**樓下：**「十八英里」的紙本書籍，[4]絕對不會背叛讀者、揭露讀者的秘密。百老匯街八百二十八號的樓層分布讓人不禁想問：偉大的藝術到底是從回饋開始，或是源自相反方向——安靜、毫無雜念之處，讓創作者把鎂光燈向內打、向心中探尋最重要的一隅？

Chartbeat完美體現OODA迴圈。讀者看網站，網站看讀者，它是新聞之於實驗室，或者是寫作之於纏鬥：實驗、學習、光速調適。Strand書店則是完美的聖殿，一名作家最鮮明的回饋來自內心，心、腦與指尖串聯。想像一下，試圖在一個全世界都能即時看到各頁內容的平台上寫小說，那是多麼恐怖、令人無力的一件事。評論家對二十世紀最富盛名的小說毫不留情。《大亨小傳》受到大肆批評——「不重要」、「牽強得誇張」、「廢書一本」，銷量也很差。吳爾芙稱喬伊斯撰寫的《尤里西斯》是「雋永的災難——勇氣滿分，了不起的災難。」如果小說家可以神準預測大眾對作品的反應，或許永遠不會提起筆或敲打鍵盤。

我已經意識到自己需要回饋機制——線上文章版的群起鼓掌與傷人沉默。但當我在Strand書店圈起一疊書籍，又很難不去總結，或許最優秀的作家也要懂得如何專注在著作上，並暫時忘卻有誰願意讀取他的幻想。他們在腦中演繹一場舞台表演，但只為自己而做，那部宏偉而私密的作品，是一場在心中擘劃的白日夢。

2 譯註：波赫士（Jorge Luis Borges）是阿根廷作家，作品以混沌與非現實的特色聞名。

3 譯註：索倫（Sauron）是《魔戒》中的角色，它從來沒有出現在其他角色面前，都是遠遠地戰鬥，用眼睛感應情勢。在電影裡面，它就是一顆巨大的眼睛。

4 譯註：二〇〇五年，Strand書店拓建後，標語從「八英里的書」改成「十八英里的書」。

第十二章

熱門作品的未來——帝國與城邦

熟悉的驚喜、人脈與魔法星辰

我們正經歷一場「關注版」工業革命。

一八七〇年到一九七〇年，這一百年間美國經過食品業的工業革命（冰箱的發明）、光的革命（電力成為主流）、旅行革命（汽車與飛機崛起），甚至連住家結構都因為天然氣、織布機、自來水的現代化而改變。經濟歷史學家戈登（Robert Gordon）曾巧妙形容，如果時光旅人回到一九七〇年代的住家，不管在廚房、廁所、客廳或臥房都會覺得和自己家沒什麼兩樣。

但如果這位穿越時空、一次跳過十年的旅人在大螢幕電視上看有線台，或是從幾萬首音樂庫裡挑選音樂或上網查資料，就會覺得很茫然。一九七〇年代，沒有那種可以讓主人像納西瑟斯（Narcissus）一樣、顧影自憐的手機。[1]不是每個路人的口袋都會露出一條耳機線向上延伸，也沒有一片玻璃底下蘊藏好幾座圖書館的資訊。過去四十年，最顯著的科技變革發生在「關注」的王國，與他的子國——娛樂、通訊與資訊。

這是一本關於革新的書，與讀者分享幾個從歷史中學到的經驗。讀者或許希望不只從文化中獲得一下午的偷閒時光，還有豐富意涵、情緒與人生更深層的真理，或許還期待獲得一點智慧。

1. 音樂與故事的黑暗面

流行文化要掀起熱潮，背後有一些技巧對娛樂圈以外的人而言，可能誘人得危險。例如，重複性是音樂界的上帝粒子，少了重複性，這世界聽起來就像毫不和諧、雜亂無章的樂曲。寫作時，適量重複也可以讓句子讀起來更有吟唱感，但是放到政治領域就變成用重複手法編織政治空話，像是首語重複與倒置反覆法都可以為醜陋的思想穿上華服，轉化為流行語。富音樂性的花言巧語就像認知麻醉劑，麻痺了觀眾深入思辨的能力。如果更多人理解音樂性標語工程術，針對重要議題舉辦的全國性辯論會更有品質，如果名嘴和評論家懂得區分「好的演講」和「以空洞或危險的思想為核心，絕佳的音樂性漂亮話術演繹」，想必能更有貢獻。

說故事也一樣。從幾百年前開始，英雄神話就是說書人最喜歡的敘事結構，平凡的魯蛇搖身一變成為優勝者，這段旅程總是能創造讓人滿意的轉折，為聽眾帶來美麗的一課：失敗、平庸與不滿都是一時的，僅是通往快樂終點的中途停靠站。但正因為好的故事能說服人，我們更應該謹慎檢視自己讓哪些故事走進心裡。我們人生中的說書人——從好萊塢的要角到喋喋不休的祖父母——都悄悄地形塑了我們對文化的期待。一則好的故事可以教會聽眾種族歧視或對或錯、戰爭是必要或可憎、女性是卑微的性愛玩物或極富價值又能自主決斷的英雄。敘述性戲劇未必要說教，比較像受人雇用的角色，暨懂得販售偏見，也擅長推銷同理心。最重要的是，好故事應該要發人省思，而不是阻斷思路。

2.不熟悉的好處

這本書另一個重要主題是喜新者與恐新者。很多人嚮往新產品、思想與故事的前提是那些產品、思想與故事和他們原本就知道的內容完全相同。

內容數位化創造了演算法的世界，理論上可以同時滿足喜新者和恐新者，因為演算法會依據我們過去的偏好打造充滿歌曲、節目與文章的世界，讓我們只探索那些「新得恰到好處」的新鮮事物。讀一篇可圈可點的文章，論點恰好是讀者原本就同意的，或是聽到一則笑話巧妙道

1　譯註：納西瑟斯是希臘神話中，帥氣又自戀的少年，喜歡對著水面欣賞自己。

破某個人的世界觀，都會讓人雀躍不已，帶來心智上的清新感，像一種認知療法。

但眾人強烈偏好熟悉的思想有個缺點，就是當他們預期自己不會同意某則故事或論點時，就會自動避開。社群媒體與演算法把新聞的孔洞縮得更小，讓我們只看到少數符合我們偏好、同溫層裡的故事，也可以更輕易避開刺人的論點，甚至完全忽略它們的存在。相較於連結世界，科技反而創造了幾百萬個自成一格的狂熱群體。由於每個人都被與自己想法相同的內容包圍時，會創造商業利益，因此這些群體擁有相同世界觀一事受到美化。

林肯曾說，「我不喜歡那個人，我必須更了解他。」如果能用相同的態度面對各種想法，那就再好不過。舉例而言，寫下一張清單，記錄所有你不喜歡或不瞭解的想法，每個月讀一篇關於那些主題的新內容，進一步了解各個主題。像臉書這樣的平台會刻意提供不一致的動態消息，因此住在康乃狄克州的自由派猶太人可能會看到住在德州、超死忠保守派人物愛看的新聞，反之亦然。音樂和劇場往往以淨化人心為目標，但是閱覽資訊並非為了享受療癒感，想了解這個世界，有時候必須經歷一些痛楚。

3. 規模的矛盾

知名導演喬治．盧卡斯靠著《美國風情畫》意外走紅之後不久，接受媒體專訪。當時他說，自己正在籌劃把西部故事情節搬到外太空，提問的人尷尬地停頓了一下。盧卡斯隨即說，

「別擔心，十歲小男孩一定喜歡。」

二十一世紀最具代表性的通俗作品居然是設計給五年級男生看的，這一點有隱含什麼啟示嗎？我們或許從中學到十歲客群是好萊塢電影的金礦群，又或者我們發現成人比大家所想的更幼稚。又或許根本沒有意義：總歸而言，文化就是一場大亂鬥，這部為中學生設計的電影有一百萬種失敗的可能（特別是如果盧卡斯當初從他前期那些糟糕的草稿中，挑一份來拍攝的話。）

但我逐漸理解盧卡斯隨口說說的回覆，背後隱藏著一層智慧。規模的矛盾點在於，那些超成功的作品往往是為一小群、定位清楚的人所設計。《星際大戰》為神奇年齡層的孩童所做，這些孩子年紀夠大、懂得欣賞電影，同時又還很年輕，看到中古風演員跑到宇宙去，也不會覺得很諷刺或很詭異。臉書剛開始只是為了哈佛大學學生所設計，不是要連結全世界。佛瑞斯特（Vince Forrest）發現，他賣得最好的襟章上面都寫著一些超級奇怪又有針對性的訊息。布拉姆斯那首舉世聞名的搖籃曲，也僅僅是為了一位母親所譜。針對極特定族群設計的作品成功機率較高，可能因為這類作品內建特質就是重點明確，也可能因為他們具備連結網路的特徵。大家比較喜歡談論他們特別有感覺的產品或想法，高中朋友群、加州崇拜性團體、意識形態群體的特色就是和世間主流顯著不同。這些群體已經存在多時，但是到了數位串聯商業世界的時代，精準打中這些群體的心更容易創造獲利——因為「詭異得恰到好處」而獲利。

4. 瑪雅精神

去年我和一位朋友討論這本書，他是一家全球知名雜誌的音樂與電視節目評論家。他調皮地問我，「你有考慮過天才嗎？」

我沒有給他明確答案。但我提到之前和學者交談的過程當中，確實有個特別常被提及的藝術大作。「你會很訝異那些教授多常和我談論《一號複製人》（Kid A），」我說。《一號複製人》是英國搖滾樂團「電台司令」（Radiohead）的專輯，可能是銷量超過百萬張的專輯中最奇怪的。它不屬於任何類型的音樂，基本上沒有副歌，有些曲子幾乎沒有會被人類視為歌聲的段落，爵士小號即興重複樂段，與電吉他一來一往，一片令人焦慮的固定旋律被機械式的吣哺聲切碎，專輯同名曲聽起來像是一隻外星人快窒息而死的聲音。然而，因為（或撇除）這些褻瀆音樂性的部分，專輯卻有說不出的美感，這恰恰是瑪雅（最先進然而可接受）的定義——給先進物種聽的音樂，或許是人類之後的新物種。

但是和我對談的心理學家與社會學家並不是討論專輯的音樂，而是多次提到相同觀點，那就是如果《一號複製人》這張全然違反旋律的專輯是「電台司令」的出道作品，根本不可能大獲成功。他們承認《一號複製人》是神作，但它能被接受，純粹是因為「電台司令」過去的作品先行攫取了觀眾的接受度。

《一號複製人》是「電台司令」第四張專輯，在此之前，他們已經出過幾張極為成功的專輯。我想想覺得按這個邏輯，《一號複製人》看來倒符合一個大規則。英國樂團《齊柏林飛船》（Led Zeppelin）沒有命名的第四張專輯，是他們的傳奇大作。《天生勞碌命》（Born to Run）是美國搖滾歌手斯普林斯廷（Bruce Springsteen）第三張錄音室專輯，《寂寞芳心俱樂部》（Sgt. Pepper）是披頭四的第八張專輯，《顫慄》（Thriller）是麥可・傑克森（Michael Jackson）的第六張，《我的奇特幻想》（My Beautiful Dark Twisted Fantasy）是肯伊・威斯特（Kanye West）的第五張，《檸檬特調》（Lemonade）是碧昂絲（Beyonce）的第六張。我也想到貝多芬第五號和第九號交響曲，《歡樂單身派對》（Seinfeld）第四季到第七季[2]，庫柏力克（Stanley Kubrick）第八部長片[3]，吳爾芙第四本小說，[4]托爾斯泰的第六本書。[5]

---

2 譯註：《歡樂單身派對》是美國國家廣播公司一九八九到一九九八年之間推出的喜劇，大受歡迎，近年仍看得到重播。

3 譯註：庫柏力克是美國知名導演，作品包括《奇愛博士》、《大開眼界》等。第八部長片是《發條橘子》，也是他最具影響裡的作品。

4 譯註：吳爾芙是英國知名作家，第四本小說《達洛維夫人》是代表作之一，名列美國《時代雜誌》一九二三—二〇〇五年百部最佳英文小說。

5 譯註：俄國作家托爾斯泰著有《戰爭與和平》、《復活》等名著，第六本書《安娜・卡列尼娜》（Anna Karenina）被視為寫實主義小說的經典，二〇一二年翻拍成電影。

很顯然一名藝術家最好的作品，或許要在他取得多年實戰經驗、持續精進技巧後，才會出現。但除此之外，還有一個特點：上述的藝術家與團隊都是在獲得一定名望**之後**，才創造了最引人共鳴的作品。或許，才情蓬勃發展的空間基本上得靠贏得名望大賽來換取，更確切地說，要先贏了這場比賽，創作者才能夠大聲說，「既然我抓住你的目光了……」

雷蒙・洛威的瑪雅理論談到站在品味最前線以獲取成功。或許那個「前線」就是我們所謂的才情，而最好的作品來自於那些試圖突破普遍被接受的極限的創作者，他們不斷將前線往外推展。

一四〇〇年還沒有任何印刷書籍，一七〇〇年，沒有現代的公共博物館。一九〇〇年，沒有鎳幣電影院[6]，一九二〇年以前，沒有收音機廣播新聞台，一九五〇年以前沒有彩色電視，二〇〇〇年以前沒有臉書、推特或Snapchat。各種機構、發行者與手機應用程式看似雜亂，卻都繼承了共同的傳統，那就是資訊與娛樂傳播民主化。

所有搶攻觀眾眼球的市場新進者都為現況帶來威脅，但即便警告聲四起，印刷文字並沒有判手寫藝術死刑，電影沒能殺死書籍，收音機沒有消滅新聞，電視並未殲滅電影，網路沒有汰除電視，影片也沒有造成廣播明星銷聲匿跡。

流行文化的整體情勢中，板塊持續變動且範圍不斷擴張，而這段故事講的是新的構想滑過舊科技的板塊邊緣摺疊處。雖然修士預言古騰堡印刷術會殲滅手寫文字，但印刷反而提升了識字率，把數以百萬計的新寫手帶入寫作市場。一九六〇年以前，最暢銷的電影《飄》（Gone with the Wind）、《十誡》（The Ten Commandments）、《白雪公主》（Snow White）都是依據原著改編，但還是有過半的十八到三十四歲間的人享受閱讀的快樂。現在已經有電影從手機遊戲改編，也有電玩從電影改編，很快就會有超熱門的虛擬實境電玩問世，不管是從電影或手機遊戲改編的都有。

幾年前，麥肯錫顧問公司公布了一份估算表，估算從二十世紀初開始，大家花多少時間讀訊息。一九〇〇年，訊息的來源只有少少幾個管道。人們讀紙張——書籍或報紙——大部分溝通都靠面談。到了下個世紀，家家戶戶愛上收音機、電視機、電腦和手機，理論上，對媒體而言最關鍵的差異就是時間：一天還是只有二十四小時。然而，每一個世代都比上一輩花更多時間聊天、閱讀、看東西、聽東西，新的板塊碰撞後，媒體的高山變得更高了。

看到新的科技轉變，總是很容易就連想到它會終結文化。一九〇六年，英國作曲家蘇莎（John Philip Sousa）預言，留聲機和錄音機發明之後，美國的作曲與音樂教育將被摧毀。他寫信到美國國會，直言「這些會講話的機器將毀掉這個國家的音樂藝術發展。聲帶會隨著人類演

---

6 譯註：鎳幣電影院（或稱「五分錢電影院」）是最早期的電影院，因為只收五分錢讓大家進去看電影而得此名號。）

化而消失，就像猩猩演化成人類的過程中，尾巴消失了。」

蘇莎是名白人，他並沒有想到簡單的音樂科技會讓美國黑人音樂家——像是弗蘭克林（Aretha Franklin）和N.W.A樂團——唱到全世界。他也沒有想到新的科技在下個世紀，讓加起來可以坐滿一千座音樂廳的觀眾聽到《星條旗永遠不落》（Stars and Stripes Forever）的音檔，讓他得到自己在十九世紀無法想像的廣大名聲。又或者，科技讓音樂變得更容易取得，使得音樂家可以輕易地相互影響與感染，進一步豐富了音樂界的創意火花。正是這項令蘇莎畏懼的、具備重製功能的革新，讓當代音樂家的聲帶發出聲音後，得以在全世界的喇叭與耳機中迴響。

就像有些人心心念念想要所有新東西都消失，有些科技人只看到一條指數成長的曲線，一路通往

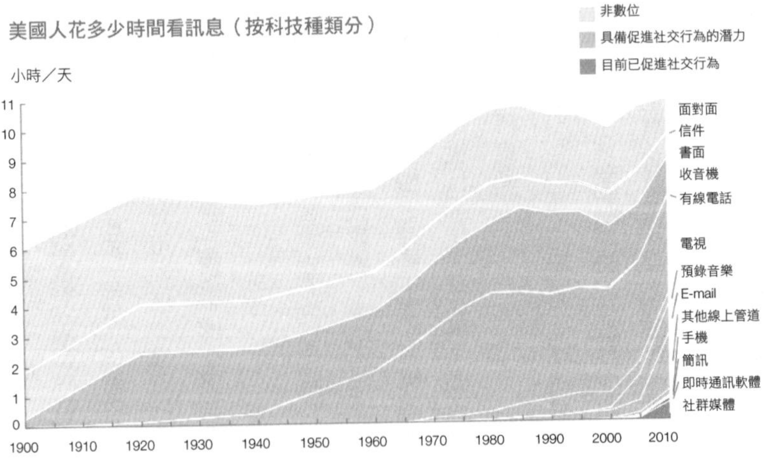

烏托邦。然而，對話、聆聽、分享、觀看變得更簡單，資訊取得輕而易舉並不全然是件好事。臉書成為國際膠水，連結企業、消費者、家庭與朋友，但是社群媒體也讓部分人備感孤單，因為社群媒體把光線打在他們所沒有的、他人閃亮亮的幸福快樂之上。音樂界的數位革命帶來更多音樂，卻壓低了預錄音樂的價格，導致許多樂團在取得廣泛曝光的同時，只能領少少的收入。數位音樂也讓少數的成功金曲更有價值，二〇一四年，一％的樂團與歌手賺取了專輯音樂七七％的營收。與十年前相比，最暢銷的十張專輯市占率增加了八二％。

這本書談的是暢銷心理學與媒體經濟學，但這些章節還想傳達一個更高層次的概念，關於人類與歷史。如果我要用一句話總結這個核心主軸，那我會說是：**科技的變化比人類更快。**

過去五十年來，科技變化的速度之快被歸納為「摩爾定律」（Moore's law）。一九六五年，英特爾共同創辦人摩爾（Gordon Moore）獲邀為《Electronics》雜誌撰文，預言未來十年半導體科技的發展。他預測，每一個微晶片上可以搭載的電晶體數目，每一年都會成長兩倍。過去半世紀，他的預測幾乎是百分百精準。然而，當科技按照摩爾定律以指數成長的速度發展，人類還在用達爾文的腳步悠哉漫步。

人類基本的需求很複雜但老舊。他們想要獨特感，又要有歸屬感；想在熟悉的環境裡接受一點點刺激；希望自己願望成真、落空，再成真。

科技給了我們新工具完成舊工作。一九五〇年代，電視機成為史上最熱門、成長最快的消費者產品，威脅電視身為單一影像娛樂來源的地位、印刷文字做為單一新聞來源的身分，以及收音機身為客廳標準配備的角色。

雖然電視確實造成這幾項產業衰退，但也讓他們變得更好、更獨特。為了因應電視崛起，電影業者花更多心力製作大螢幕影片，來跟小螢幕電視區隔；雜誌與報紙持續產製品質絕佳的新聞，同時學習電視的特點，在新聞中加入更多圖像。收音機的反應大概是最有趣的：一九四〇年，車內收音機還很少見，但三十年後，美國九五％的汽車都搭載了收音機。「收音機成為個人的夥伴，不再像過去一樣是家庭娛樂的軸心，」文化歷史學家麥當勞（J. Fred MacDonald）寫到。電視把收音機從既有的位子上開除了，收音機不再是住家核心，但收音機也因此獲得漫步的自由，隨著使用者走遍世界。

現在，換傳統電視要面對生存危機了，它被迫好好思考自己以前拋給其他媒介的問題：**我什麼事情做得最好？**多年來，有線電視頻道主要優勢，就是可以提供即時新聞和資訊、讓一客廳的人因為創新的故事而歡騰，也為觀眾開了一扇窗、全方位觀賞運動賽事。但現在，網路可以提供更即時的新聞與資訊，想逃避現實的時候，臉書提供便利又碎片化的管道。網飛、Hulu和亞馬遜影音也可以講出動人又有意義的故事，虛擬實境即將創造更進階的沉浸式體驗。感覺像是年輕人剪斷了線，把電視微粒灑到空氣中，讓所有媒體吸收，所有事物都成了某種電視。熱門作品的未來，是在全球舞台上灑滿多個狹窄的聚光燈。這本書聚焦西方文化，從歐洲搖籃曲與印象派作品，談到紐約的音樂廠牌與好萊塢。或許有人會對這種西方本位感到反感，但我認為這麼做不無道理，因為過去幾個世紀，西方國家一直是世界主流的文化輸出國，孕育數不清的巨作與巨星。但這個現象未來會改變，二〇一五和二〇一六年，至少有十部票房超過一億美元電影、有九九%的觀眾**不在**美國。或許這個曾經不可或缺的國家，逐漸變得可有可無。

目前，各界普遍認同未來群眾的目光會轉移到行動裝置上，名譽累積得快，惡名也一樣瞬間傳千里。臉書和Instagram上，驕傲、驚奇、憤怒像量子粒子一樣，瞬間出現、炫即消逝。以前，作家把各種熱潮稱為「九天驚奇」。一九六〇年代，美國藝術家沃荷（Andy Warhol）預言，每個人的名聲都只能維持十五分鐘。名聲的半衰期逐漸縮短，在嶄新、瞬息萬變的媒體世界裡，一千顆愛心和讚可以瞬間湧入某個普通人的照片或某則留言，下一分鐘又衝到另一個地方，幾百萬人等著迎接這股熱潮、感受出名的味道，享受六十秒當巨星的感覺。

文化改變不可能畫成一條直線，因為文化符合牛頓力學。強而有力的動作會引發反作用力，電子書問世理應摧毀最小的紙本書店，但從二〇〇九年到現在，獨立書店的數量卻成長了三五%。數位音樂成長應該會破壞實體專輯的市場，但屬性小眾的黑膠唱片，成長速度卻幾乎和線上串流並駕齊驅。網路創造了一個無縫資訊發布平台，讓許多新聞組織得以放棄訂閱制度，改靠廣告收益生財，提供讀者完全免費的新聞，但我最喜歡的幾位個人作家，包括沙利文（Andrew Sullivan）、湯普森（Ben Thompson）都放棄廣告收益，靠讀者付費、花時間關注維生。

最後這項矛盾點是我覺得最有趣的。未來提到熱門事物，我們將同時看到廣度與深度的全盛期，未來的娛樂帝國可能達到前所未見的規模，但同時，獨立藝術家也會變得更有力量。我最後要分享的兩個故事就是關於這兩種可能性，大與小——帝國與城邦。

華特迪士尼公司是全球媒體帝國。就像歷史上所有帝國一樣，它不應該被視為單一國家組織，而是橫跨多個疆域的力量。除了讓迪士尼出名的動物與公主動畫電影，迪士尼旗下還有《星際大戰》、漫威系列與皮克斯，並且透過持有A&E與Hulu股權建立合夥關係，經營ESPN與ABC電視台。世界上最熱門的十家樂園當中，迪士尼就擁有八家。雖然名字聽起來是電影公司，但迪士尼其實是世界上最成功的主題樂園公司、美國最賺錢的電視公司，兼世界最知名的電影公司。在熱門製造者的神殿中，迪士尼就是宙斯。

但一開始，迪士尼並非娛樂圈最會賺錢的王者。創立初期，華特迪士尼的電影雖然帶來不錯的現金流量，但是迪士尼本人是個藝術家，他比較想把賺到的每一分錢都挹注到下一部作品中。一九二〇年代，他的公司很少賺到穩健的盈餘，而那段時間還是美國經濟的全盛時期。沒多久，經濟大蕭條開始了，接著二戰爆發，摧毀歐洲電影業，要在蕭條時期從藝術家走向帝國，華特迪士尼需要隊友神救援。當時，迪士尼找到名叫凱曼（Kamen）的人。

凱．凱曼（Kay Kamen），一八九二年一月二十七日出生於馬里蘭州巴爾的摩市的赫曼．賽謬爾．克米尼斯基。凱曼出生在從俄羅斯移民美國的猶太家庭，他是四個小孩中的老么，年輕時的經歷與名譽、財富，甚至基本競爭力都沾不上邊。他年紀輕輕就從高中輟學、進了少年監獄，二十歲左右，終於找到一份穩定工作，在內布拉斯加州賣毛帽。

雖然凱曼就算在狀況好的時候，也長得不怎麼樣，但他很快就證明自己具有過人的銷售天賦。他是個矮壯的男人，一張大臉上長著扁平的鼻子，戴一副圓框眼鏡，厚重的黑頭髮中間有條明顯的凹線。說到外貌，連他同事都不肯幫他說點好話。「凱．凱曼是我見過最普通的人，」迪士尼前員工強森（Jimmy Johnson）在回憶錄中陳述。「但人不可貌相，凱也是我見過最溫暖而迷人的人之一。」

三十來歲這段期間，凱曼在肯薩斯城的行銷公司獲得成功，他在公司裡負責為電影開發周邊商品。他的野心向西部拓展，一九三二年，他看到米老鼠卡通，認定這隻老鼠在螢幕外也能成為明星。於是，他打電話到位於洛杉磯的華特羅伊迪士尼公司（Walt and Roy Disney），提出一項簡單的要求：**讓我來賣你們的卡通老鼠**。迪士尼兄弟邀請凱曼下次有機會到洛杉磯的話，順道來海佩里翁大道拜訪他們。大約四十八小時候，凱曼就坐在華特迪士尼的辦公室裡了，他一口氣把畢生存款全弄成現金，把鈔票縫進西裝夾克裡，跳上西行火車，展開兩天的旅程。因為怕有人偷他的夾克，凱曼超過四十個小時的旅途完全沒闔眼。

凱曼展示了他販售米奇的計畫。美國研究迪士尼商業史的第一把交椅——湯姆布錫（Thomas Tumbusch）形容，「凱曼的理論是，迪士尼應該要把米老鼠從十分錢的便宜商店帶進百貨公司，因為消費者正在往百貨公司移動。」凱曼簽下合約，成為迪士尼角色全球商品授權的唯一負責人。

凱曼提出的獲勝技巧單純又前衛：好萊塢認為玩具為電影宣傳，好萊塢錯了，應該反過來才對。電影只是用來驗證構想，未來，電影事業是電影院外的所有生意。

更明確地說，電影的未來在商店裡。家庭從鄉村湧入城市，商店也跟著一家、一家開。一九二〇年，美國還沒有西爾斯百貨公司，到一九二九年，已經開了三百家。迪士尼商品的年銷售額從一九三〇年的三十萬美元，成長到一九三五年的三千五百萬美元。

凱曼最著名的代表作是米奇手錶，米奇手錶一九三三年在芝加哥世界博覽會首度與世人見面，當時正值經濟大蕭條的低谷，美國經濟從一九二〇年末期開始，已經縮減了三分之一，失業率更是飆破二〇%，一九三三年，很多家庭根本連食物都買不起，不要說花錢買玩具。但是，米奇手錶一問世隨即獲得驚人成功，Ingersoll-Waterbury公司因為獲得迪士尼授權製造這款手錶，躲過了瀕臨破產的危機，為了趕上訂單成長的速度，一年內工廠員工從三百增加到三千人左右。梅西百貨在紐約市的地標百貨一天內就賣出一萬一千支米奇錶。二年內，迪士尼這款米奇錶賣了二百萬支，當時是華特迪士尼公司成立以來、財務上最成功的一頁，卻根本不是華特・迪士尼的點子。

凱曼鋪天蓋地地把那隻卡通嚙齒動物灑滿全世界，《紐約時報》形容流行文化場景是「充斥著米老鼠肥皂、糖果、紙牌、立牌、梳子、瓷器組、鬧鐘、熱水壺，包裝紙也是米老鼠、緞帶上也有米老鼠，付錢的人從米老鼠皮包裡撈錢。」《克里夫蘭誠懇家報》（Cleveland Plain Dealer）如此形容一九三五年一般孩童的樣貌：

> 他的房間裡，牆上貼著米老鼠壁紙，燈光來自米老鼠檯燈，假設他媽媽忘記了，早上他會被米老鼠鬧鐘喚醒！穿著米老鼠睡衣的小男孩從米老鼠床組上跳起來，站上鋪著米老鼠地毯與地氈的地板上，穿上米老鼠懶人鞋，飛奔到廁所、衝去拿迪士尼系列肥皂，還有迪士尼系列牙刷、梳子和毛巾。

感覺米老鼠就是天真爛漫與無邪喧鬧的象徵，很難想像他還能代表什麼，但是在海外他卻隱含複雜的象徵意義，既是受人喜愛的藝術品，也是受人抨擊的政治文宣。蘇聯政權指控米老鼠象徵的是資本主義下，勞動階層悲哀的懦弱，但俄羅斯導演愛森斯坦（Sergei Eisenstein）卻盛讚迪士尼的作品是「美國人對藝術最偉大的貢獻」。在納粹統治下的德國，也可以看到公開抨擊與私下竊喜間的分歧。一家納粹文宣報在一九三一年宣告，「米老鼠是有史以來最低劣、悲哀的構想。」然而，希特勒討厭米奇的程度鐵定不如表面強烈。一九三七年十二月，也是希特勒進軍奧地利三個月前，他收到十八支米奇電影當成聖誕節禮物，令人詫異的是送禮的人是當時的宣傳部部長戈培爾（Joseph Goebbels）。

場景回到洛杉磯，凱曼一手打造的奇幻帝國給了華特迪士尼信心拍攝史上第一部動畫長片《白雪公主與七個小矮人》（Snow White and the Seven Dwarfs）。湯姆布錫說，「沒有凱．凱曼，就不會有《白雪公主》。」一九三七年十二月，《白雪公主》正式上映，立即造成轟動，不只小孩愛看，就連產業中眼光最敏銳的成年人也為之瘋狂。卓別林（Charlie Chaplin）出席了《白雪公主》世界首映後，直言小矮人糊塗蛋（Dopey）是「史上最佳喜劇演員之一」。幾年內，《白雪公主》就成為好萊塢票房最豐厚的有聲電影。

但是電影票房依然比不過凱曼強大的力量。一九三八年首映會過後二個月內，《白雪公主》周邊玩具大賺二百萬美元，比電影本身一整年在美國賺的還多。有《白雪公主》焦糖糖果、著色本、糖果盒、廚具、聖誕樹飾品、卡通人偶、梳子、手工藝品和蠟筆組，這些還只是英文字母開頭是「c」的商品列表而已。

電影產業內、外都沒有人看過這種盛況——電影溜出大螢幕，胡亂跑到各種你想像得到的產品上頭。一九三八年五月，《紐約時報》一篇社論如此讚嘆，「這部電影根本是靠著周邊商品發展出一個全新的產業。」《時代》雜誌預測，迪士尼開發了新的產業——「工業化幻想世界」，或許能將美國經濟從大蕭條中解救出來。

他們猜錯了，工業化幻想世界並沒有為經濟開啟光明的未來，但是，它確實是娛樂圈的未來。迪士尼開發了一套完美的電影與商品共生系統。靠著凱曼的授權業務獲利，《白雪公主》得以問世，上映後又給了凱曼的業務新動能。電影催生玩具，玩具賺錢餵養電影。

迪士尼或許不是天生的商人，但是他吸收了凱曼為他上的一課：**電影的藝術只關乎電影本身，但電影的商機無所不在。**迪士尼形容這項策略是「完全商品化」（total merchandising），電影不只是電影，也是襯衫、手錶、電玩——並且很快的，也化身電視節目。

一九四〇年代，好萊塢面對電視萌芽的整體氛圍和報社差不多：遮住眼睛，等它自行消失。但是迪士尼發現電視的潛能：每座客廳都可以化身電影院，客廳也可以用來宣傳電影。爾後好幾年，迪士尼一直想打造一座樂園，運用動畫角色，為小孩打造「迪士尼樂園」（Disneyland），它也想要為其中一間主要廣播聯播網開發電視節目。最後的神來一筆是結合兩個夢想，他告訴哥哥羅伊，把迪士尼的電視節目賣給電視台的時候，條件是對方必須投資迪士尼樂園。國家廣播公司（NBC）猶豫了，CBS也是，只有三大業者中規模最小的ABC立即同意這項提議，並在一九五二年答應製作迪士尼電視節目，同時出資三分之一打造迪士尼樂園。迪士尼堅持電視節目和樂園的名稱必須相同，都是「迪士尼樂園」（Disneyland），此舉被視為「戰後美國文化中，最具影響力的商業決策之一。」

迪士尼樂園節目成為ＡＢＣ的節目中，第一個擠進年度收視率前十高的節目。雖然節目本身往往充滿置入性行銷，或是暗中結合原創內容與廣告，還是在二、六〇〇萬擁有電視的家戶中，吸引四成家戶每週收看。其中一集「海底操作」（Operation Undersea，暫譯）帶觀眾在電影《海底兩萬哩》（20,000 Leagues Under the Sea）上映前一週，搶先看幕後花絮，等於是擴充版的電影預告片，結果那部電影創下一九五四年總票房第二的佳績，僅次於《銀色聖誕》（White Christmas）。ＡＢＣ總裁提到迪士尼樂園電視節目時說，「從來沒有哪一次放這麼多置入性行銷，還沒什麼人抱怨。」[7]迪士尼的策略也受惠於人口結構的意外轉變。它的主要客群是坐在電視機前的小朋友，而戰後嬰兒潮使得五歲到十四歲之間的小孩人數，在一九四〇年到一九六〇年間成長了六〇％。

一九五五年七月十七日，迪士尼樂園正式開張。那簡直是一場大災難，誇張到被員工稱為「黑色星期天」，好幾座遊樂設施運作失靈，由於前陣子剛經歷水管工人罷工，現場也沒有足夠的飲水機供民眾使用。華氏一百度的高溫[8]造成新鋪的柏油融化，黏住入園媽媽的鞋跟，就像從女巫烏蘇拉（Ursula）的巢穴湧出的章魚墨汁。[9]

但第一印象不是一切。開張六個月內，一百萬名遊客付錢入園，樂園營收占當年集團營收比重三分之一。雖然ＡＢＣ是迪士尼樂園的推手，但樂園開始營運後幾年，ＡＢＣ就把股權賣還給迪士尼了。現在回頭看，那實在是糟糕透頂的決定，簡直像是把武器賣給一群叛亂者，讓他們最終用來打垮你的城市。一九九五年，華特迪士尼公司以一百九十億美元買下ABC，這還得感謝當年靠ABC資助才得以成立的那座遊樂園持續創造獲利。

二十世紀走不到一半，華特迪士尼公司就不再是電影公司了。即便是在一九五〇年代，迪士尼工作室產製的內容也主要是透過電視播送給觀眾。**迪士尼樂園**節目描繪了一段神話，家家戶戶只有進到迪士尼樂園遊玩才能真正走進故事裡，而那座遊樂園的獲利又有很大一部分來自另一樣東西：迪士尼商品。迪士尼帝國的設立基礎是一大原則：觀眾想要徜徉在童話故事中，也想把人生打造成童話故事。

有人可能會很憤世嫉俗地說，迪士尼電影只是用來驗證迪士尼電視節目的概念，電視節目用來行銷樂園，樂園又是用來是銷售商品的低價商品。但說真的，商業並不是一條單向直線，

---

7 迪士尼在電視上的發展策略與當代媒體策略有非常多相呼應之處。網飛透過集結其他電影工作室和網路的內容庫打造新事業、就此跨足娛樂業之前的幾十年，迪士尼的**迪士尼樂園**電視影集就善用了自家的卡通庫存——最早追溯到**米老鼠**系列。華特．迪士尼直覺要讓觀眾看到簾幕背後的魔法師，這件事也異常現代。可以想像，如果他看到臉書或Snapchat等新科技讓明星與觀眾直接建立關係，一定覺得再自然不過。

8 譯註：約當攝氏三十八度。

9 譯註：烏蘇拉是迪士尼動畫《小美人魚》中誘惑小美人魚的女巫。

迪士尼帝國是一條銜尾蛇，[10]無限的懷舊迴圈，每一樣東西都販售著其他物品。

就像世界經濟的未來一樣，迪士尼的野心伸向東方。公司最重要的新作不是為美國製作的新電影，而是在中國打造迪士尼度假區。二〇一六年，上海迪士尼度假區開張，這個計畫耗資五十五億美元、二十五年籌備，有三億中國人口（約當美國人口的九〇％）從住的地方開車或搭火車到迪士尼樂園，花不到三小時。就像迪士尼樂園的重點不只是賣票，上海迪士尼度假區的重點也不是門票收入，甚至不是在園內販售商品，而是為中國人對迪士尼電影與產品的意識，打造一個無限迴圈。二〇〇九年，迪士尼公司執行長艾格（Bob Iger）表示，「就像一九五〇年代，華特．迪士尼利用迪士尼樂園讓迪士尼的品牌在美國茁壯，我們相信未來也會有其他有趣的機會，讓我們在中國複製這套經驗。」

華特迪士尼公司得以成為典型的熱門帝國，有三個商業上的原因。第一，透過電視和各種行銷管道，迪士尼有非常大的能量可以為自己嶄新、可能失敗的創作內容建立曝光度和知名度。第二，公司有錢到可以買下世界上最熱門的品牌授權，像是《星際大戰》與漫威系列，再為老故事添入新章節，創造奢華而熟悉的驚喜感。第三，迪士尼成功把快樂的觀眾轉變成在樂園與商店中花大錢消費的忠實客戶。從四歲到一百二十歲的「小孩」都獲邀進入迪士尼用魔法妝點而成的個人奇幻世界，他們帶回家的娃娃、床單、服裝就是下一次奇幻旅程最強而有力的廣告。義大利學者艾可（Umberto Eco）稱迪士尼樂園是「消費者意識形態的經典」，因為它

「不只創造幻覺」，更「激發群眾對幻覺的嚮往」。

這是其中一種熱門作品的未來走勢：「完全銷售」。從一九三二年凱・凱曼搭火車到洛杉磯、提出把米老鼠變成手錶至今，迪士尼變得比任何企業規模大、更具影響力，也更無所不在。但迪士尼到現在還是按照凱曼的經營邏輯運作：所有通路都是增加曝光度和銷售的機會。迪士尼走出漆黑的電影院，走進有線與廣播電視，在網飛上也看得到迪士尼的電影，授權影片布滿廣告牆與計程車，每一年，其中八家迪士尼樂園就至少吸引一千萬名遊客拜訪。迪士尼帝國甚至把觸手伸向舞台——最原始而美麗的娛樂競技場。迪士尼首部音樂劇《獅子王》（The Lion King）首演至今十八年，全球門票收入六十二億美元——超過任何一部電影的收入——賣出超過八千五百萬張門票。

「完全銷售」之所以如此強大，不只是因為透過各種管道把公司的內容播送出去，也是因為公司可以從那些管道匯集資訊。BuzzFeed這間年輕的媒體公司或許最有機會成為二十一世紀的迪士尼，它一開始只是一個網站，但它和迪士尼一樣都是胡亂生長的蔓藤，任何氣候底下都能成長茁壯。二〇一六年，BuzzFeed有八〇%的讀者都是在網站以外、其他地方看到BuzzFeed的內容——可能是在臉書、Snapchat等社群網站上看到的，或是透過BuzzFeed商業夥伴蘋果新

---

10 譯註：銜尾蛇（ouroboros）是宗教和神話中常見的符號，一頭蛇咬著自己的尾巴，剛好變成一個環。

聞、雅虎新聞，或者像微信這樣的通訊軟體。對部分讀者而言，BuzzFeed是數位報紙，對於在Snapchat上看到內容的人而言，BuzzFeed比較像是電視公司，為了其他的有線網路設計內容。

內容向外流、資訊向內流。BuzzFeed運用發布內容的管道收集資訊，了解觀眾想讀什麼、看什麼、分享什麼，再把學到的資訊轉成在其他管道發送的內容。一如柯南・道爾對超級罪犯莫里亞蒂教授（Moriarty）的經典形容，BuzzFeed就像是坐在大型蜘蛛網正中央的蜘蛛，仔細編織數千條絲結成的網。「如果我們看到某則貼文在Instagram上很成功，就會調整一下放到Snapchat上，」BuzzFeed創辦人暨執行長裴瑞帝（Jonah Peretti）曾說。「如果覺得某則貼文很好，就試著做成影片。如果發現英國人很喜歡這則內容，就針對澳洲觀眾調整。網路上的節點獨立運作，又同時把新資訊回饋給整體網路。」

迪士尼與BuzzFeed傳承了凱曼的理念，完全銷售就是一個無限的熱門迴圈，迴圈裡面所有東西都是其他東西的試驗與概念驗證。這是未來世界裡，其中一條熱門之路，但還有另外一條路可以走。

網路創造了免費發布內容的管道，給予**個人**力量，讓他們不需要再受到過去掌控訊息發送管道、行銷管道與身為熱門推手的傳統守門員所控制。這些個人或小公司或許無法挑戰迪士尼的霸權，但還是可以用自己的方式，運用網路建立網絡、觸及觀眾，進而獲取文化上的知名度與商業成就。他們不是帝國，比較像是城邦。

我在曼哈頓的金融區與萊斯里（Ryan Leslie）見面。他是饒舌歌手、流行音樂製作人、網路科學宅暨創業家。曼哈頓金融區位在曼哈頓的南端，那塊突起的區域上蓋滿高樓，太陽照射之下，高樓的影子在狹窄的街道上顯得盤根錯節。我們約十點在大廳見面，那是一座宏偉奢華的住宅大樓，萊斯里那天早上在幾條街外的工作室待到四點、創作新歌。他的下排牙齒全部鍍金，穿著長袖棉質T恤，搭配淺藍色窄版牛仔褲，膝蓋的地方開了洞。

我們一起搭電梯到他居住的樓層，推開厚重的大門，進入放映室。周圍米黃色的隔音牆與中間幾排米黃色坐椅相輝映。萊斯里就在那裡與我分享他的故事。

「我的父母一直都在救世軍任職，」他娓娓道來。[11]一九七八年萊斯里出生之後，父母就把他送去南美洲的蘇利南共和國與祖父母、救世軍同住。回到美國後，一家人經常搬家，但是音樂始終深植他的家庭生活。母親會唱歌、彈琴，父親會唱歌、吹小號。三年內，萊斯里就換了四間高中，從維吉尼亞州的里奇蒙市搬到弗雷德里克斯堡市，又搬到加州舊金山附近的戴利城，最後到加州史塔克頓市。

十四歲以前，萊斯里已經幾乎念完所有校內開給高中生的進階選修課，學校輔導老師鼓勵

---

[11] 譯註：救世軍（Salvation Army）是基督教國際慈善組織，在世界各地關懷弱勢、幫助需要的人。

他可以到加州的社區大學修課。萊斯里的學術水準測驗考試（SAT）總成績一千六。[12]

他申請國際扶輪社獎學金，並發表演說，「人生完滿的關鍵是做你相信的事，並相信你做的事。」完美回文。萊斯里順利獲得獎學金，並且申請上哈佛大學與史丹佛大學，最後他選了哈佛。

萊斯里前往麻州劍橋市，[13]成為十五歲的大學新鮮人。為了要延續祖父母與父母設下的、犧牲奉獻的典範，他做足準備要當一名醫師。但他接觸到汪達（Stevie Wonder）的音樂之後，就此轉向。萊斯里必須做一名音樂家。

萊斯里說，「我爸爸覺得很困惑。爸媽很想保護我，不要踏上那一條佈滿不確定性、需要滿滿的運氣和魔法才能成功的道路，避開個人生活與財務上的風險。」

但他著了迷，參與許多歌唱團體，包括哈佛大學庫巴合唱團（Kuumba Singers）和哈佛大學鱷魚合唱團（Harvard Krokodiloes），並且露宿福澤翰宿舍（Pforzheimer House）地下室為通宵的人設立的音樂工作室——Quad Sound Studios外頭，不斷鑽研節奏與歌詞。為了要用便宜的方式聯絡洛杉磯錄音公司，萊斯里還兼了一份《哈佛指南》（Harvard Guide）的廣告銷售工作，藉機偷打免費長途電話給星探和製作人。

雖然朋友都說他太瘋狂了，大學期間幾乎都處在留校察看的狀態，但最後萊斯里還是準時畢業，並且以一九九八年哈佛畢業生代表的身分致畢業詞。和台下戴學士帽、穿畢業服的觀眾不同，萊斯里在大學的最後一年裡，並沒有去找顧問業、銀行業或其他企業內職缺。他從哈佛畢業後，沒有工作、沒有收入、沒有存款，也沒有家。最有價值的資產就是一把工作用的鑰匙，讓他可以在暑假期間溜進校園中的空宿舍睡覺和洗澡。

萊斯里早期的工作發展處處是沒有結尾的嘗試。他把自己的編曲賣給想要把人生沉浸在饒舌歌曲中的狐群狗黨，賺的錢少得可憐，他也只能在波士頓一間理髮店後方的儲藏區居住並錄製音樂。

最後，終於出現了一點魔法星辰。萊斯里二十四歲的時候，在快要放棄音樂之路、轉而申請法律系之際，他獲邀參加紐約市布朗克斯、為期一個月的「編曲營隊」（beat camp），美國白金唱片製作人楊羅德（Younglord）也出席了那場營隊。那一次牛刀小試讓萊斯里獲得與吹牛老爹（Puff Daddy）面談的機會，吹牛老爹立刻看出萊斯里非凡的天賦，並且出資、提點萊斯里，培養這份天賦。萊斯里很快就開始為碧昂絲編曲，並且和環球唱片公司簽訂了一紙五十萬美元的發行合約。不久，他與一名年輕小模墜入愛河。依據《紐約》雜誌的形容，那名模特兒是黑人、菲律賓人、墨西哥人混血，並且「無可匹敵地性感」。

---

12 譯註：SAT是美國大學申請入學的重要參考之一，滿分一千六。

13 譯註：哈佛大學所在地。

她就是凱西・溫德拉（Cassie Ventura）。萊斯里為溫德拉寫一首歌送給媽媽，名叫《我和你》（Me & U）。結果萊斯里的唱片公司聽到音軌之後，堅持要發表，把溫德拉打造成下一顆星星。那首歌賣得超級好，半年內就賣出超過百萬次數位下載，成為二〇〇六年嘻哈金曲之一。評論員甚至盛讚溫德拉是下一個世紀的珍娜・傑克森（Janet Jackson）。

但就在一切看似瞬間到位的同時，又轉瞬瓦解。溫德拉開始和吹牛老爹交往，吹牛老爹當時換了一個藝名，改叫Diddy。萊斯里則出了二張個人專輯，都沒能獲得廣大迴響。二〇一〇年，萊斯里申請破產。

講到這裡，連講一小時沒休息的萊斯里停頓了一下。他身體後仰、抬頭注視上空，彷彿接下來要講的故事寫在天花板上似的。「我需要的只有，」他開了口，又戛然而止。他把想說的話集結在一起，來一段饒舌。

我需要的只有五千美元，就能脫離貧窟
我需要的只有一些人脈，卻收不到回覆
於是我一肩挑起，那是我的修練、我的時間
於是當我百萬、百萬地數算，兄弟，那是我的財富
與我的光輝

萊斯里為唱片事業的經濟結構所苦。藝人每賺一美元，公司通常可以賺三到八元，因此即使藝人只要靠小眾市場就能過生活，唱片公司的本質還是要靠規模獲利。一百萬美元對唱片公司一年的營收來說無傷大雅，但對獨立藝人而言，一百萬美元可以改變人生。

萊斯里已經不屬於任何唱片公司。相反地，他打造了一款智慧型手機應用程式，讓他可以近距離接觸一小群觀眾，那些人會直接掏錢購買萊斯里的音樂。那個應用程式的名稱是「超級手機」（SuperPhone），有點像進階版的通訊服務，萊斯里已經把他的電話號碼發給超過四萬人，他每次發新歌、登台表演，甚至是邀人來家裡開趴的時候，就直接透過應用程式傳訊息給那些人。二〇一四年，他販售新年慶祝活動，賺到一千七百美元的門票收入，七月四日又賣掉幾張特輯進帳五千美元。[14]

加總起來，萊斯里可以透過「超級手機」與一萬六千名願意付費的消費者聯絡。他知道這些人的名字、電話號碼、買了哪些歌曲、付了多少錢（平均是每年一百美元）。在傳統的唱片體系裡，不到二萬名買主絕對不足以成為主流藝人，但是萊斯里不需要唱片公司。他二〇一四年沒有仰賴唱片公司、經紀人或行銷人員，只花了三千美元的簡訊費用，就創造五十八萬九千美元的收入。

---

[14] 譯註：七月四日是美國國慶日。

設立「超級手機」也讓萊斯里了解成功的機制，懂了為什麼有些天賦異稟的人順利成名，有些卻中途夭折。萊斯里的手機裡有肯伊．威斯特與路達克里斯（Ludacris）的手機號碼，口袋裡放滿知名饒舌歌手、歌手、嘻哈音樂製作人的聯絡資訊，但二十二歲的平凡人什麼都沒有。實際上，許多一開始對他而言像「魔法星辰」的事物，最終都成真了，也可以量化。他得到結論：很多時候，成敗之間就看藝術家身邊的人品質如何。

想像兩個具備同等才華的年輕人，其中一位來自北美大平原、擁有絕佳嗓音又長得俊俏，他五個最好的朋友就是父母和同班同學。第二位來自加拿大倫敦市，他五位最好的朋友包括世界上最知名的流行歌手亞瑟小子（Usher）、音樂界一等一的經紀人布勞恩（Scooter Braun）。第一個孩子是有天分的路人甲，第二個孩子是小賈斯汀（Justin Bieber）。兩個人的差別不在臉蛋或假音技巧，而是周遭五個最強而有力的人脈。

這個想法在前述的歌詞中一閃而過：**我只需要一些人脈：**

萊斯里告訴我，「想到這些事情我就發寒。如果你想成為流行明星，就必須要有明星該有的前五大人脈。如果想當政治家，就要有政治圈的前五大。你的人際網絡必須要有歐巴馬小圈圈的等級，或可以媲美柯林頓、某個布希。如果你想成為世界上最厲害的網球選手，你人生中的五位網球圈人脈必須要比小威廉斯還厲害。」

萊斯里坐在沙發上，身體上下晃動，不斷從肩膀往手肘處搓著手臂。現在我才看見他前臂上的雞皮疙瘩。

他說，「我的理論很簡單，人脈就是力量。」

大部分的熱門作品不只乘載了創作者留下的永痕印記，還有許多被遺忘的推手所留下的痕跡。如果莫內不曾遇到馬內、保羅・杜朗—盧埃爾、卡耶博特，我還會認可他的畫作嗎？如果不是加州演員——福特五年級的時候對音樂的品味，現在全球會有數千萬人哼得出《晝夜搖滾》的旋律嗎？如果沒有同人小說網路，就沒有《格雷的五十道陰影》。就像很多應用程式都是透過大學生校園網絡推波助瀾，才得以一夕成名，我會知道並且喜歡布拉姆斯的搖籃曲，不只是因為它的旋律創造經濟效益（economy of melody），也是因為一群德裔美國人的祖先恰好在對的時間點逃離歐洲，這一連串的音樂影響力在奧地利與柏林開花，藤蔓延伸到我母親位於底特律近郊的老家。

我發現自己開始把萊斯里的觀察套用鄧肯・華茲為我上的一課——饒舌歌手之於渾沌理論學家，藝術家之於科學家，兩人在世界兩端成長，熱情與目標截然不同，最後卻得到相同結論。熱門作品是從一個網路傳到下一個網路、一點一滴的意涵結合而成——由一群創作者共同打造，仰賴數百萬小型群體播送。

這一切都不是新聞。從古典搖籃曲到現代網路哏，新熱門追求舊目標：填滿時間、讓陌生變得熟悉、讓熟悉變得陌生，讓情緒感染世界，並創造豐富意涵。現在，不同的是管道——像萊斯里這樣的小玩家也有能力聚集廣大群眾，像迪士尼這樣的大企業能將觸手伸及全球。

萊斯里並不是世界上最厲害的饒舌巨星，可能永遠都不會是，這世界上有太多人才，聆聽的時間卻太少，沒辦法讓每一位才華洋溢的藝術家、創作家或創業者全部擠進名人堂。因此，萊斯里開闢了另一條路，現在他留下最不朽的成就或許不是任何一首歌，而是他的發明，讓藝術家可以跨過橫在自己與觀眾之間的傳統守門員，直接找到願意付費的觀眾。

萊斯里並不知道自己的下一部作品會不會暢銷，沒人知道。在這個世界上做一名創作者，必須在藝術的聖殿裡為了對藝術的熱愛而放棄確定性。但也正是那樣大得嚇人的不確定性讓萊斯里可以撐到早上四點。**我的修練與我的時間**：那是我們唯一能掌控的，其餘只能交給魔法星辰、點石成金。

致謝

謝謝波多馬克中學（Potomac School）提供我學習寫作的場所，也謝謝西北大學（Northwestern University）讓我在那裡練筆，還要感謝《大西洋》雜誌，一樣為我削尖了筆鋒。謝謝我的經紀人─羅斯（Gail Ross）像奶媽一樣為我瞻前顧後，也謝謝提案醫師雲恩（Howard Yoon）。感謝企鵝出版集團（Penguin Press）的優秀團隊：Virginia、Scott、Annie、Ann，還有整個公關與行銷部門。謝謝直接與間接啟發我完成這本書的每一個人：Raymond Loewy、Stanley Lieberson、Michael Kaminiski、Chris Taylor、Bill Bryson、Malcolm Gladwell、Jonah Berger、Steven Johnson、Tom Vanderbilt、Robert Gordon、David Suisman、Paul Barber、Elizabeth Margulis、John Seabrook、Charles Duhigg、Daniel Kahneman、Steven Pinker、Oliver Sacks、Michael Wolff、Nate Silver、Dan Ariely、Jonathan Franzen、Conor Sen、Felix Salmon、Matthew Yglesias、Ezra Klein、Chris Martin、Marc Andreessen、Umberto Eco。也謝謝直接與間接用對話啟發我完成這本書的你和妳：Drew Durbin、Lincoln Quirk、Michael Diamond、Jordan Weissmann、Robbie dePicciotto、Laura

Martin、Maria Konnikova、Mark Harris、Spencer Kornhaber、Rececca Rosen、Alex Madrigal、Bob Cohn、John Gould、Don Peck、James Bennet、Kevin Roose、Gabriel Rossman、Jesse Prinz、Duncan Watts、Anne Messitte、Andrew Golis、Aditya Sood、Nicholas Jackson、Seth Godin、the Diamonds、the Durbins、Kira Thompson。謝謝我的祖母、家中長輩、父母親與姊妹。

新商業周刊叢書BW0650

引爆瘋潮

徹底掌握流行擴散與大眾心理的操作策略

原　書　名／HIT MAKERS: The Science of Popularity in an Age of Distraction
作　　　者／德瑞克．湯普森（Derek Thompson）
譯　　　者／威治、朱詩迪、李立心
企 劃 選 書／簡伯儒
責 任 編 輯／簡伯儒
版　　　權／翁靜如
行 銷 業 務／石一志、周佑潔

總　編　輯／陳美靜
總　經　理／彭之琬
發　行　人／何飛鵬
法 律 顧 問／台英國際商務法律事務所　羅明通律師
出　　　版／商周出版
臺北市104民生東路二段141號9樓
電話：(02) 2500-7008　傳真：(02) 2500-7759
E-mail: bwp.service @ cite.com.tw
發　　　行／英屬蓋曼群島商家庭傳媒股份有限公司　城邦分公司
臺北市104民生東路二段141號2樓
讀者服務專線：0800-020-299　24小時傳真服務：(02) 2517-0999
讀者服務信箱E-mail: cs@cite.com.tw
劃撥帳號：19833503　戶名：英屬蓋曼群島商家庭傳媒股份有限公司城邦分公司
訂 購 服 務／書虫股份有限公司客服專線：(02) 2500-7718；2500-7719
服務時間：週一至週五上午09:30-12:00；下午13:30-17:00
24小時傳真專線：(02) 2500-1990；2500-1991
劃撥帳號：19863813　戶名：書虫股份有限公司
E-mail: service@readingclub.com.tw
香港發行所／城邦（香港）出版集團有限公司
香港灣仔駱克道193號東超商業中心1樓
E-mail: hkcite@biznetvigator.com
電話：(852) 25086231　傳真：(852) 25789337
馬新發行所／城邦（馬新）出版集團
Cite (M) Sdn. Bhd.
41, Jalan Radin Anum, Bandar Baru Sri Petaling, 57000 Kuala Lumpur, Malaysia.
電話：(603) 9057-8822　傳真：(603) 9057-6622　E-mail: cite@cite.com.my

封面設計／黃聖文
印　　刷／韋懋實業有限公司
經 銷 商／聯合發行股份有限公司　電話：(02) 2917-8022　傳真：(02) 2911-0053
地址：新北市新店區寶橋路235巷6弄6號2樓

■2017年（民106）11月初版　Printed in Taiwan

國家圖書館出版品預行編目（CIP）資料

引爆瘋潮：徹底掌握流行擴散與大眾心理的操作策略／德瑞克．湯普森（Derek Thompson）著；威治、朱詩迪、李立心譯. -- 初版. -- 臺北市：商周出版：家庭傳媒城邦分公司發行，民106.11
面；　公分
譯自：HIT MAKERS: The Science of Popularity in an Age of Distraction
ISBN 978-986-477-356-5（平裝）
1. 消費心理學　2. 消費市場學　3. 流行文化
496.34　106020813

定價450元
ISBN 978-986-477-356-5